KB090546

개정판

한식조리기능사 · 떡제조기능사 실기 전 품목 수록

한국의 음식문화와
전통음식

이보순 · 김정숙 · 김태인
박인수 · 이미진 · 정석준

백산출판사

머리말

우리 민족은 예로부터 섬세한 미각과 손놀림을 가지고 있었으며 뚜렷한 사계절과 지역적인 특성으로 인하여 다양한 재료를 이용한 음식이 발달하였다.

한국음식은 영양학적으로도 훌륭하고 맛으로도 뛰어나며 역사가 어우러진 우리의 문화유산이자 생활양식이다. 이렇게 훌륭한 한국음식을 체계화하고 세계화하기 위해서는 외국인의 기호에 맞게 개발하고 발전시켜야 하지만 이는 전통음식을 배제하고서는 할 수 없는 일이다.

이제 우리가 살고 있는 세상은 이른바 세계화시대라고 불린다. 모두들 세계화를 부르짖고 있다. 우리의 문화와 문명이 세계로 뻗어나가고 있고 외국의 많은 문화가 우리나라에 소개되고 있다. 그로 인해 우리나라를 찾고 우리 문화를 배우기 위한 노력도 늘어나고 있다. 음식 또한 마찬가지로 우리의 많은 음식이 세계에 알려지고 있고 우리에게 다른 나라의 많은 음식들이 소개되고 있다. 다른 문화들과 마찬가지로 우리의 음식을 세계에 알리고 수출하는 것은 우리의 문화적인 경쟁력을 높이고 우리를 세계에 알릴 수 있는 좋은 하나의 방법이 될 수 있을 것이다.

이를 위해서는 우리나라의 음식문화를 이해하고 기본적인 기능을 습득하여 우리의 전통음식을 계승·연구하여 세계적인 요리로 발전시키려는 노력이 무엇보다 중요하다고 생각한다.

이 책에서는 우리나라 전통음식의 주류를 이루고 있는 각 지방의 대표적인 향토음식을 역사적인 유래와 조리기술에 대한 지식을 곁들임으로써 전통음식을 배우고자 하는 이들에게 쉽게 적용할 수 있도록 최선을 다하였다.

또한 한식조리기능사 시험의 응시절차 및 실기시험의 채점기준에 대해서도 상세하게 안내하였으니 시험을 준비하는 수험생들에게 많은 도움이 되었으면 한다.

끝으로 현장과 강단에서의 경험을 바탕으로 하여 이해하기 쉽고 간결하게 집필하려 하였으나 부족한 부분은 지속적으로 수정·보완하여 알찬 교재가 되도록 노력할 것을 약속드린다. 끝으로 어려운 여건하에서 이 책의 출판을 위해 힘써주신 백산출판사 진욱상 사장님과 편집부 임직원 여러분께 감사드린다.

대표저자 이 보 순

차례

1장 한국의 음식문화

2장 한국음식의 재료와 조리준비

차례

3장 한국음식의 기초조리 실습

4장 떡 제조기능사 실기편

1장

한국의
음식문화

① 한국음식의 역사

약 60만 년 전으로 추정되는 구석기시대를 전후하여 중앙아시아지역에서 한반도에 정착한 몽골족이 우리 한민족의 선조이다.

우리나라는 지리적으로 중위도 온대성 기후대에 위치하여 봄, 여름, 가을, 겨울의 사계절이 뚜렷하게 나타난다. 특히, 여름철은 더운 기온과 강수량이 많아서 쌀농사에 적합한 천혜의 조건이며, 겨울철 3개월 동안의 강수량은 4~15% 정도에 지나지 않는 건기이고 기온도 영하로 내려가므로 농작물의 재배는 거의 불가능했다. 그러므로 계절에 따라 생산되는 다양한 식재료를 이용한 시식(時食)과 절식(節食)이 있고 장·김치·젓갈 등의 발효식품을 만들어 저장해 두고 먹었다.

한 민족의 식생활 양식은 그 민족이 처한 지리적, 사회적, 문화적 환경에 따라 형성되고 발전되며, 한 나라의 음식문화는 그 민족과 지역의 정체성을 담고 있는 삶의 특별한 양식이다. 음식문화를 이해하는 것은 그 민족과 지역을 가장 잘 이해할 수 있는 지름길이다.

1) 선사시대와 고조선의 식생활문화

기원전 6000년경부터 한반도에서 신석기시대가 시작되면서 고기잡이와 사냥을 주로 하였으나, 후기에는 원시적인 농경생활을 시작하게 되었다. 이후 북방의 유목민들이 청동기를 가지고 들어와 원주민들과 함께 우리 민족의 원형인 맥족(貊族)을 형성하고 고조선을 세우게 되었다.

우리나라에서 벼의 재배가 시작된 것은 기원전 1500~2000년경으로 우리의 주식곡으로 음식문화의 핵을 이루게 되었고, 채소로는 순무, 무, 토란, 아욱과 달래(蒜, 산: 단군신화에 등장하는 '산(蒜)'은 '마늘(大蒜)'이 아닌 '달래(小蒜)'를 의미함) 등이 있었다고 추측한다.

북방 유목계의 영향으로 목축이 발달하였는데, 『삼국지(三國志)』에 의하면 부여(夫餘)국의 관직명을 가축의 명칭으로 붙였는데 마가(馬加), 우가(牛加), 저가(豬加), 구가(狗加), 견사(犬使) 등이 있는 것으로 보아 그들의 생활에서 가축사육을 매우 중시했음을 알 수 있으며, "고구려 사람은 장양(藏釀)을 잘 한다"고 기록되어 있는데 장양은 술빚기, 장담그기, 채소절임과 같은 발효식품의 총칭이라 할 수 있다.

중국 진대(晉代)의 『수신기(搜神記)』에는 "맥적(貊炙)이란 이민족(맥족, 貊族)의 먹이인데도 태시(太始) 이래로 중국 사람이 이것을 즐겨 귀인(貴人)이나 부실(副室)의 잔치에 반드시 내놓고 있으니 이것은 그들이 이 땅을 침범할 징조라 하겠다."라는 기록이 있는데, 맥적은 고기에 훈채(葷菜)와 술, 기름, 장으로 양념하였다가 꼬챙이에 꿰어 불 위에서 구운 것으로 오늘날의 불고기의 시초라 볼 수 있으며, 육류조리에도 능숙하여 중국에까지 명성을 떨쳤음을 짐작할 수 있다.

2) 삼국시대와 통일신라시대의 식생활문화

삼국시대는 철기문화의 발달로 농경에 철제낫이 쓰이고 벼농사가 크게 보급되었으며 고구려는 조, 신라는 보리, 백제는 벼가 많이 생산되었고, 기장, 수수, 밀, 콩, 팥, 녹두 등의 곡류가 재배되었다.

집에서는 소, 돼지, 닭, 양, 염소, 오리 등의 가축을 기른 기록이 있다. 소를 이용하여 땅을 갈게 되어 농산물의 생산이 늘어나면서 농산물의 가공방법이 발달하여 저장음식인 술, 장, 김치, 젓갈을 만들고 엿과 꿀, 기름의 사용으로 식생활이 다양화되었다.

삼국시대에는 곡류 중심의 주식과 채소와 육류, 어패류를 이용한 찬물을 부식으로 하는 주·부식의 구조가 확립되었고, 불교의 영향으로 살생과 육식이 금지되어 식생활에 커다란 변화가 생겼으며, 지배계급과 서민의 식생활차이가 현저하여 지배계급은 음차의 습관이 생기고 다기와 식기가 발달하였으며, 얼음을 이용한 풍유한 식생활을 영위하였다.

차(茶)는 신라 27대 선덕왕(632~646년) 때 중국으로부터 우리나라에 전래되었다. 차(茶)를 재배하기 시작한 것은 42대 흥덕왕 3년(828년)에 중국에 사신으로 갔던 김대렴(金大廉)이 가져온 종자(種子)를 지리산 근교에 재배함으로써 시작된 차(茶)가 급속도로 보급되어 궁(宮) 안에서는 차(茶)를 달이는 일을 담당하는 다방(茶房)을 두게 되었다.

장을 담근 정확한 시기는 알 수 없으나 『삼국사기(三國史記)』 신문왕 3년에 왕이 왕비를 맞이할 때의 폐백품목 중에 "쌀(米), 술(酒), 기름(油), 장(醬), 젓갈(醢), 포(脯), 메주(豉)가 130車였다"고 기록되어 있다. 이것으로 보아 술과 장, 메주와 젓갈 등의 발효식품이 상용 필수품이었음을 알 수 있다. 장의 가공솜씨가 일본으로 전수되어 고려장(高麗醬)이라 하였고, 『아언각비(雅言覺非)』(1819년, 정약용)에 "장(醬)에는 여러 종류가 있다. 시(豉)도 장(醬)의 하나이다."라고 기록되어 있다.

3) 고려시대의 식생활문화

삼국시대에 형성된 일상음식의 기본요소와 밥상차림은 고려에 와서 양곡이 증산되고 반찬이 더욱 발달하였다. 고려시대의 축산물로 쇠고기, 돼지고기, 양고기, 닭고기, 개고기 등과 때로 말고기를 식용한 기록이 있고, 수산물로 미꾸라지, 전복, 왕새우, 게, 굴, 소라 등과 거북, 각종 해초를 먹은 기록이 남아 있다. 『고려도경(高麗圖經)』에 "고려 사람은 상탁 위에 소조(小俎)를 올려놓는다." "왕이나 관리는 붉은 칠의 조를 쓴다. 탑상(榻床, 의자)에 앉는다."고 한 것으로 보아 식사의 양식이 입식이었던 것으로 해석되며, 연상은 좌식이었으므로 고려에서는 입식과 좌식을 병용했음을 알 수 있다.

고려 초기 불교가 호국신앙으로 심화되면서 육식문화가 쇠퇴하게 되고 식물성 식품의 조리법 연구와 더불어 기름과 향신료의 이용을 많이 하였고 사찰음식도 크게 발달하게 되었다. 차(茶)는 불공에 쓰이고 수도하는 스님이 마시며 사찰을 중심으로 퍼져 나갔고 차(茶)를 마실 때 곁들여 들게 되는 다식(茶食), 유밀과(油密果)의 조리법과 계절에 따라 특미가 있는 떡이 다양하게 발달되었다. 따라서 차(茶)문화의 성행으로 다도(茶道)와 함께 다기(茶器)도 매우 발달하여 유명한 고려청자도 이 시기에 만들어지게 되었다.

고려 중기 이후에는 승려보다 무관의 세력이 강해지며 숭불사상이 쇠퇴되었고, 몽고족의 침입과 원나라와의 교류가 빈번해지면서 육식의 풍습이 다시 대두되고, 설탕·후추·포도주 등이 교역품으로 들어왔다.

고려 후기에 이르러 몽고의 지배로 도살법과 여러 가지 육식조리법을 배우게 되어 식생활에 많은 변화를 가지고 왔다. 지금의 곰탕이나 설렁탕의 원조가 되는 공탕(空湯)과 찐빵의 일종인 상화(霜花)와 소주가 전해지며, 당시 몽고군들이 주둔하던 개성·안동·제주 등이 지금까지도 소주의 명산지로 꼽히고 있다.

고려시대는 국수·떡·약과·다식·두부·콩나물 등의 곡류음식과 함께 간장·된장·술·김치 등의 저장음식도 많이 만들게 되어 식품이 매우 다양해지고 우리 음식의 조리법이 완성되는 단계에 이르렀다고 볼 수 있다.

　개성은 고려시대의 수도로 당시의 모든 문화의 중심지로 화려하고 정성이 많이 가는 음식이 전통적으로 전해져 현재까지도 개성음식은 솜씨가 빼어난 곳으로 꼽히고 있다.

4) 조선시대의 식생활문화

　조선시대에는 유교를 숭상하고 불교를 배척하는 숭유억불책(崇儒抑佛策)으로 인하여 불교의 공불음식의 하나였던 유밀과의 사용을 금하고, 불교를 상징하는 차(茶)의 음용을 기피하게 되면서 음차(飮茶)가 쇠퇴하는 반면, 화채와 한약재를 달이는 탕차(湯茶)류와 주(酒)류의 종류가 많아지고 품질도 향상되었으며, 차(茶) 대신 숭늉을 마시게 되었다.

　조선시대 중기 이후에는 남방으로부터 고추·감자·고구마·호박·옥수수·땅콩 등이 전래되어 식생활에 커다란 변화를 가져오게 되는데 이들의 원산지는 거의 아메리카 신대륙이었다. 특히 고추의 전래는 우리 음식의 맛을 급격히 바꾸어 놓았다. 『지봉유설(芝峰類設)』(1613년, 이수광)에 "고추는 일본에서 건너온 것이니 왜개자(倭芥子)라 하는데, 요즘 간혹 재배하고 있다."고 기록한 것으로 보아 고추가 우리 음식에 쓰이기 시작한 것은 17세기 이후로 추정된다. 고추는 여러 가지 음식에 양념으로 쓰이며 매운맛과 붉은 빛깔을 내는 역할을 하였고, 고추를 사용한 채소의 발효식품인 김치는 절인 채소에 고추·양념·젓갈을 넣고 만들어 영양학적으로도 훌륭하고 독특한 맛을 내며 세계적으로 한국을 대표할 수 있는 음식으로 꼽히게 되었다.

　조선시대는 고려시대에 비해 식생활이 다양해지면서 반가에서 음식을 만드는 조리서와 술 만드는 법을 적은 책들이 나오게 되었고 명절이나 때에 따른 시식과 절식도 즐기게 되었고, 지방에 따라 특색 있는 향토음식이 등장하였다.

　조선시대 여성이 쓴 최고의 한글조리서인 『음식디미방(飮食知味方)』(1670년, 장계향)은 며느리와 딸을 위해 자신이 한평생 살면서 배우고 익혔던 다양한 음식 조리법과 개고기 삶는 법, 찌는 법, 굽는 법 등에 대한 독특한 조리법이 잘 설명되어 있어 그 당시의 음식과 조리법을 잘 알 수 있다. 조선 후기의 『동국세시기(東國歲時記)』(1849년, 홍석모)는 세시풍속지로 "장 담그기와 김장은 우리네 가정의 연중 2대 행사다", "개를 삶아 파를 넣고 푹 끓인 것을 구장이라 하는데, 이것을 먹고 땀을 흘리면 더위를 물리치고 허(虛)한 것을 보충할 수 있으니 시장에서도 많이 판다"고 하여 우리나라 연중행사와 풍속 등을 설명하고 있다.

조선후기 식품과 조리법이 더욱 다양해진 17세기경 상차림은 주식과 부식을 분리하고, 신분이나 형편에 따라 찬물을 갖추어 3첩에서 12첩에 이르는 반상차림을 구성하게 되었고 목적에 따라 반상, 죽상, 면상, 주안상, 다과상 등을 마련하였다.

궁중에서는 전국에서 올라오는 각종의 진귀한 재료를 이용해 주방상궁과 숙수들에 의해 만들어지며 한국음식이 가장 발달된 절정기로 조선왕조 후기에 이르러 한국음식이 완성되었다고 볼 수 있다.

1800년대 말 개화기에는 서양과의 교류가 활발해지면서 외국의 문물이 들어와 식생활에도 영향을 받게 되면서 우리나라의 음식문화도 차츰 고유성을 잃게 되었다. 특히 궁중에서는 민비와 친교를 맺은 러시아공사 베베르의 처형인 손탁의 역할로 서양음식과 과자 등이 보급되었으며, 손탁은 1897년 이후 손탁호텔을 경영하며 사회명사들의 회합의 자리를 통해 서양요리 전파에 원천이 되었다.

그 후 일제침략으로 인해 조선왕조가 망하면서 궁중에서 음식을 담당했던 안순환이 1909년 세종로에 명월관을 개점하였고 그 후 인사동에 태화관, 남대문로에 식도원 등이 개점하면서 일반인들이 궁중음식을 접하게 되었다.

5) 1900년대의 식생활문화

조선왕조의 함락으로 일본은 조선을 식민지화하고 농민들로부터 토지를 약탈해 토지를 잃은 농민들은 새로이 지주가 된 일본인들의 소작인이 되었다. 이로 인한 빈곤과 식량부족으로 식량은 배급제였고, 보리 고개인 춘궁기를 넘기기 위해 콩깻묵, 밀기울 등을 먹고 지냈다. 일본과의 을사조약이 체결된 이후 우리의 식생활문화는 몰락해 갔고, 가정을 중심으로 발달했던 음식은 어느 정도 유지되고 있었으나, 1907년 조선총독부령에 의한 주세령 공포, 주세령 시행규칙, 주세령 강제집행을 하여 전통주는 침몰하기 시작하였고 이러한 배경에 의해 가양주가 금지되고 각 지방의 전통 민속주에 대한 제조도 금지되었다.

해방 후의 혼란과 한국전쟁은 우리 민족에게 극심한 가난과 굶주림의 고통을 남겨주었고 이는 국제기구와 미국의 원조식량인 밀가루로 주린 배를 채우기에 급급하였다. 한국전쟁 이후 1960년대 초반 식량사정은 폭발적인 인구증가와 모든 식품의 절대 수요량이 부족한 매우 열악한 실정이었다. 식생활 개선만이 식량자급의 돌파구라 하여 대대적인 절미(節米)운동의 일환으로 혼·분식의 장려를 적극적으로 권장하였으며 탈(脫) 쌀밥 위주의 주식에 대한 의식개조를 강조하는 식생활 개선운동으로 전통적인 식생활의 변화가 일어나기 시작했다. 쌀 위주의 식습관에서 분식과 빵과 우유를 먹는 서구식 식습관이 보편화되었고 이와 함께 버터, 마가린, 마요네즈 등의 서양음식이 소개되었다.

1970년대는 급속한 경제성장과 더불어 식생활이 안정되기 시작했고, 국민소득의 증가와 핵가족화 등의 변화에 따라 식생활에 있어서도 가공식품과 인스턴트식품이 대량으로 개발 보급되었고 양적인 충족에서 벗어나 질적 향상을 추구하는 경향이 높아졌다.

1980년대 고도의 경제성장으로 식생활 수준이 급격히 향상되었고 여성의 사회진출은 편의식품과 가공식품의 이용 및 외식의 증가 등으로 외식산업 성장에 큰 영향을 주게 되었다. 또한 해외여행 자유화에 따른 관광산업의 발달과 더불어 외래음식 문화의 경험이 많아지면서 국내의 외식산업과 식생활이 점차 서구화·국제화되기 시작했다.

1990년대 들어 풍요로운 식생활로 인한 성인병이 심각하게 대두되어 건강과 영양에 대한 관심이 높아지게 되었다. 건강식품에 대한 관심은 한국음식이 곧 건강음식이라는 등식이 성립되었고, 20세기 후반 외식업계를 주도하던 미국식 패스트푸드와 패밀리 레스토랑의 일변도에서 점차 아시아식 슬로푸드와 건강과 환경을 고려한 자연친화적인 음식문화가 주요한 흐름이 되고 있다.

6) 21세기 한국음식에 대한 인식

건강과 환경을 고려한 자연친화적인 음식문화가 주요한 흐름이 되고 있는 21세기에 들어서며 웰빙의 측면에서 약식동원(藥食同源)이 바탕이 된 한국음식들이 재평가 받고 있다. 2003년 사스(SARS:급성 호흡기 증후군)가 아시아를 휩쓸 때 한국만이 안전하였는데 그 원인으로 한국인들이 김치를 먹기 때문이라는 분석이 나오면서 김치는 재평가 되었다.

미국 건강전문 잡지인 『헬스 메거진(Health Magazine)』(2006.3)은 스페인의 올리브유, 그리스의 요거트, 인도의 렌틸콩, 일본의 발효콩과 함께 한국의 김치를 세계 5대 건강음식으로 선정하였다. 김치는 한국인들이 다양한 음식과 더불어 먹는 음식으로 비타민 등 핵심 영양분이 풍부하고 유산균이라는 건강에 좋은 박테리아가 많아 소화를 돕는다고 평가했다.

비빔밥도 세계적으로 하나의 건강음식으로 인식되었다. 비빔밥은 한국의 가장 전통적이며 대중적인 음식으로 한국의 원형을 가장 잘 보여주는 음식이라 할 수 있다. 비빔밥의 특징은 '슬로푸드'라는 패스트푸드의 대칭되는 개념으로 채식이 중심이며 로컬푸드와 제철음식이라는 면모를 그대로 지니기에 맛과 함께 몸에도 좋은 음식이란 인식이 자리 잡고 있다.

음식은 단순한 먹을거리가 아닌 한 민족의 여러 요소를 담아내고 있는 문화콘텐츠이다. 음식의 발달은 식기와 공예, 의복과 주거의 발달은 물론 궁극적으로 문화 전반의 발달을 견인한다.

❷ 한국음식의 특징

1) 계절의 변화를 음식에 담아내다

우리나라는 사계절의 변화가 뚜렷하고 지역적인 기후 차이로 각 지방마다 다양한 특산물이 생산되고, 지리적으로 삼면이 바다로 둘러싸여 있어 해산물이 풍부하다. 계절에 따른 다양한 식재료의 특성을 잘 살려 조화된 맛을 중히 여겼고 이를 이용한 조리법이 개발되었다. 춘하추동(春夏秋冬) 사계절 자연의 영향을 받아 자연스럽게 형성되어 온 전통적인 식생활문화는 우리의 정신적 · 신체적 건강을 조절하는 데 도움이 되었다. 또한 지역의 지리적 · 기후적 특성에 의해 생산된 지역 특산물로 그 지역 고유의 조리법으로 만들어진 향토음식은 어떠한 전통음식보다도 가치가 있는 무형의 유산이라 할 수 있다.

한국음식은 주식과 부식의 구분이 뚜렷하며 주식은 곡물을 중심으로 밥, 죽, 국수, 만두, 떡국, 수제비 등이 있고, 부식은 육류, 어류, 채소류, 해조류 등의 재료로 국, 찌개, 찜, 전골, 구이, 나물, 젓갈, 김치 등 다양한 조리법을 이용하여 찬물을 만든다. 한국음식은 한 상에 여러 가지 음식을 차려내는데 밥을 주식으로 하고 반찬을 동시에 상에 올리는 것을 '반상차림'이라고 하며 주식인 밥에 여러 가지 반찬을 곁들여 맛의 조화와 영양의 균형을 이끌어낸 것이다.

2) 음식이 곧 약이다 – "약식동원(藥食同源)", "의식동원(醫食同源)"

한국음식은 재료를 통째로 쓰지 않고 잘게 썰거나 다져서 조리를 하는 음식이 많아 소화가 잘되고 먹기 편하다. 음식의 맛을 내기 위해 여러 가지 조미료를 쓰는데, 갖은 양념이라 하여 간장, 파, 마늘, 깨소금, 참기름, 후춧가루, 고춧가루 등 다양한 종류의 조미료를 모든 음식에 비슷하게 사용한다. 한국음식의 갖은 양념은 재료의 배합이나 맛을 내는 데 사용하기도 하지만 몸에 이롭기 때문에 사용하기도 한다. 양념이란 말은 한자로 약념(藥念)으로 표기하며 이것은 '몸에 이로운 약이 되도록 염두에 둔다.'는 뜻을 담고 있다. 또한 일상음식에 꿀, 대추, 밤, 잣, 인삼, 생강, 오미자, 구기자, 당귀 등의 재료를 많이 사용하여 '음식과 약의 근본이 같다'는 약식동원(藥食同源)의 개념을 가지고 있다.

조선 최초의 식이요법서 『식료찬요(食療纂要)』(1460년, 어의(御醫) 전순의)에서는 "고인(古人)이 처방을 내리는 데 있어서 먼저 식품으로 치료(식료, 食療)를 우선하고 식품으로 치료가 되지 않으면 약으로 치료한다."고 하였으며, 식품에서 얻은 힘이 약에서 얻는 힘에 비하여 절반 이상이 된다고 하였다. 또한 동양의학의 백과사전인 『동의보감(東醫寶鑑)』(1610년, 허준)에서는 섭생(攝生)을 매우 중요하게 다루며 "음식이 곧 약이며 음식으로 고칠 수 없는 것은 약으로도 치유할 수 없다."라고 하여 식치(食治)를 매우 중요시하였다. 이렇듯 우리 음식의 재료는 평상시 식생활에 사용되고 있던 식품들의 기능성분과 약리성분을 이용하여 만성적인 질병과 급성적인 질병에 재료를 삶거나 찌거나 말리거나 우려내는 등 전처리를 통해 곡류나 두류, 견과류 등을 갈아 죽으로 많이 이용하였다.

3) 조상의 지혜가 담긴 발효식품

한국의 전통음식을 이야기할 때 빠지지 않는 중요한 요소 중의 하나가 발효식품인 된장, 간장, 고추장 등의 장류와 김치와 젓갈 그리고 전통주이다. 콩을 주원료로 한 된장과 청국장은 식물성 단백질의 급원이 되고 현대인의 고혈압, 혈전용해, 정장작용 등 성인병

예방에 좋은 영향을 주며, 고추장에는 고춧가루와 전분질, 보리를 발아한 효소인 엿기름과 메줏가루가 들어가 영양과 맛이 풍부하며 항비만, 항산화에 효과가 있는 기능성 식품으로서 인정을 받았다. 콩의 원산지는 만주 남부지역으로 맥족(貊族)의 발생지이며 우리 조상들이 재배화한 작물로 조상의 건강을 지탱해 준 중요한 식품이다.

김치는 배추, 무 등의 채소에 젓갈류 및 고추, 마늘, 파, 생강 등의 양념을 가미하여 만든 발효식품으로 식이섬유소와 칼슘, 무기질 성분과 젓갈에 함유된 아미노산과 칼슘 등이 풍부한 음식이다. 김치는 채소를 오래 저장하기 위한 수단이 되며, 저장 중 여러 가지 미생물의 번식으로 유기산이 만들어져 항암 및 면역 증진에 도움이 되는 발효음식으로 미국의 건강잡지 『헬스 매거진(Health Magazine)』(2006.3)에 세계 5대 건강식품으로 선정되었다. 또한 2001년 7월 5일 식품분야의 국제표준인 국제식품규격위원회(Codex)에서 김치가 일본의 기무치를 물리치고 국제식품 규격으로 승인을 받았다.

한국전통음식은 동물성 지방은 거의 사용하지 않고, 식물성 재료를 주로 하는 채식 위주의 식생활로 부족할 수 있는 식물성 지방이나 비타민, 무기질 등은 견과류나 종실류를 섭취함으로써 보충할 수 있었다. 한국 음식은 정성과 노력이 많이 드는 음식으로 음식 만들 때의 마음가짐과 바른 태도가 중요하며 만들어진 음식의 영양, 색, 맛, 온도, 그릇과 음식과의 조화를 매우 중요시한다.

③ 한국음식의 상차림

여러 가지 음식을 한 상에 모아서 차리는 것을 상차림이라고 한다. 우리의 상차림은 크게 평상의 생활에서 차려지는 일상식의 상차림, 통과의례와 특별한 행사 때에 차려지는 의례식 상차림으로 나눌 수 있다. 일상식의 상차림에는 평소의 아침·점심·저녁의 밥을 주식으로 하는 반상과 점심 때나 간단한 손님상으로 내는 장국상, 그리고 죽상·약주를 대접하기 위한 주안상과 다과상 등으로 나눌 수 있다.

의례식의 상차림은 인간이 일생을 지내는 동안에 기념할 만한 여러 고비를 맞이하였을 때 차리는 것이다. 의례음식으로는 출생 때의 삼신상부터 백일상, 돌상, 혼례상, 회갑 때의 수연상과 돌아가신 조상께 차리는 제상·차례상 등이 있다.

하나의 상차림이 되는 여러 음식들의 내용을 한데 적은 것을 음식발기(飮食撥記) 또는 찬품단자(饌品單子)라고 하는데, 요즈음에는 식단이라고 하며 한 상에 차려지거나 한 끼의 식사에 먹는 음식을 모두 적은 것이다.

1) 반상차림의 구성

밥을 주식으로 하고, 찬품을 부식으로 차린다. 반상에 차려지는 찬품 수에 따라 3첩·5첩·7첩·9첩·12첩으로 나누는데, 3첩은 서민의 상차림이고, 여유가 있는 가정에서는 첩수가 더 많은 반상을 차렸다. 조선시대에 궁중에서는 12첩 반상을 차렸으나, 사대부집에서는 9첩 반상까지만 차리도록 제한하였다고 한다.

반상의 첩수는 밥·국·김치·장류·찌개·찜·전골 등의 기본이 되는 음식을 제외하고, 뚜껑이 있는 쟁첩에 담겨진 찬품의 수를 가리킨다. 찬품을 마련할 때에는 음식의 재료와 조리법이 중복되지 않도록 하고 계절에 따라 식품을 다양하게 선택하면 훌륭한 식단이 구성된다.

원래 우리의 반상차림은 한 사람 앞에 한 상을 차리는 외상차림이 원칙이나, 경우에 따라 겸상 또는 두레반 형식으로 식사를 한다. 먹는 사람의 수에 따라 배선법이 다르고 음식의 종류와 가짓수가 달라지는데 노부부나 동서, 미혼의 형제나 친구들 사이는 친밀하다는 의미로 한 상에 수저 두 벌과 밥과 탕을 두 그릇씩 놓아 겸상을 차린다. 찌개나 찜, 김치, 그 밖의 반찬은 한 그릇씩 놓는다.

반상차림의 구성

내용 / 구분	첩수에 들어가지 않는 음식(기본음식)							첩수에 들어가는 음식(쟁첩에 담는 음식)										
	밥	국	김치	장류	찌개조치	찜	전골	생채 (나물)	숙채 (나물)	구이	조림	전	마른반찬	장과	젓갈	회	편육	수란
3첩	1	1	1	1	x	x	x	택 1		택 1			택 1			x	x	x
5첩	1	1	2	2	1	x	x	택 1		1	1	1	택 1			x	x	x
7첩	1	1	2	3	2	택 1		1	1	1	1	1	택 1			택 1		x
9첩	1	1	3	3	2	1	1	1	1	1	1	1	1	1	1	택 1		x
12첩	1	1	3	3	2	1	1	1	1	2	1	1	1	1	1	1	1	1

- 곁상(곁반) : 많은 가짓수의 반찬을 한 상 위에 모두 차릴 수 없어 옆에 따라 곁들여 차려놓는 보조 상으로 7첩 반상 이상의 상을 차릴 때는 곁상이 따르게 된다.
- 쌍조치(찌개가 2가지)일 경우는 된장(고추장)찌개와 새우젓찌개를 올리나 최근에는 새우젓찌개 대신 찜, 선, 전골, 볶음 중에서 한 가지를 올리기도 한다.
- 마른 반찬은 포(脯), 튀각, 자반, 북어보푸라기, 부각 등의 마른 찬이며 장과는 장아찌와 숙장과(熟醬瓜) 등이다.

2) 장국상차림

조석(朝夕)의 식사 때보다는 평상시의 점심식사로 또는 잔치 때의 손님께 밥 대신에 국수·만두·떡국 등을 주식으로 하고 그 밖의 전유어, 잡채, 배추김치 등 여러 찬품과 함께 차리는 상이다. 식사 후에는 떡이나 조과, 생과, 화채 등을 차려낸다.

우리나라는 예로부터 밥을 주식으로 하였으나 제례, 혼례 등의 통과의례에는 별식을 차려 손님을 대접하였다. 이때 식사로 애용되던 음식이 면 요리이며, 특별한 의식용으로도 면 요리가 이용되었다. 혼례나 집안 어른의 회갑 등의 경사에는 국수를 대접하였는데 이는 부부의 금실이 오래도록 이어지길 바라는 마음과 긴 국수처럼 오래 살기를 축원하는 의미가 담긴 것이다.

3) 죽상차림

죽은 우리나라 최초의 곡물 요리로 이른 아침에 초조반(初朝飯) 또는 간단한 낮것상으로 차린다. 죽상은 우리 식생활의 주된 식품인 쌀을 주재료로 하여 죽, 응이, 미음 등의 유동식을 주식으로 하고 찬으로는 국물김치와 맑은 찌개 및 장이나 꿀을 기본으로 그 외에 마른 찬과 포(脯)·자반 등을 함께 차린다. 조선시대 궁중에서는 조반(朝飯)을 들기 전에 '초조반'이라 하여 아침식사 전에 죽을 먹었는데, 조선시대 생활백과사전인『임원십육지(林園十六志)』(1827년, 서유구)에 '죽십리(粥十利)'라 하여 죽에 관한 열 가지 이로움이 기록되어 있다. 우리나라는 전통적인 효(孝)사상으로 일반 가정에서도 '자릿조반'이라 하여 어른들께 간단하게 죽을 올리는 풍습이 있었다.

4) 주안상차림

주안상은 술을 대접하기 위해 술과 안주가 되는 음식을 고루 차린 상이다. 주안상은 혼자 드는 외상보다는 둘 이상이 겸상을 하게 된다. 음식을 상에 낼 때는 먼저 술과 포, 마른안주를 내어 술잔이 고루 돌려지면 선이나 편육 등의 찬 음식과 전골이나 매운탕 등의 더운 음식을 때에 맞추어 바로 내도록 한다. 술을 거의 들면 주식으로 면이나 떡국 등을 마련하고, 식사 후에는 후식으로 조과, 생과, 화채 등을 한 가지 정도씩 내도록 한다.

◆ **술에 따른 음식의 조화는 다음과 같다.**

① **청주(약주)**
- 사철 순하게 마실 수 있는 술이므로 안주는 강한 맛이 없는 것이 적당하다.
- 맑은탕, 전유어, 편육, 순두부, 지짐이, 생선조림, 마른안주 등을 낸다.

② **소주**
- 알코올도수가 높은 술로 안주는 얼큰하고 기름진 것이 적당하다.
- 생선조림, 매운탕, 불고기, 생선회, 내장회, 육회 등을 낸다.

③ **막걸리**
- 주변에 있는 생채소나 나물, 김치, 순대국 등을 있는 그대로 부담 없이 차려낸다.

5) 교자상차림

교자상은 대개 여러 사람을 함께 대접하는 음식상차림으로 집안에 잔치나 경사가 있을 때 마련한다. 교자상은 우리의 전통방식인 외상을 차리던 형식을 한데 모아 간소화시켜서 차린 상차림이다. 주된 음식들은 상의 중심에 놓고, 국물이 있는 음식은 일인분씩 작은 그릇에 각각 마련한다. 원래 교자상의 주식은 장국상과 마찬가지로 국수나 만두·떡국으로 하고 찬품은 장국상이나 주안상에 차리는 음식들과 같으며, 음식을 들고 나서 다과를 내도록 한다. 밥을 중심으로 하는 교자상을 얼교자상이라고 하는데, 주된 찬품을 들고 나서 식사를 할 때는 다시 밥반찬이 되는 찬품과 탕을 준비하여야 한다.

◆ **교자상 차림에서 유의할 사항은 다음과 같다.**

① 목적, 손님의 부류, 연령, 성별 등을 고려해서 식단을 작성한다.

② 계절과 예산에 맞게 조리법을 고르게 택하여 식단을 작성한다.

③ 식단이 정해지면 담을 그릇과 수저 · 휘건 · 식탁보 등을 미리 점검한다.

④ 상에서 초장 · 초고추장 등의 조미품과 김치, 국물이 있는 국 · 죽 · 국수 등은 일인
분씩 따로 담고 공동의 음식을 덜어 먹을 개인용 접시를 상에 미리 놓는다.

⑤ 음식을 한꺼번에 상에 차리지 말고 처음에는 술과 식욕을 돋울 수 있는 전체음식을
낸 다음 순차적으로 2~3가지씩 내도록 한다.

⑥ 더운 음식은 그릇에 미리 데워 상에 낼 때 바로 담아 뜨겁게 먹을 수 있게 하고, 찬 음식은
그릇에 담아 냉장고에 차게 두었다가 바로 내어 대접할 수 있도록 세심한 배려가 필요하다.

⑦ 주된 음식을 거의 들면 주식으로 국수 · 만두 · 떡국 등을 낸다. 후식은 주식을 들고
나서 상 위에 남은 그릇을 치운 후 내거나 다른 장소에 옮겨서 대접하도록 한다.

6) 다과상차림

다과상은 평상시에 식사 이외의 시간에 다과만을 대접하는 경우와 주안상이나 장국상의 후
식으로 내는 경우가 있다. 음식의 종류나 가짓수에는 차이가 있으나, 떡류 · 조과류 · 생과류
와 음료로는 차가운 음청류나 더운 차를 마련한다. 특히 각 계절에 잘 어울리는 떡 · 생과 ·
음청류를 고려하여 정성껏 마련하여 계절감을 살리도록 한다. 다과상만을 대접할 때는 떡
과 조과류를 많이 준비하고 후식상인 경우에는 여러 품목 중에 각각 한 두 가지씩만을 마련
하도록 한다.

7) 식사 예절

① 어른을 모시고 식사할 때에는 어른이 먼저 수저를 든 다음에 아랫사람이 들도록 한다.

② 숟가락과 젓가락을 한 손에 들지 않으며, 젓가락을 사용할 때에는 숟가락을 상 위에 놓는

다. 숟가락이나 젓가락은 그릇에 걸치거나 얹어 놓지 말고 밥그릇이나 국그릇을 손으로 들고 먹지 않는다.

③ 숟가락으로 국이나 김칫국물을 먼저 떠 마시고 나서 밥이나 다른 음식을 먹는다. 밥과 국물이 있는 김치, 찌개, 국은 숟가락으로 먹으며 다른 찬은 젓가락으로 먹는다.

④ 음식을 먹을 때는 음식을 타박하거나 소리를 내지 말고 수저가 그릇에 부딪혀서 소리가 나지 않도록 한다.

⑤ 수저로 반찬이나 밥을 뒤적거리거나 헤치는 것은 좋지 않고, 먹지 않는 것을 골라내거나 양념을 털어내고 먹지 않는다.

⑥ 먹는 중에 수저에 음식이 묻어서 남아 있지 않도록 하며, 밥그릇은 제일 나중에 숭늉을 넣어 깨끗하게 비운다.

⑦ 여럿이 함께 먹는 음식은 각자 접시에 덜어 먹고, 초장이나 초고추장도 접시에 덜어서 찍어 먹는 것이 좋다.

⑧ 음식을 먹는 도중에 뼈나 생선 가시 등 입에 넘기지 못하는 것은 옆 사람에게 보이지 않게 조용히 종이에 싸서 버린다. 상이나 바닥에 그대로 버려서 더럽히지 않도록 한다.

⑨ 식사 중에 기침이나 재채기가 나면, 얼굴을 옆으로 하고 손이나 손수건으로 입을 가려서 다른 사람에게 실례가 되지 않도록 조심한다.

⑩ 너무 서둘러서 먹거나 지나치게 늦게 먹지 않고 다른 사람들과 보조를 맞춘다. 어른과 함께 먹을 때는 먼저 어른이 수저를 내려놓은 다음에 따라서 내려놓도록 한다.

⑪ 음식을 다 먹은 후에는 수저를 처음 위치에 가지런히 놓고, 사용한 냅킨은 접어서 상 위에 놓는다.

⑫ 이쑤시개를 사용할 때에는 한 손으로 가리고 사용하고, 사용 후에는 남에게 보이지 않게 처리한다.

④ 한국의 향토음식

1) 향토음식의 개념

향토음식은 그 지방에서 독특하게 개발한 음식으로서 그 지방이 갖는 기후, 지세 등 자연환경의 여건에 따라 지방마다 다양하다. 또한 그곳의 식품을 재료로 하여 그 고장의 자연환경에 맞추어 그 지방의 조리법으로 조리하여 과거부터 현재까지 그 지방 사람들이 먹고 있는 것을 말한다. 각 지방마다 만든 음식에 각기 특성이 크며, 문화와 인심의 특색도 뚜렷하고, 한국의 음식문화를 가장 잘 나타내주는 것이 바로 향토음식이다. 따라서 우리나라의 전통음식은 긴 역사를 통해 여러 지역에서 다양하게 발전된 향토음식의 큰 집합체라 할 수 있다.

한반도는 남북으로 길게 뻗은 지형으로 조선시대 행정구역을 전국 팔도로 나누어 북부지방은 황해도, 평안도, 함경도, 중부지방은 강원도, 경기도, 충청도, 남부지방은 전라도와 경상도로 나뉘었다.

이렇게 분류된 우리나라의 북부지방은 산이 많아 밭농사를 주로 하여 잡곡의 생산이 많아 주식으로 잡곡밥을, 평야지대가 많은 중부와 남부 지방은 쌀농사를 주로 하므로 쌀밥과 보리밥을 먹게 되었다. 산간지방에서는 육류와 신선한 생선류를 구하기 어려우므로 소금에 절인 생선이나 말린 생선 그리고 산채를 이용한 음식이 많고, 해안이나 도서 지방은 바다에서 얻은 생선이나 조개류, 해초가 찬의 주된 재료가 된다.

북부지방은 여름이 짧고 겨울이 길어서 음식의 간이 남쪽에 비하여 싱거운 편이고 매운맛도 덜하고 젓갈을 많이 쓰지 않아 맛이 담백하고 음식의 종류는 적지만 크기가 크고 양이 푸짐하며 대륙적이다. 남부지방으로 갈수록 기온이 높아져 음식의 간이 짜고 매운맛이 강하며, 고추와 젓갈을 많이 사용하게 된다.

향토음식은 시대에 따라 많은 변화가 있었으며, 20세기에 들어오면서 교통과 운송수단이 편리해지고 사람들의 교류가 많아짐에 따라 산물의 유통범위가 넓어져 지역마다 음식의 차이가 적어졌지만 아직도 각 도마다 특색 있는 향토음식이 전승 발굴되고 있다.

2) 향토음식의 특징

향토음식은 지역의 환경을 이루는 자연조건이 다르기 때문에 특정지역에서 생산되는 식품의 종류가 다른 데서 큰 차이가 있다. 우리나라의 경우 북쪽 지방과 남쪽 지방의 기후 및 산간지방과 해안지방 간에 지역성의 차이가 있고, 그 지역의 독특한 조리법에 따른 독창성과 그 지방 사람들의 독특한 생활양식에 따른 의례성에 따라 향토음식이 발달하게 되었다.

중국의 영향을 많이 받은 북쪽 지방의 경우 설날 떡국 대신 만둣국을 해서 먹었고 주식으로는 조밥이나 기장밥 등의 잡곡밥을 먹었다. 연 평균 기온이 낮아 김치의 간이 싱거우며 김치에 들어가는 양념의 양을 적게 하여 무나 배추 자체의 맛을 즐겨 맑고 시원한 김칫국물을 이용한 면 요리를 즐겼고, 가자미나 명태, 조갯살 등에 잡곡을 넣어 발효시킨 식해(食醢)류가 다양하게 발달하였다. 기온이 높은 남쪽 지방의 경우 젓갈을 많이 이용하였고 간을 강하게 하여 짜고 맵게 담가서 김치를 오래 저장할 수 있도록 하였다.

충무는 통영의 옛 지명으로 이곳은 해안지역이기 때문에 대부분의 사람들이 어업을 생계수단으로 하였다. 바다가 일터인 이 지역 사람들은 배를 장시간 타고 나가야 하므로 도시락을 준비해야 했는데 간편성과 저장성을 고려하여 밥과 찬을 따로 마련해 만들어진 것이 바로 충무김밥이다. 또한 안동의 경우 우리나라의 사림문화를 꽃피운 가장 대표적인 지역이다. 우리나라의 제례(祭禮)에 비늘이 없는 생선은 제상에 제수(祭需)로 올라가지 않는 것이 일반적이지만, 내륙지역인 안동에서는 과거 싱싱한 생선을 구하는 것이 쉽지 않아 고등어를 미리 손질하여 소금간을 해서 운반하였던 간고등어를 제상에 올리게 되었다. 조상께서 살아생전 맛있게 드셨던 간고등어를 제상에 올리는 것은 우리나라 전통의 효(孝)사상을 중시한 예이기도 하다.

향토음식의 또 다른 특징은 지방마다 그 지역사람들의 생활양식과 여러 가지 문화적 환경을 바탕으로 발달해 온 것으로 해안지방에서는 풍어제를 지냈으며, 농사를 많이 짓는 평야지대에서는 기우제를 지내 생업이 잘 유지되어 풍요로운 생활이 되기를 기원했다. 농경을 중시한 조선시대 한양에서는 매년 2월 왕이 직접 선농단에 나와 농사가 잘 되기를 기원하는 기우제를 지냈는데, 왕이 친히 밭을 갈고 함께 일한 농부들과 식사를 하기 위해 큰 가마솥에 소를 잡아 끓여 먹었다는 데서 설렁탕이 유래되었다. 이러한 의식행사에는 지방마다 독특한 산물이나 음식이 차려지게 되었고 각 지방마다 전승되고 있는 각종 의식행사 등의 문화적 특징이 담긴 향토음식은 매우 특별한 의미를 지니고 있다.

3) 각 지방의 향토음식과 특징

(1) 서울 음식

서울지방은 자체에서 나는 산물은 별로 없으나 전국 각지에서 생산된 여러 가지 재료가 수도인 서울로 모였기 때문에 이것들을 다양하게 활용하여 사치스러운 음식을 만들었다. 우리나라에서 서울, 개성, 전주의 음식이 가장 화려하고 다양하다고 한다.

서울은 조선시대 초기부터 500년 이상 도읍지였으므로 아직도 서울 음식은 조선시대 음식풍이 남아 있다. 서울 음식은 짜지도 맵지도 않고 대체적으로 중간의 간을 지니고 있으며 왕족과 양반 계급이 많이 살던 곳이라 격식이 까다롭고 맵시를 중요시하였으며, 의례적인 것도 중요시하였다.

음식에 넣는 양념들은 곱게 다져서 쓰고, 음식의 분량은 적으나 가짓수를 많이 만든다. 중부 이북지방의 음식이 푸짐하고 소박한 데 비하여 서울 음식은 모양을 예쁘고 작게 만들어 멋을 많이 낸다. 궁중에서의 음식은 양반집에 많이 전해지면서 서울 음식은 궁중음식과 비슷한 것도 많았으며, 반가음식도 매우 다양하였다.

떡의 크기는 한입에 먹을 수 있도록 작고 앙증맞게 빚었으며 손이 많이 가고 정성을 담아 멋을 내었다. 떡 중에서 가장 귀한 떡이 궁중에서 만든 합병 또는 후병, 봉우리떡,

두텁떡이라 불리는 것으로 민간에는 제대로 전해지지 않았다.

◆ 대표적인 서울음식

① 주식류

설렁탕, 잣죽, 떡국, 장국밥, 비빔국수, 편수, 메밀만두, 국수장국, 꿩만두, 흑임자죽 등

② 찬류

육개장, 추어탕, 구절판, 선짓국, 너비아니, 갑회, 신선로, 갈비찜, 전복초, 홍합초, 전류, 편육, 어채, 각색전골, 도미찜 등

③ 김치류

장김치, 감동젓무김치, 숙깍두기, 섞박지, 보쌈김치, 백김치, 나박김치, 오이소박이

④ 병과류

각색편, 느티떡, 두텁떡, 각색단자, 약식, 화전, 상추떡, 각색엿강정, 각색정과, 매작과 등

⑤ 음청류

흰떡수단, 원소병, 보리수단 등 차가운 화채류와 생강차, 구기자차, 결명자차, 제호탕, 오과차 등 뜨겁게 마시는 차 등 다양

⑥ 주류

문배주, 송절주, 태릉삼해주, 약주, 소주

◆ 음식이야기 – 맥적에서 유래한 너비아니

맥적(貊炙)은 쇠고기를 넓적하고 두툼하게 썰어 파와 마늘 그리고 된장과 간장으로 양념하였다가 꼬챙이에 꿰어 숯불에 구워낸 음식이다. 맥(貊)은 맥족(貊族)을 의미하며 고구려를 지칭하는 말로 맥적은 고구려인들이 즐겨먹던 고기구이를 말하는데, 고기를 양념장에 재웠다가 구워먹는 음식은 맥적이 유일하다고 한다. 『본초강목(本草綱目)』에서는 "쇠고기는 성질이 따뜻하고 달며 무독하다"고

했고, 『식료찬요(食療纂要)』에서는 "속을 편하게 하고 기운을 북돋우려면 소고기를 임의대로 익혀서 먹는다."라 하였으며, 『동의보감(東醫寶鑑)』에서는 "장은 모든 어육·채소·버섯의 독을 지우고 또 열상과 화독을 다스린다."고 했다. 이후 맥적은 조선시대 궁중에 이르러 쇠고기를 너붓너붓 썰어 양념장에 재웠다가 구워낸 너비아니로 발전하였고 오늘날 불고기의 시초가 된 것으로 전해진다.

(2) 경기도 음식

경기도 지방은 고려의 서울이었던 개성을 포함하여 서울에 접하여 있고 산과 바다에 면해 있는 지역으로 중부에 위치하여 자연조건이 비교적 좋은 곳이다. 서해안은 해산물이 풍부하고 동쪽의 산간지방은 산채가 많으며, 밭농사와 벼농사도 활발하여 여러 가지 식품이 고루 생산되는 지역이다. 개성지역을 제외하고 음식의 풍은 소박한 편이고 간도 중간 정도이며 양념도 수수하게 쓰는 편이다.

강원도·충청도·황해도 지방과 접해 있어 공통점이 많고 같은 음식도 많이 있다. 농촌 지방에서는 호박, 강냉이, 밀가루, 팥 등을 섞어서 풀떼기, 수제비 등을 구수하게 잘 만든다. 주식으로 오곡밥과 찰밥을 즐기고 국수는 맑은 장국국수보다는 칼국수를 제물에 끓인 제물국수나 메밀칼싹두기 같은 국물이 걸쭉하고 구수한 음식이 많다. 냉콩국은 경기도뿐만 아니라 충청도와 황해도에서도 즐겨먹는 음식이다.

개성은 고려시대의 수도였던 까닭에 그 당시의 음식솜씨가 남아 서울·전주와 더불어 음식에 공을 많이 들여 가장 호화스럽고 사치스러우며 재료도 매우 다양하게 고루 섞어서 만든다.

◆ 대표적인 경기도음식

① 주식류

개성편수, 팥죽, 팥밥, 오곡밥, 수제비, 조랭이떡국, 제물칼국수, 냉콩국수, 칼싹두기, 뱅어죽 등

② 부식류

삼계탕, 갈비탕, 곰탕, 족편, 민어탕, 종갈비찜, 개성무찜, 장떡, 개성순대, 호박선, 홍

해삼, 메밀묵무침, 개성닭젓국, 아욱토장국 등

③ 김치류

꿩김치, 용인외지, 고구마줄기김치, 개성보쌈김치, 무비늘김치, 순무김치, 순무섞박지, 호박김치 등

④ 음청류

모과청화채, 오미자화채, 배화채, 송화밀수 등

⑤ 주류

하향주, 화성 부의주, 군포 당정옥로주, 광주 산성소주, 인천 칠선주, 이동막걸리, 가평 잣막걸리

◆ 음식이야기 – 무더운 복날 서민들의 복달임 음식 삼계탕

예부터 닭고기는 다른 육류에 비하여 서민들이 가장 즐겨먹던 단백질급원 식품이었다. 또한 섬유질이 연하여 노인과 어린이뿐만 아니라 환자에게도 적합하다.

오늘날 최고의 복달임 음식으로 사랑받는 것이 삼계탕이지만 조선시대 왕의 복달임 음식은 민어탕이 일품이요, 도미탕이 이품, 보신탕이 삼품이라는 옛말이 있다. 백숙은 서민 중에서도 하층민이 먹는 복달임 음식이었다는 것이 역사적 기록이다. 『식료찬요(食療纂要)』에서는 "소갈(消渴)로 소변을 계속 보는 것을 치료하려면 누런 암탉 1마리를 보통 요리하는 방법과 같이 준비하고 푹 익도록 삶아 그 즙을 취하여 갈증이 있을 때 마신다."라고 하였고 『동의보감(東醫寶鑑)』에서는 "황색의 암탉은 오장을 보익하고 정(精)을 보할 뿐만 아니라 양기를 돕고 소장을 따뜻하게 한다."라고 하였고, 인삼은 "오장(五臟)의 기가 부족한 것을 보한다. 또한 기운이 약한 것, 기력이 아주 미약한 것, 기가 허한 것들을 치료한다. 달이거나 가루를 내거나 고약처럼 만들어 많이 먹으면 좋다."고 하였다.

삼계탕을 요리할 때는 주로 누런 암탉고기를 이용했는데 닭고기에 인삼을 배합하면 닭 특유의 누린내가 없어지며, 인삼은 식욕을 돋우고 대추는 음혈(陰血)을 완화하고 찹쌀

은 위 속에서 음식의 흡수와 배설을 도와 기운을 돋게 하기 때문이다. 삼계탕은 원기를 돋우는 가장 유익한 음식 중 하나이다.

(3) 강원도 음식

강원도는 태백산맥의 대관령을 중심으로 해안지방의 영동과 내륙지방의 영서로 구분을 하며 두 지역의 식생활 환경과 산물도 크게 다르다. 영동해안지방인 동해에서는 생태, 오징어와 미역, 다시마 등의 해산물이 많이 나서 이를 가공한 황태, 건오징어, 건미역 등의 식품이 많고 오징어젓, 창란젓, 명란젓 등의 젓갈류를 잘 담근다. 이외에도 회, 찜, 구이, 탕, 볶음, 식해 등의 음식이 많다.

영서지방의 산악이나 고원지대에는 옥수수, 메밀, 감자 등이 많이 생산되고, 산에서는 도토리, 상수리, 칡뿌리, 산채 등이 많이 생산되며 이 특산물은 주식의 재료로 삼았고, 어려울 때 구황식으로 이용했으나 지금은 기호식품으로 널리 애용되고 있다.

강원도의 음식은 사치스럽지 않고 소박하며 먹음직스럽다. 특히, 감자와 옥수수, 메밀을 이용한 음식이 다른 지방보다 매우 많다.

◆ **대표적인 강원도 음식**

① **주식류**

강냉이밥, 감자밥, 차수수밥, 메밀막국수, 팥국수, 감자옹심이, 토장아욱죽, 방풍죽, 감자범벅, 강냉이범벅 등

② **부식류**

삼시기탕, 쏘가리매운탕, 대게찜, 오징어순대, 감자부치미, 동태순대, 올챙이묵, 도토리묵, 메밀묵, 미역쌈, 취쌈, 더덕생채, 명란젓, 창란젓, 오징어회, 송이볶음, 들깨송이부각 등

③ **병과류**

감자시루떡, 찰옥수수시루떡, 감자떡, 감자녹말송편, 감자경단, 옥수수설기, 옥수수보리개떡, 댑싸리떡, 메싹떡 등

④ 음청류

오미자화채, 당귀차, 강냉이차, 치커리차, 책면, 단술감주, 앵두화채, 수정과 등

⑤ 주류

평창 감자술, 금향주, 송설주, 옥선주, 횡성 이의인주, 원주 엿술 등

◆ **음식이야기 – 향미로운 음식 방풍죽**

 　　　강원도 강릉지방의 향토음식으로 전해지고 있는 방풍죽. 예부터 방풍은 풍을 예방하고 몸을 윤택하게 해준다고 하여 뿌리를 주로 약용하지만 잎이나 꽃도 약으로 사용한다. 여린 잎은 데쳐서 반찬으로 먹거나 흰 꽃은 팔다리가 오그라들며 경련을 일으키거나 뼈마디가 아플 때 좋다. 방풍죽을 쑬 때는 뿌리부터 잎, 꽃 등 옹근풀을 이용하면 좋으며, 파의 흰 뿌리(蔥白)를 함께 넣으면 약 기운이 전신에 미친다. 방풍은 맛이 맵고 달며 성질은 따뜻하다. 『동의보감(東醫寶鑑)』에서 "방풍은 성질이 따뜻하고 맛은 달고 매우며 36가지 풍증을 치료할 뿐 아니라 오장(五臟)을 좋게 한다."고 하였다.

깨끗이 다듬은 방풍을 살짝 데쳐 쌀이 알맞게 퍼진 죽에 넣고 쑨 뒤 사기그릇에 담아 내는 방풍죽에 대해 허균(許筠: 1569~1618)은 "이것은 좋은 맛이 입안에 가득하여 3일이 지나도 가실　줄 모르는 향미로운 음식이다."라고 『도문대작(屠門大嚼)』(1611년, 광해군)에 기록하고 있다.

(4) 충청도 음식

충청도는 한반도의 중앙에 위치하고 있으며 바다에 면하고 있지 않은 북도와 서해에 면하고 있는 남도로 구분할 수 있다. 지리적 여건이 다른 점이 많으나 생업은 농업으로 충남의 예당평야 지역은 농경에 적합하여 곡물이 풍부하고 서해에는 좋은 어장을 갖추고 있어 해산물이 풍부하다.

충청도는 삼국시대에 백제지역으로 쌀을 많이 생산하였고, 북방의 고구려 지역은 조를, 경상도인 신라 지역은 보리를 많이 생산하였던 것으로 추정된다. 따라서 주식의 주류를 이루고

있는 것은 밥으로 흰 쌀밥을 으뜸으로 하고 일반적으로는 보리를 곱게 대껴서 짓는 구수한 보리밥 솜씨가 훌륭하다.

충청도 음식은 꾸밈이 없고 양념도 많이 쓰지 않아 자연 그대로의 맛을 살려 담백하고 구수하며 소박한 음식이 많고 충청도 사람들의 인심을 반영하듯 음식의 양이 푸짐하다. 충북 내륙 산간지방에서는 산채와 버섯들이 많이 있어 그것으로 만든 음식이 유명하다. 농경이 발달한 곳이라 죽, 국수, 수제비, 범벅 등도 많이 만들고 호박떡도 많이 만든다. 충주와 청주에서는 칼국수를 즐겨먹는데 밀가루에 날콩가루를 넣어 반죽하여 썰어 만든 국수에 애호박을 넣어 끓인 칼국수는 국물이 걸쭉하지 않고 담백한 맛이 일품이며, 올갱이국이 별미이다.

서해안에 가까운 지역은 굴이나 조갯살 등으로 국물을 내어 날떡국이나 칼국수를 끓이기도 한다. 특히, 충남 서산의 어리굴젓이 유명한데 굴젓을 담는 시기는 11월 초에서 3월까지가 적기이다. 조미료 중 된장을 즐겨 사용하며, 겨울에는 청국장을 만들어 구수한 찌개를 끓인다. 충청도 음식은 자연 그대로의 맛을 살리고 있다.

◆ 대표적인 충청도음식

① 주식류

공주장국밥, 콩나물밥, 보리밥, 찰밥, 칼국수, 날떡국, 호박범벅, 녹두죽, 팥죽, 보리죽 등

② 부식류

굴냉국, 넙치아욱국, 충주내장탕, 청포묵국, 시래기국, 호박지찌개, 청국장찌개, 장떡, 말린도토리묵 볶음, 호박고지적, 웅어회, 상어찜, 호두장아찌, 새뱅이지짐이, 조개젓, 홍어어시욱, 올갱이국, 열무짠지, 무지짐이, 가죽나물, 참죽나물, 어리굴젓 등

③ 병과류

쇠머리떡, 꽃산병, 햇보리떡, 약편, 곤떡, 도토리떡, 무릇곰, 모과구이, 무엿, 수삼정과 등

④ 음청류

찰쌀미수, 복숭아화채, 호박꿀단지 등

⑤ 주류

면천 두견주, 한산 소곡주, 금산 인삼백주, 아산 연엽주, 계룡 백일주, 보은 송로주, 청
원신선주, 중원 청명주 등

◆ 음식이야기 - 간(肝)을 보(保)하는 음식 올갱이국

올갱이는 다슬기를 부르는 충청도 사투리로 경상도에서는
고디, 전라도에서는 대사리, 강원도에서는 꼴부리라고 부르
며, 우리나라의 맑은 강 어디에서나 볼 수 있다. 올갱이는 숙
취해독에 좋고 당뇨예방과 눈을 맑게 하는 데 효능이 있다고
알려져 있는데, 『본초강목(本草綱目)』에서는 "열을 내리고 눈을 밝게 하며 소갈증, 이질,
치질, 변비에 좋다."고 하였고 『동의보감(東醫寶鑑)』에서 "올갱이는 차가운 성질이 있어 열
독(熱毒)을 풀고 갈증을 없애고 간(肝)의 열을 내리게 하고 대소변을 잘 나가게 한다."고
하였다. 또한 올갱이는 간을 상징하는 푸른빛을 띠고 있어 간경화 등 오래된 간의 병을
치료하는 민간요법용으로도 이용되어 왔다.

(5) 전라도 음식

한반도의 서남쪽에 자리 잡은 전라도는 이 지역의 대표적인 고을인 전주와 나주의 이
름을 빌려 만들었다. 지리적으로 볼 때 서해와 남해를 끼고 기름진 호남평야가 펼쳐져
있어 농산물이 풍부하며 산채와 과일과 해물이 풍부하다. 기후는 지형적인 원인으로 인
해 남북의 차이보다는 동서의 차이가 크다. 동쪽은 산악지대로 높고 서쪽은 평야지대로
낮은 지형적 영향을 크게 받기 때문이다. 또한 해안선이 길고 바다에 접한 면적이 많기
때문에 대체로 해양성 기후를 나타내기도 한다.

전라도는 기름진 호남평야의 풍부한 곡식과 각종 해산물, 산채 등 재료가 다른 지방에
비해 많고 음식에 정성이 많이 들어갔으며 매우 사치스러운 편이다. 전라도의 전주, 광
주, 해남 등은 각 고을마다 부유한 토반들이 대를 이어 살았으므로 좋은 음식을 가정에
대대로 전수하고 어느 지방도 따를 수 없는 풍류와 맛의 고장이라 할 수 있다. 경기도 개
성은 고려시대의 음식을 전통적으로 지키면서 보수적인데 전라도는 조선조의 양반풍을

이어받아서 고유한 음식법을 잘 지니고 있다.

콩나물 기르는 법이 특수하고 좋아서 전주지방의 콩나물은 맛있기로 유명하며 고추장과 술맛이 좋고, 상차림 음식의 가짓수를 많이 하여 상 위에 가득 차려내므로 처음 방문한 외지사람들을 놀라게 한다.

기후가 따뜻하여 젓갈은 간이 매우 세고, 김치는 고춧가루를 많이 사용하며 국물 없는 김치를 담근다. 음식은 간이 센 편이며 맵고 자극적이다.

◆ 대표적인 전라도음식

① 주식류

전주비빔밥, 콩나물국밥, 깨죽, 대합죽, 대추죽, 피문어죽, 합자죽, 냉국수, 고동칼국수, 팥칼국수 등

② 부식류

두루치기, 토란탕, 추어탕, 용봉탕, 꼬막무침, 꼬막찜, 파만두, 꼴뚜기젓, 무생채, 죽순채, 천어탕, 홍어삼합, 홍어회, 꽃게장, 산낙지회, 장어구이, 죽순찜, 양애적, 젓갈류 등

③ 병과류

나복병, 수리치떡, 호박고지시루떡, 감인절미, 감단자, 차조기떡, 전주경단, 복령떡, 유과, 동아정과, 연근정과, 고구마엿 등

④ 음청류

유자화채, 곶감수정과 등

⑤ 주류

전주이강주, 김제송순주, 복분자주, 완주모주, 해남진양주, 구기자주, 진도홍주, 송화백일주, 송죽오곡주, 머루주 등

◆ 음식이야기 - 맛과 멋이 어우러진 전주비빔밥

비빔밥이 처음 언급된 문헌은 1800년대 말엽에 발간된 요리서인 『시의전서(是議全書)』로서 비빔밥을 '부빔밥'으로 표기하고 있으며 한자로는 '골동반(骨董飯)'이라 하였는데 이미 지어놓은 밥에 여러 가지 찬을 넣어 비빈 것을 말한다.

전주비빔밥은 콩나물이 중요한데, 전주는 수질이 좋고 기후가 콩나물 재배에 알맞으며 전주에서 가까운 임실 지역에서 생산되는 서목태(쥐눈이콩)의 풍부한 공급으로 오래전부터 질 좋은 콩나물이 생산되어 왔다.

그리고 전주비빔밥의 맛을 내는 데 가장 중요한 것이 육회이다. 문헌에 따르면 전주에서는 흉년으로 식량사정이 어려울 때도 매일 육회용으로 소 한 마리를 도살했을 정도라고 한다. 육회는 자연스럽게 비빔밥의 재료로 사용되었으며, 다른 재료와 잘 어울려 전주비빔밥의 특징으로 자리 잡게 되었다. 전주비빔밥의 또 다른 특징은 밥을 지을 때 쇠머리 고운 물로 밥을 짓는 것인데, 쇠머리 고운 물로 밥을 지으면 밥알이 서로 달라붙지 않아 나물과 섞어 비빌 때 골고루 잘 비벼지고 밥에서 윤기가 난다.

정성들여 기른 콩나물과 오래 묵은 좋은 간장, 고추장, 육회, 참기름 등을 넣고 맨 위에는 생달걀을 깨어 얹는다. 겨울에는 햇김, 이른 봄에는 황포묵, 여름에는 쑥갓, 늦가을에는 고춧잎이나 깻잎 등을 곁들여 계절의 맛과 오방색을 더한 것이 특징이며 반드시 달걀노른자를 날것으로 사용하고 콩나물국과 함께 먹는다.

(6) 경상도 음식

경상도의 지명은 고려시대 때 경주와 상주 두 고을의 머리글자를 합하여 만든 것이다. 경상도는 남해와 동해에 좋은 어장을 가지고 있어 해산물이 풍부하고 남·북도를 크게 굽어 흐르는 낙동강은 풍부한 수량으로 주위에 기름진 농토를 만들어 농산물도 넉넉하게 생산된다.

이곳에서는 고기라고 하면 물고기를 가리킬 만큼 생선을 많이 먹는다.

음식은 멋을 내거나 사치스럽지 않고 소담하게 만들며 음식 맛은 대체로 얼얼하도록 맵고 간이 센 편이다. 싱싱한 바닷고기에 소금 간을 해서 말려서 굽는 것을 즐기고, 신선한 바닷고기로 국을 끓이기도 한다. 곡물 음식 중에는 국수를 즐기나 밀가루에 날콩가루를 섞어서 반죽하여 홍두깨나 밀대로 얇게 밀어 칼로 썰어 만드는 칼국수를 제일로 친다. 장국의 국물은 멸치나 조개를 많이 쓰고, 더운 여름에 뜨거운 제물국수를 즐기는데 범벅이나 풀대죽은 별로 즐기지 않는다.

◆ **대표적인 경상도음식**

① **주식류**

진주비빔밥, 통영비빔밥, 충무김밥, 무밥, 갱식, 애호박죽, 건진국수, 조개국수, 닭칼국수, 밀국수냉면 등

② **부식류**

대구탕, 미역홍합국, 재첩국, 추어탕, 깨집국, 아귀찜, 파전, 해파리회, 돔배기적(상어구이), 미더덕찜, 조개찜, 콩잎장아찌, 우렁찜, 유곽, 언양불고기, 과메기, 고추부각, 골곰짠지 등

③ **병과류**

모시잎송편, 망개떡, 쑥굴레, 칡떡, 잡과편, 진주유과, 대추징조, 다시마정과, 우엉정과 등

④ **음청류**

안동식혜, 수정과, 유자화채, 유자차, 잡곡미숫가루 등

⑤ **주류**

안동소주, 경주교동법주, 함양국화주, 송엽주, 남해유자주, 부산산성막걸리, 문경호산춘, 봉화선주, 김천과하주, 향온주, 소백산오정주 등

◆ **음식이야기 – 품위를 갖춘 안동의 건진국수**

음력 6월 15일을 전후하여 밀을 수확했던 까닭에 예전에는 한 여름에나 먹을 수 있었던 별미가 칼국수이다. 안동지방의 양반가에서는 밀가루와 콩가루를 섞어 반죽해 창호지처럼 얇게 밀어 가지런히 썬 뒤 삶아 찬물에 식혀 건진국수에 수중군자(水中君子)로 불리는 은어를 달여 장국을 만들어 붓고 그 위에 갖은 고명을 올려 품위를 더해 귀한 손님에게 대접했던 음식이었다. 국수는 쉬 꺼지는 음식이다. 밀가루로만 반죽해서 만든 국수는 더 쉽게 꺼지기 때문에 단백질이 풍부한 콩가루를 배합해서 만든 국수가 건진국수이다.

그와 견주어 안동지방 농민들이 즐겨먹은 국수는 누름국수로 국수를 따로 삶아내지 않고 끓는 멸치 장국에 제철 채소와 함께 끓여낸 제물국수이다.

밀에 대한 일반적인 효능을 다음과 같이 정리하고 있다. 『본초강목(本草綱目)』, 『본초정화(本草精華)』 등에 의하면 "밀은 객열(客熱: 몸에 열이 나는 증세)을 없애고 번갈(煩渴 : 가슴속이 답답하고 목이 마른 증세)과 인후부가 마르는 것을 그치게 하며 소변을 잘 나가게 하고, 간기(肝氣: 간의 기능)를 기르고, 누혈(漏血 : 피가 나오지 않는 치질)과 타혈(唾血 : 침에 피가 섞여 나오는 병)을 그치게 하고 임신을 쉽게 한다."라고 정리하고 있다. 또한 심기(心氣)를 기르기 때문에 심병(心病)에 밀을 먹는다.

(7) 제주도 음식

제주도는 섬이라는 지리적 환경을 가지고 있으면서 해촌, 양촌, 산촌의 세 지형으로 구분되어 있고 그 생활풍습에도 차이가 있다. 양촌은 평야 식물지대로 농업을 중심으로 생활하였고, 해촌은 해안에서 고기를 잡거나 해녀가 잠수어업을 하며 해산물을 채취하고, 산촌은 산을 개간하여 농사를 짓거나 한라산에서 나는 버섯, 고사리, 갖가지 산나물을 채취하여 식생활을 하였다.

제주도는 농사 짓는 땅이 적어 쌀이 거의 생산되지 않고 콩, 보리, 조, 메밀, 고구마 등을 많이 생산하였으며 채소와 된장, 해조류가 찬의 재료가 되고 수육으로는 돼지고기(돔베고기)와 닭고기를 주로 사용하였다. 바닷고기는 말려서 두고 쓰거나 생선국을 많이 끓이고 회를 많이 먹으며 제주에서만 잡히는 자리돔과 옥돔은 맛이 일품이다. 특히 제주도의 특산물인 감귤과 전복은 진상품이었다.

제주도 사람의 부지런하고 꾸밈없는 소박한 성품은 음식에서도 그대로 나타나 있다. 음식을 많이 차리거나 양념을 많이 넣거나 여러 가지 재료를 섞어서 만드는 것이 별로 없고 간은 대체로 짠 편이고 재료가 가지고 있는 자연의 맛을 그대로 살리는 것이 특징이다.

한라산에서는 표고버섯과 산채가 많이 나고 꿩이 많이 잡힌다. 김장은 겨울의 기후가 따뜻하여 사철 배추가 밭에 남아 있기 때문에 김장이 별로 필요치 않고 짧은 시간 동안 먹을 것만을 조금씩 담근다.

◆ **대표적인 제주도음식**

① **주식류**

전복죽, 깅이죽, 옥돔죽, 초기죽, 닭죽, 미역새죽, 곤떡죽, 돼지새끼죽, 보말국, 몸국, 생선국수, 메밀저배기, 메밀만두 등

② **부식류**

돔베고기, 고사리국, 톨냉국, 돼지고기육계장, 된장찌개, 상어구이, 옥돔구이, 꿩구이, 상어산적, 초기전, 자리회, 물망회, 전복김치, 두루치기, 동지김치, 콩잎쌈, 날미역쌈 등

③ **병과류**

오메기떡, 빙떡, 상애떡, 배대기떡, 돌래떡, 도돔떡, 약과, 닭엿, 꿩엿, 돼지고기엿, 보리엿, 호박엿 등

④ **음청류**

술감주, 밀감화채, 소엽차 등

⑤ 주류

오메기술, 고소리술, 선인장술, 애월좁쌀약주, 남제주좁쌀약주, 남제주좁쌀탁주 등

◆ 음식이야기 – 제주의 돼지수육 돔베고기

돼지고기에 파, 마늘, 양파를 넣고 된장을 풀어 푹 익혀 먹는 제주의 수육 돔베고기, 사실 이것은 어디서나 흔히 볼 수 있는 돼지수육이지만, 돔베고기가 특별한 이유는 도마에 썰려 나오는 그 투박함에 있다. '돔베'란 '도마'를 뜻하는 제주의 방언으로 가족들의 밥상을 차린 뒤 다시 물질을 하러 가야 했던 제주의 여인들은 고기를 썰어 그릇에 정갈하게 담아낼 시간이 없어 도마째로 상 위에 올렸다고 한다. 이에 도마와 함께 올린 고기라 해서 돔베고기라 전해지는데, 제주 여인들의 바쁜 일상이 만들어낸 음식이다.

『삼국지』에 의하면 제주도의 옛 지명인 주호(州胡)에 사는 사람들은 소와 돼지를 잘 사육하였다는 기록이 있는 것으로 보아 우리나라에서는 광범위하게 돼지를 길렀음을 알 수 있다.

황사가 많이 날리는 날에는 돼지고기를 찾게 된다. 또한 분필가루가 날리는 교실에서 말을 많이 한 교사, 석탄가루를 많이 먹는 탄광노동자, 자동차 매연에 시달리는 운전기사, 톱밥가루나 먼지가 많은 곳에서 일하는 사람들이 돼지고기를 즐겨 찾는 것이 우리나라 풍속이다. 통계학적으로도 돼지고기를 즐겨먹는 사람이 진폐증에 덜 걸린다고 하니 돼지고기가 체내에 들어온 분진을 일정 부분 상쇄시켜 주는 것으로 보인다.

한의학에서는 돼지를 음(陰)의 기운이 있는 것으로 보아 수렴시키고 빨아들이는 역할을 한다고 보았다. 비산하는 먼지, 분필가루, 석탄가루, 매연 등을 양(陽)의 기운으로 보아 수렴하는 기운인 돼지고기를 먹음으로써 중화된다고 본 것이다.

(8) 황해도 음식

황해도는 우리나라의 중서부에 위치해 있으며 전라도와 나란히 북쪽지방의 곡창지대로 연백평야와 재령평야에서 쌀의 생산량이 많으며 잡곡의 질도 좋고 풍부하다. 특히 황해도 남쪽 사람들이 보리밥을 즐겨먹듯이 굵고 차진 조를 넣어 잡곡밥을 많

이 해 먹는다. 곡식이 많고 좋아서 가축들의 사료로 좋고, 고기의 맛도 유별하며, 밀국수나 만두에는 닭고기가 많이 쓰인다. 해안지방은 조수간만의 차가 크고 수심이 낮으며 간석지가 발달해 수산자원 또한 풍부한 편이다. 잡곡, 밀, 닭고기를 음식에 많이 이용하고 음식의 양이 풍부하며 음식에 기교를 부리지 않고 구수하면서도 소박하다. 송편이나 만두도 큼직하게 빚고, 밀국수도 즐겨한다. 간은 별로 짜지도 싱겁지도 않으며, 충청도 음식과 비슷하다. 김치에는 독특한 맛을 내는 고수와 분디라는 향신채소를 반드시 사용하며, 김치는 맵지 않고 시원한 맛을 즐기며, 동치미국물을 넉넉히 하여 겨울에 냉면국수나 찬밥을 말아서 밤참을 즐기기도 한다.

◆ **대표적인 황해도음식**

① **주식류**

김치밥, 잡곡밥, 비지밥, 김치말이, 수수죽, 씻긴국수, 밀낭화, 밀범벅, 호박만두, 남매죽, 냉콩국 등

② **부식류**

되비지탕, 김칫국, 조기국, 호박김치찌개, 조기매운탕, 행적, 고기전, 김치순두부, 잡곡전, 연안식해, 청포묵, 돼지족조림, 대합전, 묵장떼묵, 순대, 된장떡, 김치적, 순대 등

③ **병과류**

오쟁이떡, 큰송편, 녹두고물시루떡, 우메기, 잡곡부치기, 닭알떡, 수리취인절미, 무정과 등

◆ **음식이야기 – 건강지킴이 비지밥**

비지밥은 쌀을 불려 돼지고기와 시래기, 콩을 갈아 넣고 밥을 지어 양념장에 비벼먹는 음식이다. 비지밥은 곱게 간 콩과 무청 시래기와 감자가 함께 어우러져 구수하고 섬유질이 풍부하여 포만감이 오래간다. 콩은 단백질이 풍부할 뿐만 아니라 불포화지방산이 풍부하여 체내의 중요한 에너지원이 되며, 동맥경화와 비만을 예방한다.

예부터 콩은 신장(腎腸)으로 기운이 들어간다고 보았다. 『본초강목(本草綱目)』에 의하면 "도화(陶華)가 검은콩에 소금을 넣고 삶아 먹으면서 말하기를 콩은 신장을 보한다고 하였다. 콩은 모양이 콩팥과 비슷하고 검은색은 오행상 수(水=腎)와 통하고 소금으로 이를 더욱 도와주니 효능이 매우 묘하다."고 하였다. 예전에는 소금의 짠맛도 수(水=腎)에 속한다고 보았기에 콩의 보신(補腎)작용이 더 강해진다고 보았다.

(9) 평안도 음식

평안도는 평양을 중심으로 하여 평안남도와 평안북도, 자강도의 일부 지역을 포함하고 있다. 동쪽은 산이 높아 험하나 서쪽은 서해안에 면하여 해산물도 풍부하고, 신의주평야나 안주평야가 있어 곡식의 생산도 풍부하다.

예부터 중국과의 교류가 많은 지역으로 성품이 진취적이고 대륙적이어서 음식의 솜씨도 먹음직스럽게 크게 하고 푸짐하게 많이 만든다. 곡물음식 중에서는 메밀로 만든 냉면과 만두 등 가루로 만든 음식이 많으며, 겨울이 추운 지방이어서 기름진 육류 음식도 즐겨하고 밭에서 많이 나는 콩과 녹두로 만드는 음식도 많다. 장국밥인 온반과 장국국수인 온면이 있고 김치국에 마는 냉면과 대응하는 음식이 김치말이이다.

음식의 간은 대체로 심심하고 맵지도 짜지도 않으며 모양을 예쁘게 하기보다는 먹음직스럽고 크게 많이 만들어 먹는 것을 즐긴다. 평안도 지방에서는 평양의 음식이 가장 잘 알려져 있고 그중 평양냉면, 어복쟁반, 순대, 온반, 닭죽 등이 유명하다.

◆ **대표적인 평안도음식**

① **주식류**

온반, 닭죽, 어죽, 만둣국, 생치만두, 굴만두, 김치말이, 냉면, 온면, 느름쟁이국수, 강랑국수 등

② **부식류**

콩비지, 전어된장국, 숭어국, 잉어국, 꽃게장국, 참나물국, 고사리국, 오이토장국, 어복쟁반, 순안불고기, 조기자반, 내포중탕, 콩비지, 꽃게찜, 똑똑이자반, 풋고추조림, 돼지고기전, 더덕전, 냉채, 무곰, 녹두지짐, 돼지고기편육, 순대, 두부회, 도라지산적 등

③ 병과류

송기떡, 꼬장떡, 꼬리떡, 노티떡, 뽀떡, 골미떡, 개피떡, 조개송편, 찰부꾸미, 무지개떡, 과줄, 엿, 태석 등

◆ 음식이야기 – 짜릿한 국물 맛 평양냉면

요즈음은 냉면을 무더운 여름철에 주로 먹는 음식으로 생각하지만 예전에는 한겨울 김치항아리에서 살얼음을 깨가며 동치미를 떠와 뜨끈뜨끈한 온돌방에 앉아 이를 덜덜 떨어가며 국수를 말아먹었다.

평양식 냉면은 메밀이 많이 함유되어 있어 국수에 힘이 없고 툭툭 끊어지며 국물이 맑고 담백한 것이 특징이다. 평양식 냉면에는 쇠고기나 꿩·닭고기를 고아 만든 육수에 시원하게 익은 배추김치 국물이나 동치미 국물을 섞어 만든 국물이 쓰이고 편육과 오이채, 배채, 삶은 달걀 등의 고명을 얹어내는데 식초나 겨자를 많이 넣지 않아야 담백한 동치미의 국물 맛을 제대로 느낄 수 있다. 이와 달리 함흥식 냉면은 감자 전분이나 고구마 전분의 함량이 많아 면발이 질기며 매콤한 양념장이 들어가므로 식초나 겨자를 넉넉하게 넣어 자극적인 맛을 즐기기도 한다.

『황제내경(黃帝內經)』에서는 메밀을 오방지영물(五方之靈物)이라 하여 "메밀은 잎이 파랗고 꽃이 희며 줄기가 붉고 열매가 검으며 뿌리는 노랗다. 다섯 가지의 색과 다섯 가지의 맛이 조화를 이루면 건강에 이롭고 장수할 수 있다."고 하였다. 메밀의 루틴성분은 위와 장을 튼튼하게 하며 이뇨 및 노폐물을 몸 밖으로 내보내는 역할이 있어 혈액을 깨끗이 정화하므로 혈압을 내리고 피부를 곱게 해준다. 메밀은 성질이 차기 때문에 청혈·해독 작용을 하고 열을 내려주고 독을 없애준다.

(10) 함경도 음식

함경도는 우리나라의 가장 북쪽에 위치하고 있으며, 동쪽은 해안선이 길고 영흥만 부근에 평야가 조금 있어 논농사는 적은 반면 밭농사를 많이 하며 특히, 함경도는 밭곡식 중에서도 콩의 품질이 뛰어나고 잡곡의 생산량이 많다. 동해에 면한 지역에서는 명태,

청어, 연어, 정어리, 넙치 등 다양한 생선이 잘 잡히며, 주식으로는 기장밥, 조밥 등 잡곡밥을 잘 지으며, 쌀, 기장, 조, 수수 등의 품질이 매우 차지며 구수하다. 또한 감자와 고구마의 품질이 좋아 전분을 이용한 음식이 많은데, 녹말을 가라앉혀 국수를 만들어 먹는 쫄깃한 냉면이 발달하였다.

음식의 모양은 큼직하여 대륙적이고 대담하며 장식이나 기교를 부리지 않고 사치스럽지 않다. 북쪽으로 올라갈수록 날씨가 추워 음식의 간은 싱겁고 담백하다. 그러나 고추와 마늘 등 양념을 강하게 사용하여 야성적인 맛을 즐기기도 한다.

'다대기'는 고춧가루에 갖은 양념을 하여 만든 함경도식의 매운 양념으로 이를 음식에 많이 사용하는데 홍어, 가자미 등의 생선을 매운 다대기에 무쳐 국수에 얹어 비벼 먹는 함흥식 회냉면이 유명하다.

◆ 대표적인 함경도음식

① 주식류

잡곡밥, 닭비빔밥, 강냉이밥, 기장밥, 찐조밥, 가릿국, 회냉면, 감자국수, 옥수수죽, 얼린콩죽, 감자막가리만두, 섭죽 등

② 부식류

동태순대, 콩부침, 명태국, 단고기국, 천엽국, 다시마냉국, 되비지찌개, 청어구이, 원산해물잡채, 북어찜, 두부전, 두부회, 임연수구이, 동태순대, 닭섭산적, 도루묵식해 등

③ **병과류**

인절미, 오그랑떡, 언감자떡, 꼬장떡, 달떡, 과줄, 산자, 약과, 콩엿강정, 들깨엿강정, 산자 등

④ **음청류**

단감주

◆ **음식이야기 - 풍랑을 가라앉힌 만두**

만두는 메밀가루나 밀가루 등을 반죽하여 만두피를 만들어 소를 넣고 빚어서 삶거나 찐 음식으로 주로 겨울에 즐겨먹는 음식이다. 만두는 이북지방에서 즐겨먹는 별미음식으로 11월 행사가 김장이라면 12월 행사는 만두 빚기였을 정도라 하였다.

만두는 원래 중국에서 유래한 음식으로 제갈량이 멀리 남만을 정벌하고 돌아오는 길에 노수라는 강가에서 심한 풍랑을 만나게 되자 종자(從者)가 만풍(蠻風)에 따라 사람의 머리 49개를 수신에게 제사를 지내야 한다고 진언하였다. 하지만 제갈량은 살인을 할 수는 없으니 만인의 머리모양을 밀가루로 빚어 그 속을 소와 양의 고기로 채워 제사하라고 하여 그대로 하였더니 풍랑이 가라앉았다는 이야기가 전해지며 이것이 만두의 시초라고 한다.

감자막가리만두는 함경도지방에서 즐겨먹던 음식으로 생감자를 곱게 갈아 가라앉힌 녹말로 만두피를 만들어 돼지고기와 부추를 양념하여 속으로 넣고 쪄낸 것이다. 밀가루가 귀한 산간지방의 특산물인 감자로 만두피를 만들어 껍질이 쫄깃하고 투박하면서도 소박한 맛이 별미이다.

⑤ 한국의 세시풍속과 음식

우리 조상들은 농경위주의 생활을 중심으로 하였기에 계절과 기후의 변화에 따라 세시풍속이 발달하였다. 세시풍속은 일 년 사계절에 따라 관습적으로 반복되는 생활양식을 말하며 해마다 되풀이되는 민중의 생활사가 되기도 한다. 우리나라는 각 시절마다 조상숭배, 농사의례, 정서순화, 벽사(辟邪) 등의 의미를 갖는 행사나 놀이를 하였으며, 계절과 풍습에 따라 어울리는 특별한 음식을 만들어 먹어왔다. 춘하추동 절기마다 시식을 차리는 풍습은 궁이나 서울 ·

시골 모두 마찬가지이다.

중국의 세시풍속은 원단(元旦), 삼짓날, 단오, 칠석, 중구절 등 순환적 기수(奇數) 민속으로 음양사상(陰陽思想)에 의한 중일(重日)세시를 중시하는 데 비해 우리나라의 세시풍속은 보름민속인 정월대보름과 팔월 한가위 그리고 오월의 수릿날과 시월의 상달이 의미하는 농경의례적인 세시가 특징으로 만월제의(滿月祭儀)를 통한 풍요를 암시하고 파종과 수확을 중심으로 한 농사의 월령에 관계되는 세시풍속이 중심이 된다.

우리나라의 세시풍속은 태음력을 기준으로 1년을 24절기로 나누고, 15일마다 한 절기가 돌아온다. 이 절기순환 이용은 농경뿐 아니라 어업과 관혼상제(冠婚喪祭)를 치르는 데도 쓰였다. 농업이나 어업은 계절적 변화에 따라 이루어졌고 풍작과 풍어를 기대하기 위해서는 계절을 지배하는 신령들과의 교류가 필요했기에 봄, 가을로 행하는 종교적인 농경의례가 있었다. 그 주기적인 연중행사가 곧 세시풍속의 초석을 이루었고 이때 차리는 음식이 절식이 된 것이다.

세시음식은 시식과 절식으로 구분되는데 '시식'은 춘하추동 계절에 따라 산출되는 식품으로 만드는 음식을 말하며, 명절이나 속절에는 그날의 뜻을 새기기 위하여 제사를 지내거나 전통행사를 벌이고 즐기는데 이때 만드는 뜻있는 음식을 '절식'이라 한다.

이러한 시식과 절식의 관행은 사계절 자연의 영향을 받고 역사의 변천에 따라 자연스럽게 형성되어 오면서 조상들의 식생활 문화의 한 단면으로 우리의 정신적, 신체적 건강을 조절하는 데 큰 도움이 되었다.

우리나라의 연중행사 및 풍속과 시절식에 대한 문헌은 『경도잡지(京都雜誌)』(1700년대 말, 유득공), 『열양세시기(洌陽歲時記)』(1819년, 김매순), 『동국세시기(東國歲時記)』(1849년, 홍석모) 등이 있다. 유득공의 경도잡지는 서울을 중심으로 한 민속지로 지역적 특수성과 토착민속을 살필 수 있으나 대상과 범위가 국한되어 있고 김매순의 열양세시기 역시 서울의 연중행사 기록으로 비교적 고유한 세시풍속을 많이 기록하고 있다. 이들 중 홍석모의 동국세시기는 보다 풍부한 자료를 수집하여 전국적인 분포의 민속지로 작성되었으며, 우리 세시풍속을 총집대성한 것으로 우리 세시풍속의 변천을 이해하는 데 중요한 자료로 활용되고 있다.

1) 정월(正月)절식

정월은 새로운 한 해를 처음 시작하는 달로 원월(元月)·인월(寅月)이라고도 한다. 정월이란 중국 상고(上古)시대의 왕조인 하(夏)·은(殷)·주(周)의 경우와 같이 역성혁명(易姓革命)으로 왕조가 바뀌면 역법(曆法)을 그에 맞추어 고친 데서 나온 말이다.

『율력서(律曆書)』에 의하면 정월은 사람과 신, 사람과 사람, 사람과 자연이 하나로 화합하고 한 해 동안 이루어야 할 일을 계획하고 기원하며 점쳐 보는 달이라 한다. 정월의 절식으로는 설과 입춘, 정월대보름이 있다.

(1) 설날

설은 원단(元旦), 세수(歲首), 신일(愼日)이라고도 하며 일 년의 시작이라는 뜻이다. 설날은 '선날' 즉 개시(開始)라는 뜻의 '선다'라는 말에서 비롯되었다고 한다. 즉, '새해, 새날이 시작되는 날'이라는 뜻으로 해석할 수 있으며 이 '선날'이 시간이 흐르면서 설날로 변형되었다는 이야기가 있다. 설의 참 뜻은 확실하지 않으나 '삼가다(勤愼)', '설다', '선다' 등으로 해석하니 묵은해를 보내면서 새해 새날 정월초하루에는 일 년 내내 무탈하게 지내기를 기원하는 마음으로 경거망동을 삼간다는 뜻이 내제되어 있다는 것을 알 수 있다.

고려시대에는 설과 정월대보름, 삼짇날, 팔관회, 한식, 단오, 추석, 중구, 동지를 9대 명절로 삼았으며, 조선시대에는 설날과 한식, 단오, 추석을 4대 명절이라 하였다. 전통적으로 전해지는 설날의 세시풍속으로는 차례, 세배, 설빔, 덕담 등이 있다.

차례는 원례 차(茶)를 올리는 예로써 정월의 조상숭배를 뜻하는 중요한 행사이다. 본래는 조상의 생일 또는 매월 초하루나 보름에 지내던 간단한 아침제사를 의미하는 것이었는데 지금은 설날과 추석에만 지낸다. 정월차례를 떡국차례라 하는 것은 메(飯) 대신에 떡국을 올리기 때문이다.

설날 차례를 마친 뒤 집안의 어른들께 세배(歲拜)를 올린다. 세배가 끝나면 차례를 지낸 음식으로 아침 식사를 마친 뒤, 일가친척과 이웃 어른들께 세배를 드리는데 세배 손님을 맞은 집에서는 세배 손님이 어른일 때에는 술과 음식으로 대접하고, 아이들에게는 세뱃돈과 떡, 과일 등으로 대접한다. 『동국세시기』원일(元日)편에 "연소한 친구를 만나면 '올해는 꼭 과거에 합격하시오', '부디 승진하시오', '생남(生男)하시오', '돈을 많이 버시오' 하는 등의 말을 한다. 이것을 덕담(德談)이라고 한다. 서로 축하하는 말이다." 라고 기록하고 있다.

설날 차례(茶禮)상과 세배 손님 대접을 위해 준비하는 음식을 세찬(歲饌)이라고 한다. 세찬 중에는 흰떡(白餠)으로 만든 음식으로 떡국(餠湯), 떡만둣국, 떡찜, 떡산적, 떡잡채 등이 있으며, 고기음식으로는 갈비찜, 사태찜, 생선찜, 편육, 족편 그리고 녹두빈대떡, 각색전 등의 지짐과 삼색나물, 겨자채, 잡채 등이 있다. 후식으로는 약과, 다식, 정과, 엿강정, 강정, 산자, 식혜, 절편, 인절미, 수정과 등이 있고 설에 사용하는 술을 세주(歲酒)라 하는데 세주의 대표는 도소주(屠蘇酒)로 육계, 산초, 백출, 도라지, 방풍 등 여러 가지 약재를 넣어 빚은 술로 설날 이 술을 마시면 병이 나지 않는다는 속신이 있다. 술은 반드시 차게 하는데 이는 봄을 맞이하는 영춘의 뜻이 담겨 있다.

설날 대표적인 음식인 떡국의 가래떡을 동전처럼 둥글게 써는 이유는 둥근 모양이 마치 엽전의 모양과 같아서 새해에 재화가 풍족하기를 바라는 소망이 담겨 있기 때문이라 한다. 떡국은 설날이면 공통적으로 만들어 먹는 음식이지만 지방에 따라 다소 차이가 있다. 개성지방에서는 가운데가 잘록한 누에고치 모양의 조랭이떡국을 먹었으며, 충청도지방에서는 즉석에서 쌀가루를 반죽하고 길게 반대기를 지어 동그랗게 썰어 장국에 넣고 익힌 생떡국을 끓여 먹었다. 원래의 떡국은 꿩고기를 넣고 끓였으나 꿩고기가 없는 경우에는 닭고기를 넣고 끓였는데, 여기에서 '꿩 대신 닭'이라는 말이 생겨났다고 하며 남쪽지방에서는 굴을 넣고 끓이기도 한다.

(2) 입춘(立春)

입춘(立春)은 24절기 중 첫 번째 절기로 봄이 시작되는 것을 알려 주며 보통 양력 2월 4일경에 해당하며 음력으로는 대개 정월 즈음이라 새해를 상징하기도 한다. 그래서 옛 어른들은 이날 '입춘대길(立春大吉)', '건양다경(建陽多慶)'이란 글을 써서 기둥이나 문설주에 붙였는데 내용인즉

'입춘에 크게 길하고, 계절에 따라 경사가 많아라.' 라는 뜻이 담겨 있다.

그 밖에 입춘풍속으로는 겨우내 움츠려 있던 몸과 마음에 새로운 기운을 돋워준다고 하는 입춘날 입춘절식이라 하여 궁중에서는 오신반(五辛盤)을 수라상에 얹고, 민가에서는 세생채(細生菜)를 만들어 먹으며 서로 선물을 주고받았다. 『경도잡지』와 『동국세시기』에 의하면 "경기도 산골지방(畿峽) 육읍[양근(楊根), 지평(砥平), 포천(抱川), 가평(加平), 삭녕(朔寧), 연천(漣川)]에서는 총아(葱芽, 움파) · 산개(山芥, 멧갓) · 승검초(辛甘菜, 신감채)를 올린다."라고 기록하고 있는데, 궁중에서는 이를 진산채(進山菜)라 하였으며, 이것으로 오신반(五辛盤, 다섯 가지의 매운맛이 있는 나물로 만든 음식)을 장만하여 수라상에 올렸다. 오신반(五辛盤)은 겨자와 함께 무치는 생채 요리로 엄동(嚴冬)을 지내는 동안 결핍되었던 신선한 채소의 맛을 보게 한 것이다. 또 이것을 본떠 민간에서는 입춘날 눈 밑에 돋아난 햇나물을 뜯어다가 무쳐서 입춘 절식으로 먹는 풍속이 생겨났으며, 춘일 춘반(春盤)의 세생채라 하여 파 · 겨자 · 당귀의 어린 싹으로 입춘채(立春菜)를 만들어 이웃 간에 나눠먹는 풍속도 있었다.

오신채(五辛菜)는 추운 겨울 동안 신선한 채소를 먹지 못하다 뜨거운 물에 데쳐 초장에 무쳐 먹으면 맛이 맵고 새콤하여 미각을 돋우며 겨우내 움츠려 있던 몸과 마음을 풀리게 하고 건강한 일 년을 나도록 돕는 음식이다.

(3) 정월 대보름

대보름은 음력 정월 보름으로 상원(上元), 원석(元夕), 원소(元宵) 등이라 하며, 일 년 중 첫 보름달이 뜨는 이날에 중요한 의미를 부여했다. 농경을 중시하는 우리 조상들에게 달이 차지하는 비중은 매우 컸으며 새해 첫 보름달이 뜨는 대보름은 마을의 풍년과 건강을 기원하기 위한 상징적인 명절이었다. 『동국세시기』에 의하면 "대보름에도 섣달 그믐날의 수세하는 풍속과 같이 온 집안에 등불을 켜 놓고 밤을 샌다."라고 기록하고 있는 것으로 보아 대보름과 설날 모두 큰 명절로 여겼음을 알 수 있다.

대보름 절식으로는 약밥과 오곡밥, 묵은 나물과 더불어 귀밝이술, 복쌈, 원소병, 팥죽, 김구이 등인데 상원절식으로는 약밥이 으뜸이다.

대보름에 절식에 대한 『동국세시기』의 기록을 살펴보면 "찹쌀을 쪄서 대추, 밤, 기름, 꿀, 간장 등을 섞어 함께 찌고 잣을 박은 것을 약밥(藥飯)이라 한다. 이것은 보름날의 좋은 음식이다. 그것으로 제사를 지낸다. 이것은 신라의 옛 풍속이다.", "이른 새벽에 날밤, 호두, 은행, 잣, 무등속을 깨물며 '일 년 열두 달 동안 무사태평하고 종기나 부스럼이 나지 않게 해 주십시오.' 하고 축수한다. 이를 작절(嚼癤, 부럼)이라 하기도 하고 또는 고치지방(固齒之方, 치아를 단단하게 하는 방법)이라고도 한다.", "청주(淸酒) 한 잔을 데우지 않고 마시면 귀가 밝아진다고 한다. 이것을 유롱주(牖聾酒, 귀밝이술)라 한다.", "박나물, 버섯 등의 말린 것과 대두황권(大豆黃卷, 콩나물), 순무, 무 등을 묵혀 둔다. 이것을 진채(陳菜, 묵은 나물)라 한다. 이것들을 반드시 이날 나물로 무쳐 먹는다.", "배추 잎과 김으로 밥을 싸서 먹는다. 이것을 복과(福裹)라 한다."라고 기록하고 있다.

정월 대보름의 대표적 음식인 오곡밥과 묵은 나물은 대보름 전날 저녁 오곡밥을 짓고 봄부터 가을까지 수확해 말린 시래기와 호박오가리, 취나물, 고구마줄기 등의 묵은 나물을 물에 불려 푹 삶아 갖은 양념하여 맛있게 무친다. 시루에 가득 찐 오곡밥과 묵은 나물을 담아내고, 배추 잎과 김으로 싸서 먹는데 이것을 복쌈이라 한다. 정월 대보름은 오곡밥과 묵은 나물 등의 음식과 더불어 여러 가지 놀이를 통해 한 해의 건강과 풍요를 기원한 조상들의 지혜를 엿볼 수 있다.

2) 이월절식 – 중화절(中和節)

농사철의 시작을 기념하는 2월 초하루, 조선조 궁중에서는 이날을 중화절(中和節)이라 일컬었고 삭일(朔日, 초하루) 또는 노비일, 머슴날 등으로 불렀다. 조선조 정조 때 당나라 중화절을 본떠서 정한 이날은 임금이 재상과 시종들에게 잔치를 베풀고 중화척(中和尺)이라는 자를 나누어주면서 시작되었다. 신하들은 농사 짓는 일에 관한 책을 임금에게 올렸고 중화척은 바느질자보다 조금 짧은 자인데, 검은 반점이 있는 대나무[班竹]나 이깔나무[赤木]를 깎아서 만든 것이다. 임금이 이 중화척을 나누어주는 것은 모든 일을 하는 데에 규칙에 어긋남이 없이 하고 백성들을 공평하게 다스려 임금을 도우라는 뜻이다.

농가에서는 정월 보름날 풍년을 기원하며 세워두었던 볏가릿대에서 벼이삭을 찧어 김장철에 말려 놓았던 시래기를 양념하여 소로 넣거나 대추, 콩, 팥 등을 많이 넣어 큼직한 송편을 빚고 이를 노비의 나이 수만큼 나누어주며 하루 쉬게 하면서 농사일을 격려하였는데 이때 만드는 송편을 '노비송편' 또는 2월 초하루를 삭일(朔日)이라 하여 '삭일송편'이라고도 하였다.

『동국세시기』에서는 "정월 보름날 세워 두었던 화간(禾竿, 볏가릿대)에서 벼이삭을 내려 다가 흰떡을 만든다. 크게는 손바닥만하게, 작게는 계란만하게 만드는데 모두 반쪽의 둥근 옥 모양 같다. 콩을 불려서 소를 만들어 시루 안에 솔잎을 겹겹이 깔고 넣어서 찐다. 푹 익힌 다음 꺼내어 물로 닦고 참기름을 바른다. 이것을 '송편(松餠, 송병)'이라 한다. 이것을 종들에게 나이 수대로 먹인다. 그래서 속칭 이날을 노비일(奴婢日)이라고 한다. 농사일이 이때부터 시작되므로 이를 노비에게 먹이는 것이라 한다."라고 기록하고 있다.

이날 떡과 술을 준비하여 노비들에게 대접하였던 풍습은 지난해 가을 추수를 끝내고 오랫동안 쉬던 머슴들이 이제 다시 농사준비를 위해 갑자기 바빠지기 때문에 노비들의 마음을 위로하고 한 해 농사의 풍작을 기원하는 의미가 담겨 있다고 할 수 있다.

3) 삼월절식

(1) 삼짇날

삼월 삼일은 '삼짇날'이라 하여 양의 수가 겹치는 길일(吉日)로 상사(上巳), 중삼(重三) 또는 답청절(踏靑節)이라 하여 봄을 알리는 명절이다. 이날은 강남 갔던 제비가 돌아오고 뱀이 동면에서 깨어 나오기 시작하는 날이기도 하다. 새싹이 돋고 꽃 피는 봄날 남녀노소 할 것 없이 술과 음식을 장만하여 산과 물이 있는 곳을 찾아 새로운 생명을 반기고 풍류를 즐겼는데 이를 '화류놀이' 또는 '꽃놀이'라 하였다.

고려 때의 풍습을 보면 삼짇날 답청(踏靑, 들판에 나가 파랗게 난 풀을 밟으며 즐기는 놀이)을 하였고, 궁중에서는 관리들이 굽이 휘어져 흐르는 물가에 둘러앉아 상류에서 임금이 띄운 술잔이 자기 앞에 흘러오기 전에 시를 짓고 잔을 들어 마시는 곡수연(曲水宴)놀이가 성하였다. 조선시대에는 이날 조정에 덕망이 높은 노인들을 모셔 기로회(耆老會)라는 잔치를 벌였다.

삼짇날 절식으로는 찹쌀 반죽에 진달래꽃을 붙여서 지지는 화전과 진달래꽃으로 담근 두견화주, 청주, 육포, 절편, 녹말편, 탕평채, 조기면, 화면 등이 있다.

삼짇날 절식에 대한 기록으로 『동국세시기』에서는 "진달래꽃을 따다가 찹쌀가루에 반죽을 하여 둥근 떡을 만들고 그것을 기름에 지진 것을 화전(花煎, 꽃전)이라 한다. 이것이 곧 옛날의 오병(熬餠, 떡볶이)의 한구[寒具, 지금의 산자(饊子)]다. 또 녹두가루를 반죽하여 익힌 것을 가늘게 썰어 오미자(五味子) 국에 띄우고 꿀을 섞고 잣을 곁들인 것을 화면(花麪)이라 한다. 혹 진달래꽃을 녹두가루에 반죽하여 만들기도 한다. 또 녹두로 국수를 만들기도 한다. 또 녹두로 국수를 만들어 붉은색으로 물을 들이기도 하는데 그것을 꿀물에 띄운 것을 수면(水麪)이라 한다. 이것들은 아울러 시설 음식으로 세사에 쓴다."라고 하였다.

삼짇날만큼은 여인네들에게도 나들이가 허락되었기에 일기가 좋은 날을 택해 산이나 물가를 찾아가 준비해 간 음식을 가져가 그곳에서 직접 화전이나 화면을 만들고 담소를 나누며 즐겼다.

이와 같이 삼짇날은 남녀노소, 신분의 고하(高下)를 막론하고 겨울 추위에서 해방되어 몸에 봄기운을 불어넣기 위해 산과 들에 나가 봄을 즐기는 날이다.

(2) 한식(寒食)

찬 음식을 먹는다는 뜻을 가진 한식(寒食)은 동지(冬至)로부터 105일째 되는 날로 음력 2월 또는 3월에 드는데, 어느 해나 청명 안팎에 든다. 이날 여러 가지 술과 과일을 마련하여 차례를 지내고 성묘를 하는데 이를 절사(節祀)라 하고, 만일 묘가 헐었으면 잔디를 다시 입히고 봉분을 개수하기도 하는데 이를 개사초(改莎草)라고 한다.

고려시대에는 한식이 대표적 명절의 하나로 숭상되어 관리에게 성묘를 허락하고 죄수에 대한 형벌을 금했으며, 조선시대에는 그 민속적 권위가 더욱 중시되어 민간에서는 설, 단오, 추석과 함께 한식을 사대명절(四大名節)로 여겨 제사를 올렸으며, 궁중에서는 동지를 더해 오절사(五節祀)라 하여 제사를 지내며 향연을 베풀기도 하였다.

『동국세시기』에서는 "도시풍속에 산소에 올라가 제사를 올리는 것을 설날, 한식, 단오, 추석의 네 명절에 행한다. 술, 과일, 포, 식혜, 떡, 국수, 탕, 적 등의 음식으로 제사 드린다. 이것을 절사(節祀, 명절제사)라 한다. 집안에 따라 약간 다르지만 한식과 추석에 가장 성하다. 그리하여 사방 교외에는 남녀들이 죽 줄을 지어 끊이지 않는다."라고 기록하였다.

한식날 제물을 준비해 제사를 지내고 민가에서는 닭싸움, 그네 등의 유희를 즐겼으며, 절식으로는 미리 장만해 둔 찬 음식과 쑥탕, 쑥떡을 먹었으며 한식날 먹는 메밀국수를 한식면(寒食麵)이라 하였다. 조선시대에 한식(寒食)은 조상을 위한 제례와 환절기 불조심을 위한 금화(禁火)의 의미가 강하다 하겠다.

4) 사월절식 – 초파일(初八日)

석가모니의 탄생일이라 하여 불탄일(佛誕日) 또는 욕불일(浴佛日)이라고도 하며, 민간에서는 흔히 초파일(初八日)이라고도 한다. 신라 때부터의 풍습으로 이날 절을 찾아서 재(齋)를 올리고 가족의 평안을 축원하며 등(燈)을 만들어 바치고 불공을 올린다. 연등의 풍습은 고려 때 성행하여 사찰은 물론 가가호호 등을 달고 거리에도 달아 관등(觀燈)을 밝혔다.

『동국세시기』에서는 초파일 풍속에 "八일은 곧 석가모니의 탄생일이다. 우리나라 풍속에 이날 등불을 켜므로 등석(燈夕)이라 한다. 며칠 전부터 인가에서는 각기 등대(燈竿, 등간)를 세우고 위쪽에 꿩의 꼬리를 장식하고 채색 비단으로 깃발을 만들어 단다. 작은 집에서는 깃대 꼭대기에 대개 노송(老松)을 붙들어 맨다. 그리고 각 집에서는 집안 자녀들의 수대로 등을 매달고 그 밝은 것을 길하게 여긴다. 이러다가 九일에 가서야 그친다."라고 했다. 등의 모양은 과실, 꽃 어류와 여러 가지 동물모양으로 매우 다양했으며, 등에는 태평만세(太平萬歲), 수복(壽福) 등의 글을 쓰기도 하고 기마장군상(騎馬將軍像)이나 선인상(仙人像)을 그리기도 하였으며, 새끼줄에 화약을 층층으로 매달아 불을 붙여 흥을 돋우기도 하고 때로는 허수아비를 만들어 줄에 달아 바람에 흔들리게 하여 놀기도 하였다.

초파일에는 육식을 삼갔고 소찬(素饌)으로는 콩요리와 미나리강회, 느티나무 어린잎으로 만든 느티떡(楡葉餅, 유엽병) 등이 있다. 『동국세시기』에서는 "아이들은 각각 등대 밑에 석남(石楠, 느티나무)의 잎을 붙인 증편과 볶은 검은 콩과 삶은 미나리나물을 벌여 놓는다. 이것은 석가탄생일에 간소한 음식으로 손님을 맞이해다가 즐기는 뜻이라 한다."라고 했다.

5) 오월절식 – 단오(端午)

음력 5월 5일을 단오라 불렀는데 처음이라는 뜻의 '단(端)'자와 '오(午)'는 '오(五)' 곧 다섯과 뜻이 통하므로 단오는 '초닷새(初五日)'를 말한다. 수릿날(戌衣日), 천중절(天中節), 중오절(重五節), 단양(端陽)이라고도 한다. 『동국세시기』에서 "단오를 속된 이름으로 수릿날(戌衣日)이라 한다. 술의(戌衣, 수뢰로 연음됨)란 것은 우리나라 말의 수레(車)다."라고 했다.

원래 음양철학에서는 기수(奇數)를 양(陽)으로 치고 우수(偶數)를 음(陰)으로 치는데, 기수가 겹쳐 생기(生氣)가 배가(倍加)되는 3월 3일이나 5월 5일, 7월 7일, 9월 9일을 중요하게 생각하였다. 그중에서도 단오는 일 년 중 양기(陽氣)가 가장 왕성한 날이라 하여 조선시대에는 설날, 한식, 추석과 함께 4대 명절 중 하나로 여겨왔으며, 단오는 더운 여름을 맞이하기 전의 초하(初夏)의 계절로 모내기를 끝내고 풍년을 기원하는 여러 가지 풍속과 행사가 행해졌다.

단오는 단양(端陽)이라 하여 여름을 알리는 시작으로 여겨 이때부터 부채(端午扇, 단오부채)를 사용하기 시작하였다. 이날 부녀자들은 창포 삶은 물로 머리를 감고, 창포뿌리를 잘라 비녀(端午粧, 단오장)를 만들어 수복(壽福)글자를 새겨 꽂기도 하고 그네뛰기를 하였고, 남자들은 씨름놀이를 하고 창포뿌리를 허리에 차고 다니는데 이는 벽사의 효험을 기대하는 의미가 있다고 한다.

단옷날 오시(午時 : 오전 11시~오후 1시)가 가장 양기가 왕성하다고 생각하여 이때 농가에서는 약쑥, 익모초, 찔레꽃 등을 따서 말려 두고 일 년 내 약용으로 사용하였고, 대추풍년을 기원하기 위해 대나무 가지 사이에 돌을 끼워 놓는 풍속이 있는데 이를 '대추나무 시집보내기'라고 한다.

단오의 풍속으로 『동국세시기』에서는 "공조(工曹, 장인들을 칭함)에서는 단오선(端午扇)을 만들어 바친다. 그러면 임금은 그것을 각 궁에 속한 하인과 재상 · 시종신(侍從臣) 등에게 나누어준다.", "남녀 어린이들이 창포탕(菖蒲湯)을 만들어 세수를 하고 홍색과 녹색의 새 옷을 입는다. 또 창포의 뿌리를 깎아 비녀를 만들되 혹 수(壽)자나 복(福)자를 새기고 끝에 연지를 발라 두루 머리에 꽂는다. 그렇게 함으로써 재액을 물리친다. 이것을 단오장(端午粧)이라 한다."고 기록하고 있다.

단오 절식으로는 수리취떡, 제호탕, 앵두화채, 준치국, 붕어찜, 앵두편, 도행병, 준치

만두 등이 있다. 수리취떡은 단옷날 해먹는 쑥떡의 모양이 수레바퀴처럼 만들어졌기 때문에 수리(戌衣, 수뢰로 연음됨)란 이름이 붙은 것이라고도 하고, 절편을 찧을 때 삶은 수리취를 함께 쳐서 수레바퀴 문양 떡살을 박아 만들어서 유래된 것이라고도 한다.

제호탕(醍醐湯)은 단옷날 궁중에서 마시던 절식으로 재료는 오매, 백단향, 축사, 초과 등을 가루로 내어 꿀과 함께 넣어 되직하게 될 때까지 달여 백항아리에 담아둔다. 제호탕을 냉수에 타서 마시면 더위를 먹지 않게 되고 갈증이 가시면서 전신이 상쾌해지는 효과가 있다 하였고, 이는 여름을 맞아 더위를 이기고 보신하기 위해 마시던 청량음료의 일종으로 일 년 중 양기가 가장 강한 단옷날에 제호탕을 만들면 약효가 좋다고 한다.

이렇듯 단오는 4대 명절 중 하나로 우리 조상들이 여름을 건강하게 나기 위해 만든 지혜가 담긴 풍속이라 할 수 있다.

6) 유월절식

(1) 유두(流頭)

음력 6월은 일 년 중 가장 무더운 달로 6월 보름을 유두(流頭)라 한다. 유두는 신라 때부터 있어온 명절로 '동류두목욕(同流頭沐浴, 동쪽으로 흐르는 물가에 가서 목욕을 하고 상서롭지 못한 것을 없애는 풍속)'의 준말로 '유두(流頭)'라 했다. 『동국세시기』에서는 "15일을 우리나라 풍속에 유두일이라 한다. 생각건대 『김극기집』(金克己, 고려 명종 때)에 "'동도(東都, 경주)에 전해 내려오는 풍속에 6월 보름에 동쪽으로 흐르는 물에 머리를 감아 불길한 것을 씻어 버린다. 그리고 계음(禊飲, 액막이로 모여 마시는 술자리)을 유두연(流頭宴)이라 한다.'고 했다. 이조의 풍속도 이것을 따라 토속적인 명절이 되었다."라 기록하고 있다.

유두는 소두(梳頭), 수두(水頭)라고도 하는데, 수두란 물머리를 의미하는 것으로 '물맞이'를 뜻한다. 유두는 물과 관련이 깊은 명절이며 물은 부정(不淨)을 씻는 것, 그래서 유두음(流頭飮)을 계음(禊飮)이라 하여 종교적 의미를 부여하였다. 유두날 탁족놀이도 즐기는데, 이 역시 단순히 발을 씻는 것이 아니라 몸과 마음을 정화한다는 의미가 있다.

유두날의 대표적인 풍속으로 유두천신(流頭薦新)을 들 수 있는데 천신(薦新)은 철에 새로 나온 식품을 조상이나 신에게 올리는 일을 뜻하는 것으로 이 부렵에는 새로운 과일을 수확하는 때로 참외, 오이, 수박과 유두면, 상화병, 수단 그리고 기장, 조, 벼나 콩 등 여러 가지 곡식을 천신하였는데, 이때 사당에 천신하는 벼, 콩, 조 등을 유두벼, 유두콩, 유두조라고 하였다.

유두 절식으로는 유두면, 편수, 준치만두, 구절판, 깻국탕, 어채, 떡수단, 보리수단, 상화병 등이 있다. 유두면은 밀가루로 만든 국수를 닭국에 만 것으로 이것을 먹으면 더위를 안 탄다고 하였다. 상화병은 쌀가루에 막걸리를 넣어 반죽하여 콩이나 깨에 꿀을 섞은 소를 싸서 부풀려서 쪄낸 떡으로 여름철에 쉽게 쉬지 않고 새콤하고 부드러운 맛이 특징이다.

유두 무렵은 곡식이 익어가는 시기이며 날이 더워 농사일을 하기에는 힘든 시기이므로 유두라는 명절을 두어 조상과 농신에 대한 감사와 풍년을 기원하고자 한 것이 바로 유두의 풍습이라 할 수 있다.

(2) 삼복(三伏)

음력 6월에서 7월 사이에 있는 초복(初伏) · 중복(中伏) · 말복(末伏)의 세 절기를 말하는 것으로 여름의 혹서(酷暑)를 대표한다. 하지(夏至) 후 세 번째 경일(庚日)을 초복, 네 번째 경일을 중복이라 하고, 입추(立秋)로부터 첫 번째 경일을 말복이라 한다. 복날은 10일 간격으로 들기 때문에 초복에서 말복까지는 20일이 걸린다. 이처럼 20일 만에 삼복이 들면 매복(每伏)이라고 한다. 하지만 말복은 입추(立秋) 뒤에 오기 때문에 만일 중복과 말복 사이가 20일이 되면 달을 건너 들었다 하여 월복(越伏)이라 한다. 삼복은 음력의 개념이 아닌 양력의 개념을 적용한 것이기 때문에 소서(小暑, 양력 7월 8일 무렵)에서 처서(處暑, 양력 8월 23일 무렵) 사이에 들게 된다.

복날은 양기(陽氣)에 눌려 음기(陰氣)가 엎드려 있는 날이라고 한다. 궁중의 복중(伏中) 풍습으로는 벼슬아치들이 더위를 이겨낼 수 있도록 빙표(氷票)를 주어 궁중의 장빙고(藏氷庫)에서 얼음을 타가게 하였고 왕의 복달임 수라상에는 민어탕이 일품이요, 도미탕이 이품, 보신탕이 삼품이라는 말이 있다. 또한 황구(黃狗)를 이용한 개고기 찜(狗蒸)이 1795년 음력 6월 18일의 혜경궁 홍씨의 회갑연 상차림에 올랐으며, 정조 때의 수라상 식단에 구증(狗蒸)이 있는 것으로 보아 당시 궁중에서도 개고기를 먹었음을 짐작할 수 있다.

『동국세시기』에서는 "개를 삶아 파를 넣고 푹 끓인 것을 개장(拘醬, 구장)이라 한다. 닭이나 죽순을 넣으면 더욱 좋다. 또 개국에 고춧가루를 타고 밥을 말아서 시절 음식으로 먹는다. 그렇게 하여 땀을 흘리면 더위를 물리치고 허한 것을 보강할 수가 있다.", "서울 풍속에 또 남산(南山)과 북악산(北嶽山) 계곡에서 탁족(濯足)의 놀이를 한다.", "얼음을 각 관청에 나누어 준다. 나무로 만든 패(牌)를 만들어 주어 얼음 창고로부터 받아가도록 한다."라고 삼복의 풍속을 기록하고 있다.

삼복에 먹는 보양 음식으로는 개장국(보신탕), 계삼탕(삼계탕), 닭죽, 육개장, 임자수탕, 민어국, 팥죽 등이 있다. 복중 음식으로 즐기는 계삼탕은 어린 닭의 내장을 빼고 배 속에 인삼, 찹쌀, 마늘, 대추 등을 넣어 푹 고운 보양식으로 지금은 삼계탕이라고 한다. 이 밖에도 임자수탕, 육개장 등의 보양음식으로 더위를 물리치고 허한 것을 보충하며 무더운 여름을 이겨냈다.

7) 칠월절식

(1) 칠석(七夕)

음력 칠월 칠일은 칠석(七夕)이라 하여 헤어져 있던 견우와 직녀가 오작교(烏鵲橋)에서 1년에 한번 만나는 날이라 했다. 칠석이 되면 견우와 직녀의 안타까운 사연을 전해들은 까마귀와 까치들은 해마다 칠석날에 이들을 만나게 해주기 위하여 하늘로 올라가 다리를 놓아 주었으니 그것이 곧 오작교이다.

『세시잡기(歲時雜記)』에 의하면, 음력 7월 6일에 오는 비를 세거우(洗車雨)라 하고, 7월 7일에 오는 비를 쇄루우(灑涙雨)라고 한다. 세거우는 직녀가 타고 갈 수레를 씻기 위한 것이라 하며, 쇄루우는 견우와 직녀가 이별할 때 쏟아내는 '눈물의 비'라고 한다.

칠석날의 가장 대표적인 풍속은 여자들이 길쌈을 더 잘할 수 있도록 직녀성에게 비는 것이다. 이날 새벽에 부녀자들은 참외, 오이 등의 초과류(草菓類)를 사당에 천신(薦新)하고 절을 하며 여공(女功: 길쌈질)이 늘기를 빈다. 혹은 처녀들은 장독대 위에 정화수를 떠놓고 바느질 재주가 있게 해 달라고 비는데, 이러한 풍속은 직녀를 하늘에서 바느질을 관장하는 신격으로 여기는 믿음에서 비롯되었다고 볼 수 있다.

한편 7월이면 무더위가 한풀 꺾이는 시기이며, 농가에서는 김매기를 다 매고 나면 추수 때까지는 다소 한가한 시간을 보낼 수 있다. 그래서 장마를 겪은 후이기도 한 이때 여름 장마철 동안 눅눅했던 옷과 책을 내어 말리는 풍습이 있다. 이를 폭의(曝衣)와 폭서(曝書)라 하여 이 날은 집집마다 옷과 책을 햇볕에 말렸다. 『동국세시기』에 "인가에서는 옷을 햇볕에 말린다. 이는 옛날 풍속이다."라고 했다.

칠석 절식에는 밀전병, 밀국수, 육개장, 계전, 잉어구이, 오이김치 등이 있고 복숭아나 수박으로 화채를 만들어 먹는다. 예로부터 칠석날에는 밀전병을 부치고 가지, 고추, 수박 같은 햇과일을 하늘에 천신하고 나물을 무쳐서 술과 함께 햇곡식 맛을 보는 풍습이 있었다.

이날이 지나고 찬바람이 일기 시작하면 밀가루 음식은 철 지난 것으로서 밀 냄새가 난다고 하여 꺼린다. 그래서 밀국수와 밀전병은 반드시 상에 오르며, 마지막 밀 음식을 맛볼 수 있는 기회가 곧 칠석인 것이다.

(2) 백중(伯仲)

칠월 보름은 백중일(伯仲日), 중원(中元), 백종(百種), 망혼일(亡魂日)이라고 한다. 백종(百種)은 이 무렵에 과실과 소채(蔬菜)가 많이 나와 옛날에는 백 가지 곡식의 씨앗을 갖추어 놓았다고 해서 유래된 명칭이고, 중원(中元)은 도교에서 유래된 말로 천상(天上)의 선관(仙官)이 일 년에 세 번 인간의 선악을 살핀다고 하는데 그때를 '원(元)'이라 한다. 1월 15일을 상원(上元), 10월 15일을 하원(下元)이라고 하며 7월 15일의 중원과 함께 삼원(三元)이라 하여 초제(醮祭)를 지내는 세시풍속이 있었다. 불가에서는 망혼일(亡魂日)이라 하여 이날 망친(亡親)의 혼을 위로하기 위해 술과 음식, 과일을 차려놓고 천신(薦新)한 데서 유래되었다.

『동국세시기』에 "15일을 우리나라 풍속에서 백중날(百種日, 白衆日)이라 한다. 중들은 재를 올리며 불공을 드리는데 큰 명절로 여긴다."고 하였고, 『열양세시기』에는 백종절(百種

節)이라 하여 중원일(中元日)에 백종의 꽃과 과일을 부처님께 공양하며 복을 빌었으므로 그날의 이름을 백종이라 붙였다고 하였다.

민가에서는 이른 벼(올벼)를 가묘에 천신하고 술자리를 마련하여 팔씨름 내기를 즐겼으며, 머슴을 하루 쉬게 하여 돈을 주고 시장에 가서 술과 음식을 사먹고 물건도 살 수 있도록 배려해 주는데 이날 열리는 장을 백중장(百中場)이라 하였다. 백중은 한마디로 먹고 마시고 놀면서 하루를 보내는 날이다. 농군들은 농악을 치면서 하루를 즐기기도 하고 때로는 씨름판이 벌어지며 그해에 농사가 가장 잘된 집의 머슴을 뽑아 소에 태워 마을을 돌며 위로하며 논다. 이것은 바쁜 농사를 끝내고 하는 농군의 잔치로서 이것을 '호미씻이'라 한다.

이날을 머슴들의 생일, 머슴날이라고도 하였다. 백중에는 밀전병과 밀개떡을 해 먹으며 호박이 제철이므로 호박부침을 별미로 만들어 먹었다.

8) 팔월절식 - 추석(秋夕)

추석은 음력 팔월 보름을 일컫는 말로 가을의 한가운데 달이며 또한 팔월의 한가운데 날이라는 뜻을 지니고 있는 큰 명절이다. 가배(嘉俳), 가배일(嘉俳日), 가위, 한가위, 중추(仲秋), 중추절(仲秋節), 중추가절(仲秋佳節)이라고도 한다. 가위나 한가위는 순수한 우리말로 한가운데를 뜻하고, 추석(秋夕)을 글자대로 풀이하면 가을 저녁, 나아가서는 가을의 달빛이 가장 좋은 밤이라는 뜻이니 달이 유난히 밝은 좋은 명절이라는 의미를 가지고 있다.

추석 무렵은 추수의 계절로 "5월 농부 8월 신선"이라는 말이 있다. 이는 5월은 농부들이 농사를 잘 짓기 위하여 땀을 흘리면서 등거리가 마를 날이 없지만 8월은 한 해 농사가 다 마무리된 때여서 봄철 농사일보다 힘을 덜 들이고 일을 해도 신선처럼 지낼 수 있다는 말이니 그만큼 추석은 좋은 날이다. "더도 말고 덜도 말고 늘 가윗날만 같아라."라는 속담이 있듯이 농촌에서 가장 큰 명절로 이때는 시원한 바람이 불어 살기 편하고, 곡식과 과일이 무르익는 계절인 만큼 모든 것이 풍성하기 때문이다.

달의 명절로도 일컬어지는 추석에는 풍요를 기리는 각종 세시풍속이 행해진다. 추석은 농공감사일(農功感謝日)로서 철 이르게 익은 벼인 올벼로 만든 오려송편과 햅쌀로 신곡주(新穀酒)를 빚고 햇곡식으로 만든 음식과 토란국, 햇과일을 조상에게 올려 차례를 지내고 성묘하는 것이 중요한 행사이며, 한바탕 흐드러지게 노는 세시놀이 역시 풍성하게 행해진다. 또한 밤이 되면 솟아오르는 달을 바라보며 소원을 빌고 친척들과 이웃들이 모여 정담을 나누고 놀이를 즐겼다.

『동국세시기』에 "15일을 우리나라 풍속에서 추석 또는 가배(嘉俳)라고 한다. 신라 풍속에서 비롯되었다. 시골 농촌에서는 일 년 중 가장 중요한 명절로 삼는다. 새 곡식이 이미 익고 추수가 멀지 않았기 때문이다. 이날 사람들은 닭고기, 막걸리 등으로 모든 이웃들과 실컷 먹고 취하여 즐긴다.", "16일은 충청도 시골 풍속에 씨름대회를 하고 술과 음식을 차려 먹고 즐긴다. 농한기가 되어 피로를 푸느라고 하는 것이다. 매년 그렇게 한다. 술집에서는 햅쌀로 술을 빚는다. 떡집에서는 햅쌀로 송편(松餅)을 만들고 또 무와 호박을 섞어 시루떡도 만든다. 또 찹쌀가루를 쪄 쳐서 떡을 만들고 볶은 검은 콩가루나 누런 콩가루나 깨소금을 무친다. 이것을 인병(引餅, 인절미)이라 한다."라고 했다.

추석 때면 농사도 한가하고 인심이 풍부한 때이므로 조상의 산소를 찾아 벌초를 하고 성묘하며 며느리에게 말미를 주어 친정에 근친(覲親)을 가게 했는데, 근친을 갈 수 없을 때에는 반보기라 하여 딸과 친정어머니가 중간 지점에서 만나 맛있는 음식을 먹으며 그리운 정을 나누는 풍습이 있다.

9) 구월절식 – 중양절(重陽節)

음력 9월 9일을 가리키는 날로 날짜와 달의 숫자가 같은 3월 3일, 5월 5일, 7월 7일과 같은 중일(重日) 명절(名節)의 하나이다. 홀수 곧 양수(陽數)가 겹치는 날에만 해당하므로 이날들이 모두 중양(重陽)이지만 9는 양수 중 가장 큰 수로 신성시하여 9월 9일을 가리켜 중양이라고 하며 중구(重九)라고도 한다. 음력 삼월 삼짇날 강남에서 온 제비가 이때 다시 돌아가고 한 해의 수확을 마무리하는 계절이기도 하다. 추석 때 햇곡식으로 제사를 올리지 못한 집안에서는 뒤늦게 조상에게 천신(薦新)을 한다. 떡을 하고 집안의 으뜸신인 성주신에게 밥을 올려 차례를 지내는 곳도 있다.

『동국세시기』에 "빛이 누런 국화를 따다가 찹쌀떡을 만든다. 방법은 삼월 삼짇날의 진달래떡을 만드는 방법과 같다. 이것을 국화전(菊花煎) 이라고 한다.", "배와 유자(柚子)와

석류(石榴)와 잣을 잘게 썰어 꿀물에 탄 것을 화채(花菜)라 한다. 이것도 시절음식으로 제사에 쓴다.", "서울 풍속에 남산과 북악산에서 이날 마시고 먹으며 즐긴다. 이는 등고(登高)의 옛 풍습을 답습한 것이다."라고 했다.

일 년 중 기운이 가장 왕성한 날인 중양절에는 높은 곳에 올라 양(陽)의 기운인 태양을 가까이하면 일 년 내내 건강해진다는 믿음에서 산에 올라 향기가 좋은 국화꽃(甘菊)으로 화전을 지지고 단풍을 감상하고 국화주를 마시며 풍류를 즐겼다.

이때의 시절음식으로는 국화전, 유자화채, 밤단자, 생실과 등이 있으며, 국화주는 초가을에 찹쌀로 술을 빚어 다 익어갈 때쯤 국화 꽃잎을 따서 그대로 넣거나 국화를 말려 주머니에 넣어 담가서 밀봉하여 두었다가 건지는 방법으로 '화향입주법(花香入酒法)'이라 하여 국화의 향을 감상한다.

10) 시월절식 – 상달(上月)

음력 10월은 으뜸달이라는 뜻으로 상월(上月)이라고 한다. 이 시기는 일 년 농사가 마무리되고 햇곡식과 햇과일을 수확하여 하늘과 조상께 감사의 예를 올리는 기간으로 옛 사람들은 이 달을 열두 달 가운데 으뜸가는 달로 생각하였다. 성주신은 가내(家內)의 안녕을 관장하는 신으로 생각하므로 시월 중 말일(午日)이나 길일을 택해서 성주에게 제사를 지냈다.

시월 말날에는 특별히 말의 신(馬神)에게 고사를 지냈는데 같은 말날이라 해도 무오일(戊午日)은 무(戊)자가 무성하다는 무(茂)자와 소리가 같다고 해서 가장 좋은 날이라 하여 무시루떡을 해서 고사를 지냈으나, 병오일(丙午日)은 병(病)과 소리가 같다고 해서 고사를 지내지 않았다고 한다.

최남선(崔南善, 1948년)의 『조선상식문답(朝鮮常識問答)』에 "상달은 10월을 말하며, 이 시기는 일 년 농사가 마무리되고 햇곡식과 햇과일을 수확하여 하늘과 조상께 감사의 예를 올리는 기간이다. 따라서 10월은 풍성한 수확과 더불어 신과 인간이 함께 즐기게 되는 달로서 열두 달 가운데 으뜸가는 달로 생각하여 상달이라 하였다."라고 기록하고 있다.

시제는 시월 보름을 전후하여 문중에 모여 고사를 지내는 것으로, 시사(時祀) 또는 시향(時享), 절사(節祀), 묘제(墓祭)라고도 한다. 상달 절식으로는 무시루떡, 만둣국, 신선로

(悅口子湯), 쑥단자, 매화강정, 잣강정, 연포탕 등이 있으며, 김장을 담그는 시기이기도 하다.

『동국세시기』에 "서울 풍속에 숯불을 화로 가운데 훨훨 피워 놓고 번철(燔鐵)을 올려놓은 다음 쇠고기를 기름, 간장, 계란, 파, 마늘, 고춧가루에 조리(調理)하여 구우면서 화롯가에 둘러앉아 먹는다. 이것을 난로회(煖爐會)라 한다. 이달부터 추위를 막는 시절음식으로 이것이 곧 옛날의 난란회(煖暖會)이다. 또 쇠고기나 돼지고기에 무, 외, 훈채(葷菜), 계란을 섞어 장탕(醬湯, 장국)을 만든다. 이를 열구자신선로(悅口子神仙爐)라 한다.", "서울 풍속에 무, 배추, 마늘, 고추, 소금 등으로 독에 김장을 담근다. 여름의 장 담그기와 겨울의 김장 담그기는 인가(人家)에서 일 년의 중요한 계획이다."라고 기록하고 있다. 이 밖에도 음력 10월에는 산신제나 용신제, 풍어제 등을 지내기도 한다.

11) 동짓달 절식 - 동지(冬至)

일 년 중 밤이 가장 길고 낮이 가장 짧은 날로 아세(亞歲, 작은설)라고도 하며 동지는 24절기 중 스물 두 번째 절기로 양력 12월 22일이나 23일 무렵이다. 양력으로 동지가 음력 동짓달 초순에 들면 애동지, 중순에 들면 중동지(中冬至), 그믐 무렵에 들면 노동지(老冬至)라고 한다.

『동국세시기』에 "동짓날을 아세(亞歲, 다음해가 되는 날이란 뜻)라 한다. 이날 팥죽을 쑤는데 찹쌀가루로 새알 모양의 떡을 만들어 그 죽 속에 넣어 새알심을 만들고 꿀을 타서 시절 음식으로 삼아 제사에 쓴다. 그리고 팥죽 국물을 문짝에 뿌려 상서롭지 못한 것을 제거한다.", "내의원(內醫院)에서는 관계(官桂, 좋은 계수나무), 후추, 설탕, 꿀을 쇠가죽에 섞어 삶아 기름이 엉기도록 만든다. 이것을 전약(煎藥)이라 하는데 이것을 진상한다. 각 관청에서도 이를 만들어 나누어 가진다."라고 하였다.

『형초세시기(荊楚歲時記)』에 "공공씨(共工氏)가 재수 없는 아들을 하나 두었었는데 그 아들이 동짓날에 죽어 역질 귀신이 되었다. 그 아들이 생전에 팥을 두려워했으므로 동짓날 팥죽을 쑤어 물리치는 것이다"라고 하였다.

붉은색은 액을 막고 잡귀를 없애 준다는 뜻이 있어 동짓날은 온갖 귀신과 잡신을 쫓는다는 벽사의 의미로 붉은 팥죽을 쑤어 사당에 올려 제를 지냈는데, 중동지와 노동지에 주로 팥죽을 쑤어 먹으며, 애동지에는 팥죽을 쑤면 아이들이 많이 죽거나 액이 든다고 하여 팥죽 대신 팥시루떡을 해서 먹었다. 궁중 내의원에서는 전약을 만들어 진상하였는 데 악귀를 물리치고 추위에 몸을 보호하는 데 효능이 있는 약이라 하여 보양식으로 만들 어 올렸다.

그 밖의 절식으로는 수정과, 장김치, 동치미 등이 있으며 동지 때가 되면 제주에서 감 귤을 진상하는데 이를 축하하기 위하여 황감제(黃柑製)라는 과거시험을 시행하기도 했다.

12) 섣달절식

(1) 납일(臘日)

동지가 지난 뒤 세 번째 미일(未日)을 납일(臘日)이라 하며, 납평(臘平), 가평(嘉平), 가평 절(嘉平節), 납향일(臘享日)이라고도 한다. 한 해 동안 지은 농사의 결과와 여러 가지 일을 돌아보며 조상에게 제사를 지내는 것으로 납향(臘享)이라고 한다. 국가에서는 이날 새나 짐승을 잡아 종묘(宗廟)와 사직(社稷)에 공물로 바치고 제사를 지내며 나라 형편에 대하여 고했는데 이것을 종묘대제(宗廟大祭)와 사직대제(社稷大祭)라고 한다.

이날 잡은 짐승의 고기는 사람에게 다 좋지만 특히 참새는 늙고 약한 사람에게 이롭다 고 하므로 민간에서는 그물을 많이 쳐서 잡는 풍습이 있다. 참새를 잡아 어린이에게 먹 이면 마마(천연두)를 깨끗이 한다고 하여, 서울 장안에서는 새총을 쏘지 못하게 되어 있는 데도 이날만은 참새 잡는 것을 허용한다. 궁중 내의원에서는 여러 가지 환약을 제조하여 바쳤는데 여기서 만든 환약을 노신(老臣)과 각사(各司)에 나누어 주었다.

『동국세시기』에 "납향에 쓰는 고기로는 산돼지와 산토끼를 사용했다. 경기도내 산간의 군(郡)에서는 예부터 납향에 쓰는 산돼지를 바쳤다.", "내의원(內醫院)에서 각종의 환약을 만들어 올린다. 이것을 납약(臘藥)이라고 한다. 그러면 임금은 그것을 근시(近侍)와 지밀 나인(至密內人) 등에게 나누어 준다. 청심원(淸心元, 청심환)은 정신적 장애를 치료하는 데 효과가 있고, 안신원(安神元, 안신환)은 열을 다스리는 데 효과적이며, 소합원(蘇合元, 소합 환)은 곽란을 다스리는 데 효과적이다. 이 세 가지가 가장 중요하다."라고 하였다.

길일인 납일에 엿을 고우면 엿 맛이 좋아 약으로도 쓰여 '납향엿'이라 하였고 노루, 사 슴, 메추리 같은 고기로 전골을 만들어 진상하였는데 이것을 '납평전골'이라 하였다.

(2) 섣달그믐(除夕)

섣달그믐은 음력으로 한 해의 마지막 날이므로 새벽녘에 닭이 울 때까지 잠을 자지 않고 새해를 맞이한다. 또 이날 밤 잠을 자면 눈썹이 센다 하여 윷놀이, 옛날이야기 등의 놀이를 하며 닭이 울 때까지 잠을 자지 않으려고 애를 썼다. 이러한 풍습은 잠을 자지 않고 묵은해가 가는 것을 지킴으로써 새해에 복을 얻을 수 있다고 믿었기 때문이다.

『동국세시기』에 "조신(朝臣) 2품 이상과 시종신(侍從臣)들이 대궐에 들어가 묵은해 문안을 올린다. 사대부 집에서는 사당에 참례한다. 연소자들이 친척 어른들을 찾아 방문하는 것을 묵은세배(舊歲拜)라 한다. 그리하여 이날은 초저녁부터 밤중까지 길거리의 등불이 줄을 이어 끊어지지 않는다.", "인가에서는 다락, 마루, 방, 부엌에 모두 등잔을 켜 놓는다. 흰 사기접시 하나에다 실을 여러 겹 고아 심지를 만들고 기름을 부어 외양간, 변소까지 환하게 켜 놓으니 마치 대낮 같다. 그리고 밤새도록 자지 않는다. 이것을 수세(守歲)라고 한다. 이는 곧 경신(庚申)을 지키던 유속(遺俗)이다.", "붉은 싸리나무 두 토막을 잘라 쪼개어 네 쪽으로 만든 것을 윷이라고 한다. 길이는 세 치가량이다. 혹 콩같이 작게 만들기도 한다. 그리하여 그것을 던져 내기하는 것을 윷놀이(柶戲, 사희)라고 한다."라고 하였다.

음력 섣달그믐에 남은 음식은 해를 넘기지 않는다고 하여 남은 음식을 모아 비벼 먹었는데 밥에 여러 가지 음식을 섞어서 비빈 것을 '골동반'이라 한다. 『시의전서(是議全書)』(저자미상, 1800년대 말)에 한자로 '골동반(骨董飯, 汩董飯)'이라 쓰고 한글로 '부빔밥'이라 적었다. 만드는 방법은 "밥을 정히 짓고 고기는 재워 볶고 간납은 부쳐 썬다. 각색 나물을 볶아 놓고 좋은 다시마로 튀각을 튀겨서 부수어 놓는다. 밥에 모든 재료를 다 섞고 깨소금, 기름을 많이 넣어 비벼서 그릇에 담는다. 위에는 잡탕거리처럼 계란을 부쳐서 골패짝 만큼씩 썰어 얹는다. 완자는 고기를 곱게 다져 잘 재워 구슬만큼씩 빚은 다음, 밀가루를 약간 묻혀 계란을 씌워 부쳐 얹는다. 비빔밥 상에 장국은 잡탕국으로 해서 쓴다."라고 하여 지금의 비빔밥과 크게 다르지 않으며, 여러 가지를 섞어 비빈 국수를 골동면(骨董麪)이라 한다.

6 한국의 후식문화

1) 떡(餠)

(1) 떡의 정의 및 기원

떡이란 곡식을 가루 내어 물과 함께 반죽하여 찌거나, 삶거나, 지져서 만든 음식을 통틀어 이르는 말로, 쌀과 보리, 수수, 조, 기장, 밀, 콩 등 곡식의 가루뿐 아니라 쌀알을 통째로 조리하는 것을 포함한다. 떡의 어원은 한자어로는 병(餠), 고(餻), 이(餌), 자(瓷), 편(片), 투(偸), 탁(飥), 병이(餠餌) 등이 있고, 떡이란 용어는 찌기→떼기→떠기→떡으로 '찌다'라는 동사에서 명사로 변화되었고 1800년도 「규합총서」에 처음 기록되어 있다. 떡은 농경문화의 정착과 함께 각종 제례나 의례음식, 시절음식, 향토음식으로 사용되어 온 우리나라 고유의 음식이다.

(2) 시대별 떡의 문화

① 삼국시대 이전

우리나라의 떡은 잡곡을 재배하던 삼국시대 이전부터 먹었던 것으로 추정하고 있지만 정확히 언제부터 먹기 시작하였는지는 알 수 없다. 다만 신석기 시대에 떡의 주재료가 되는 피, 기장, 조, 수수, 콩, 보리 등의 곡물이 생산되었고, 청동기 시대의 유적지에서 벼가 출토되었다. 또한 황해도 봉산 지탑리의 신석기 유적지에서는 곡물의 껍질을 벗기고 가루로 만드는 데 쓰이는 갈돌과, 경기도 북변리와 동창리의 무문토기시대 유적지에서는 돌확이 발견되었고, 함경북도 나진 초도 조개더미에서 양쪽 손에 손잡이가 달리고 바닥에 구멍이 여러 개 나있는 시루가 발견된 것으로 미루어 삼국시대 이전부터 떡을 해 먹었으며, 청동기 시대부터 떡을 애용하였음을 짐작할 수 있다.

여기에서 곡물을 가루로 만들어 시루에 찐 음식이라면 '시루떡'을 의미하는 것이고, 따라서 우리 민족은 삼국시대 이전부터 시루떡 및 시루에 찐 떡을 쳐서 만드는 인절미, 절편 등 도병류를 즐겼을 것으로 보인다. 다만 당시에는 쌀의 생산량이 그다지 많지 않아 조, 수수, 콩, 보리 같은 여러 가지 잡곡류가 다양하게 이용되었을 것이다.

② 삼국시대와 통일신라시대

삼국시대는 권농시책과 함께 본격적인 농경시대가 전개되어 삼국이 모두 벼농사 발전에 주력하였고, 잡곡 농사도 함께 발달하여 곡물의 생산량이 증가되었다. 또한 곡물을 도정하는 도구가 절구와 디딜방아로 발전하고 대형 맷돌도 일부 사용되면서 쌀을 주재료로 하여 떡이 한층 발전할 수 있었다. 고구려 안악 3호 고분 벽화와 황해도 양수리 벽화 등에서 시루가 걸려있는 주방의 부뚜막에서 여인이 시루에 음식을 찌고 있는 모습이 담겨있으며, 디딜방아와 연자매 등의 유물이 발견되는 것으로 보아 떡의 다양함을 알 수 있다. 이와 함께 「삼국사기」, 「삼국유사」 등의 문헌에 떡에 관한 이야기가 많이 기록되어 있어 당시의 식생활에서 떡이 차지했던 비중을 짐작해 볼 수 있다.

「삼국사기(三國史記)」(1145년) 신라본기 유리왕 원년(298년)에 유리와 탈해 왕자가 왕위계승에 관련된 기록에 지혜 있는 사람이 이의 수가 많다고 여겨 떡을 깨물어 생긴 잇자국을 보아 치아의 수가 많은 유리가 왕위에 올랐다는 기록이 있다. 또 「삼국사기」 열전 백결선생조에는 신라 자비왕대(458~479년)의 백결선생이 세모에 이웃의 떡 찧는 방아소리에 가난하여 떡을 치지 못하는 아내의 안타까운 마음을 달래주기 위해 거문고로 떡방아 소리를 내었다고 한다. 이러한 기록으로 미루어 「삼국사기」에 기록된 떡은 찐 곡물을 쳐서 만든 흰떡, 인절미, 절편 등의 도병(搗餅)류 임을 알 수 있다.

「삼국유사(三國遺事)」 효소왕대(692~702) 죽지랑조에 기록되어 있는 설병은 '설(舌)'은 혀의 모양처럼 생긴 인절미나 절편, 혹은 음이 유사한 설기떡으로 추측할 수 있다. 또 「삼국유사」 가락국기 수로왕조에 제향을 모실 때의 상차림에 '조정의 뜻을 받들어 세시마다 술, 감주와 병(餅), 반(飯), 과(菓), 채(茶) 등 여러 가지를 갖추어 제사를 지냈다'는 기록으로 보아 떡이 제사음식으로 사용되었음을 알 수 있다.

③ 고려시대

고려시대는 숭불정책으로 불교문화가 생활뿐 아니라 음식에도 많은 영향을 미쳤다. 연등회, 팔관회를 국가적인 의례행사로 시행하면서 떡이 많이 쓰이는 한편 차를 즐기는 음다(飮茶) 풍속의 유행은 과정류와 함께 떡이 더욱 발전하는 계기가 되었다. 이와 함께 권농정책에 따른 미곡의 증산으로 떡의 종류와 조리법이 매우 다양하게 발달하여 한국의 떡 문화 형성에 큰 영향을 미쳤다.

중국의 「거가필용」에 '고려율고(高麗栗糕)'라는 밤설기떡이 기록되어 있는데, 한치윤의 「해동역사」에서 고려인이 율고(栗糕)를 잘 만든다고 칭송한 중국인의 견문이 소개되어 있다. 율고란 황률을 가루 내어 찹쌀가루에 섞고 꿀물을 넣어 시루에 찐 밤설기이다.

이수광은 「지봉유설」에서 '고려에서는 상사일(上巳日, 음력 3월 3일)에 청애병(靑艾餅)을 으뜸가는 음식으로 삼았다'고 기록하였는데 어린 쑥을 쌀가루에 섞어 쪄서 만드는 쑥설기를 의미하며 절식으로 떡이 사용되었다. 이색의 「목은집」에 유두일에 떡수단을 하였고, 팥소를 넣고 지진 찰수수전병, 정월 보름 명절에 찰밥(약밥) 등을 먹는다고 기록되어 있고, 이 외에도 송기떡, 산삼설기 등이 등장하는 것으로 보아 쌀가루 또는 찹쌀가루에 밤과 쑥 등의 부재료를 섞어 떡의 종류가 다양해졌음을 알 수 있다.

고려가요에는 아라비아 상인과 고려여인의 관계를 노래한 속요에서 「쌍화점」이 등장하는 것으로 보아 증편류인 상화를 파는 전방이 따로 있었음을 말해주며, 떡의 종류가 다양해지고 상품화되어 서민들의 생활과 밀접한 일상식으로 자리 잡아 나간 시기로 볼 수 있다. 또한 「고려사」에는 광종이 걸인에게 떡을 시주하고, 신돈(辛頓)이 부녀자에게 떡을 던져 주었다는 기록이 남아 있다.

④ 조선시대

조선시대에는 유교가 깊숙이 뿌리내려 관혼상제의 풍습이 일반화됨에 따라 떡은 각종 의례행사와 명절식 및 시절식으로서 떡의 쓰임새가 매우 증가하였다. 또한 농업기술과 조리가공법의 발달로 식생활 문화가 향상된 시기로 처음에는 단순히 곡물을 쪄 익혀 만들다가 여러 곡물과의 배합 및 과실, 꽃, 야생초, 약재 등의 첨가로 떡에 다양한 변화를 주어 궁중과 반가를 중심으로 발달하였다. 조선 후기에는 궁중에서 사치의 정도가 심하여 떡을 높게 고여 연회에 사용하였고, 각종 조리서에 매우 다양한 떡의 종류가 수록되어 있으며, 각 지역에 따라 특색 있는 떡들이 소개되어 있다.

이때 주로 만들어진 설기떡류로 석탄병(惜呑餅), 잡과점설기, 잡과꿀설기, 도행병(桃杏餅), 꿀설기, 석이병, 괴엽병(槐葉餅), 무떡, 송기떡, 승검초설기, 막우설기, 복령조화고, 상자병, 산삼병, 남방감저병, 감자병, 유고, 기단가오 등이 등장하였다. 시루떡 또한 무

시루떡, 꿀찰편, 청애메시루떡, 녹두편, 거피팥녹두시루편, 깨찰편, 적복령편, 승검초편, 호박편, 두텁떡, 혼돈병 등이 나타났다.

조선시대의 떡을 기록한 문헌으로는 「도문대작」, 「음식디미방」, 「증보산림경제」, 「규합총서」, 「임원십육지」, 「동국세시기」, 「시의전서」, 「음식방문」, 「부인필지」, 「옹희잡지」, 「조선무쌍신식요리제법」, 「조선요리제법」, 「요록」, 「군학회등」, 「규곤요람」, 「이조궁중음식연회고」, 「성호사설」, 「열양세시기」 등이 있다. 음식관련 서적에 등장한 떡의 종류는 198가지이며 사용된 재료도 95가지나 된다.

- 1611년 「도문대작」은 우리나라에서 가장 오래된 식품서적으로 자병(煮餠) 등 19종류의 떡이 기록되어 있다.
- 1670년 「음식디미방」은 성이편법, 밤설기법, 전화법, 빈쟈법, 잡과편법, 상화법, 증편법, 섭산법 등 8가지 떡만드는 법이 기록되어 있다. 특히 '전화법'은 두견화(진달래), 장미꽃, 출단화의 꽃을 찹쌀가루에 섞어 지져내는 떡으로 만드는 지금과 거의 같고, 주악이 전병류의 하나로 새로이 등장하였다.
- 1740년 「수문사설」에는 오도증(烏陶甑, 시루밋)이라는 떡을 만드는 도구가 나오며, 떡을 병으로 기록하고 있다. 또한 토란으로 만든 우병(芋餠)과 더덕으로 만든 사삼병(沙蔘餠)을 기록하고 있다.
- 1815년 「규합총서」는 석탄병(惜呑餠)에 대해 '맛이 차마 삼키기 아까운고로 석탄병이라고 한다'고 기록하였다. 이 외에도 27종의 떡 이름과 만드는 방법을 기록하고 있다.
- 1916~1917년 「조선세시기」는 일 년을 12달로 나누어 각 달마다 먹는 음식을 기록하였다.
- 1800년대 중엽 「음식방문」은 '흰떡 치고 푸른 것은 쑥 넣어 절편 쳐서 만들되 팥거피 고물을 하여 소를 넣어 탕기 뚜껑 같은 것으로 따내고'라고 하여 현재의 개피떡과 매우 유사하다.
- 1680년경 「요록」에 '경단병'이 처음 등장하였고 단자류는 1766년 「증보산림경제」에 '향애(香艾)단자'로 기록된 것이 최초이다.

⑤ 근대·현대 이후

조선시대까지 지속적으로 발전하여 온 떡은 19세기 말 한일합병과 일제강점기 그리고 6·25 전쟁 등으로 피폐한 생활을 벗어나지 못해 음식문화 또한 쇠락하였다. 이후의 급격한 사회변화와 함께 서양의 빵에 의해 밀려나기도 했지만 중요한 행사나 명절, 제사 등에는 빠지지 않고 차려지는 음식이다. 현대에 와서 경제적 안정과 생활이 풍요로워지면서 건강한 먹을거리에 관심이 많아지면서 현대화된 떡카페, 프랜차이즈 업체들이 생겨 떡의 대중화가 이루어지고 있다.

(3) 통과의례와 떡

사람이 출생하여 성장하고 생을 마칠 때까지 통과해야 하는 의례(儀禮)는 한 고비를 끝내는 마침이며 동시에 다음 고비를 맞이하는 시작의 의미가 깊은 것이다. 곧 태어나는 일을 비롯해서 그중에서도 사례(四禮)라 하여 관례·혼례·상례·제례는 인륜의 기본으로 발달하여 왔으며, 각 의례에는 의례를 의미하는 의례음식과 특별한 떡이 있다.

우리 조상들은 경사 때에는 우선 떡을 중심으로 음식을 장만하였다. 경사 떡은 어린아이와 어른의 경우 차이가 있는데, 아이가 태어나 삼칠일, 백일, 돌을 맞이하면 모두 아기의 수명장수와 다재다복(多才多福)을 기원하며 준비하였다. 음식으로는 흰밥, 미역국, 푸른나물과 백설기(흰무리), 수수팥단지, 송편, 인절미를 꼭 만들어 주었는데 백설기는 아무것도 섞이지 않은 순수함을 축원하는 의미가 있고, 송편은 송편의 속처럼 속이 꽉 차라는 의미가 있다. 그리고 아이가 일곱 살이 되기까지 반드시 해 먹이는 수수팥단지는 아이를 삼신이 지키는 나이까지 잡귀가 붙지 못하도록 예방하는 벽사(辟邪)의 뜻이 담겨 있다.

① 삼칠일(세이레)

삼칠일은 아기가 태어난 후 21일 동안에는 부정을 꺼리어 외부인이 함부로 드나들지 못하도록 대문에 금줄(인줄)을 매어 놓는다. 21일이 되는 날 금줄을 떼고 외부인의 출입을 허하며 순백색의 백설기를 만들어 친지들과 나누어 먹되 대문 밖으로 내보내지 않았다. 백설기는 산모와 아이를 속인의 세계에 섞지 않고 삼신의 보호 아래 둔다는 신성의 의미를 담고 있다.

② 백일

아이가 출생한 지 100일이 되는 날을 기념하는 것이다. 백(百)이라는 숫자는 완전함, 성숙함을 뜻하는 의미로 아이가 속인의 세계와 섞일 만큼 완성되었음을 축하하는 것이다. 백일잔치는 친척과 이웃을 초대하여 백설기를 나누어 먹는데 떡을 칼로 자르지 않고 주걱으로 떠내어 나누는 것이 관습이다. 백설기를 백집이 나누어 먹으면 아이가 무병장수하고 큰 복을 받는다고 여겼고, 떡을 받은 집은 답례로 덕담과 함께 쌀·실·돈 등을 떡을 담은 그릇에 보냈다. 백일에는 아이가 밝고 깨끗하게 자라라는 신성의 의미가 있으며, 오색송편에는 오행(五行), 오덕(五德), 오미(五味)와 마찬가지로 만물과 조화를 이루라는 의미가 있다. 또한 차수수경단은 붉은색이 귀신을 막는다는 벽사의 의미로 아이에게 있을지 모르는 액운을 막아준다는 액막이 의식이 담겨있다.

③ 돌

아기가 태어난 지 1년이 되는 날로 초도일(初度日), 수일(晬日), 주년(周年)이라고도 한다. 아이의 장수복록을 기원하며 돌복을 입히고 돌상에 쌀, 떡, 돈, 실, 책, 붓, 벼루, 활, 화살, 자, 실패, 과일, 대추, 천자문 등이 올려지고 딸의 경우에는 활, 화살 대신 자, 실패 등을 올려 돌잡이를 하였다. 각각의 물건에 수복강녕, 부귀다남 등 주술적인 의미를 부여하였다. 돌상에는 백일과 같은 백설기와 차수수경단을 비롯해 찰떡처럼 끈기있는 사람이 되라는 인절미, 만물과 조화를 이루라는 무지개떡을 올린다.

④ 책례 (册禮), 책씻이, 책걸이

책례란 아이가 한 권의 책을 뗄 때마다 행하던 의례로 어려운 책을 끝낸 것에 대한 자축과 학문에 더욱 정진하라는 격려의 의미가 담겨 있다. 작은 오색송편과 경단을 만들어 먹었다.

⑤ 성년례 (成年禮)

아이가 자라서 어른이 되었음을 축하하고 책임과 의무를 일깨워 주는 의례로 남자는 관례라 하여 갓을 씌우고 여자는 계례라 하여 땋아 내린 머리를 올리고 비녀를 꽂는 의식을 행한다. 어른이 되어 치르는 경사 떡에는 각색편, 인절미, 절편과 약식을 포함한 음식을 차린다.

⑥ 혼례 (婚禮)

혼례는 남녀가 부부의 인연을 맺는 행사로 육례(六禮)의 절차를 거쳐 진행될 정도로 중요한 통과의례이다. 후에 의혼, 납채, 납폐, 친영의 사례(四禮)로 절차를 간소화하였는데 그중 납채의 절차에서 신랑집에서 함을 보낼 때 신부집에서 시루에 봉채떡(봉치떡)을 만들어 놓고 그 위에 함을 올렸다.

봉채떡은 봉치떡이라고도 하는데, 옛날 봉차에서 유래된 말로 봉차의 의미는 녹차의 뿌리가 직립형이라 옮겨 심으면 살지 못한다(일부종사)는 뜻에서 유래되었다. 찹쌀 3되, 붉은 팥 1되로 시루떡 2켜만을 시루에 앉히고 밤 한 톨을 중앙에 올려놓고 주위에 대추 7개나 9개를 놓는다. 이 떡은 대문 밖으로 나가지 않는 풍습이 있어 그 날 모인 일가친척이 다 먹도록 하였다. 봉채떡을 찹쌀 2켜로만 찌는 것은 한 쌍의 부부가 찰떡처럼 화목하게 지내라는 의미이며, 붉은팥고물은 재화를 피하고, 대추는 아들, 밤은 밤(율.栗)을 파자하면 서목(西木)이 된다. 서(西)는 오행(五行)으로 백색이며, 추수를 하는 가을의 생산과 풍요를 의미한다. 이 외에도 색떡, 혼인인절미, 부부가 세상을 보름달처럼 비추고 서로 둥글게 살아가라는 의미의 달떡, 신성을 상징하는 용떡 등을 사용하였다.

⑦ 회갑 (回甲)

회갑(환갑)은 61세의 생신이며 육십갑자의 갑이 돌아왔다. 즉 자기가 태어난 해로 돌아왔다는 의미이다. 수명이 길지 않았던 시기의 회갑은 매우 경사스러운 일로 자손들로부터 축하를 받고 잔치를 벌이는 의례로 큰상에 여러 가지 음식을 높이 고여 상화를 꽂아 장식한 화려하고 성대한 상차림이다. 큰상은 고임상 또는 망상이라고도 하며 백편, 녹두편, 꿀편, 승검초편 등을 사각형으로 썰어 층층이 괸 후 화전, 주악, 단자, 부꾸미 등을 웃기로 얹은 각색편을 고임떡으로 올렸다. 이와 함께 과정류, 생과실, 떡, 전과류, 수육편육류, 전유어류, 건어물류, 육포, 어포류 등을 색상을 맞추어 2~3열의 줄로 배열하였는데 큰상 옆에는 입맷상이라 하여 회갑례의 주인공이 음식을 먹을 수 있도록 작은 상을 마련하였다.

⑧ 제례(祭禮)

옛날부터 조상신의 제향을 중시하고 효의 근간이고 인륜의 도리라 생각하여 제사지내는 이유는 효(孝)를 계속하기 위함이다. 효란 자기 존재에 대한 보답으로 제례를 일컬어 보본의식(報本儀式)이라 한다. 조선시대에 보편적이던 유교식 제사에는 떡을 네모진 편틀에 맞추어 썰어 똑바로 고여 담는데 주로 인절미, 절편, 거피팥편, 백설기, 시루편 등 편류를 사용하여 높이 괸 후 주악이나 단자를 웃기떡으로 사용한다. 제례는 조상신을 모셔오는 의례이므로 붉은색 떡은 사용하지 않는다.

(4) 향토떡

우리나라는 사계절의 변화가 뚜렷하고 삼면이 바다로 둘러싸여 있으며, 남북으로 길게 뻗어 있어 온대기후 안에서도 지역별로 기후의 차이가 있어 다양한 식재료를 이용한 독특한 음식문화가 발달되었다. 각 지역의 특색 있는 향토떡은 일반적으로 알려진 곡물 이외에도 감, 은행, 송기, 상추, 유자, 버섯, 느티잎, 근대, 모시잎, 가람잎, 김치, 볍씨 등 다양한 식재료를 이용한 별미떡은 지금까지도 지역에 남아 있으며, 전국에서 즐기는 떡으로 변화하고 있다.

① 서울 · 경기도

서울 · 경기도는 서쪽으로 바다가 있고, 동쪽으로 산지가 많은 지역으로 경기평야, 김포평야, 평택평야 등 질 좋은 농산물이 생산되는 풍요로운 고장이다. 특히 쌀, 수수 등이 많이 나고 전국의 산물이 모이는 곳으로 다양한 종류의 떡을 만들어 먹었기 때문에 떡의 종류가 많다.

궁중과 양반가를 중심으로 다양하게 발달한 떡은 종류가 많고 모양도 멋을 부려 화려한 떡이 많다. 또 쑥도 쉽게 구할 수 있어 이를 이용한 떡이 많이 있다. 특히 고려의 수도였던 개성지역은 유달리 화려한 떡이 많이 전해 내려온다.

서울 · 경기도의 대표적 향토떡은 석이단자, 대추단자, 쑥구리단자, 밤단자, 유자단자, 은행단자, 각생경단, 상추설기, 강화근대떡, 각색편, 개떡, 개성경단(개성물경단), 개성주악(개성우메기), 조랭이떡, 밀범벅떡, 배피떡, 백령도김치떡, 색떡, 수수벙거지, 쑥갠떡, 쑥버무리, 우찌지, 여주산병, 건시단자 등이 있다.

② 충청도

충청도는 논산평야를 비롯해 미호평야, 충주평야 등 기름진 농토를 끼고 있어 곡류를 중심으로 한 각종 농산물이 풍부하다. 특히 곡물을 이용한 떡이 특히 발달했으며 양반과 상민의 떡이 구분되었다. 산으로 둘러 쌓인 충청북도는 칡, 버섯, 도토리 등을 이용한 떡도 만들어 먹었고, 찹쌀과 콩으로 만든 쇠머리떡이 특히 맛있으며, 지초기름에 지져 색이 붉어 고운 곤떡, 바다를 접하고 있는 충청남도의 어부들이 술국을 먹을 때 함께 먹었던 붉은팥고물을 묻힌 해장떡 등 재미있는 떡들이 많다.

충청도의 대표적 향토떡은 꽃산병, 곤떡, 쇠머리떡, 약편, 막편, 수수팥떡, 호박떡, 호박송편, 해장떡, 장떡, 감자떡, 감자송편, 칡개떡, 햇보리개떡(충주개떡), 도토리떡, 볍씨쑥버무리, 사과버무리떡, 방울증편 등이 있다.

③ 강원도

강원도는 동으로는 바다에 접하여 있고, 서로는 태백산이 척추처럼 뻗어 있어, 산촌과 어촌, 그리고 그 중간에 위치한 농촌이 각기 다른 다양한 식생활형태를 보여주며 식재료가 다양한 만큼 떡의 종류도 다양하나 그 형태가 매우 소박하다. 강냉이, 메밀, 감자 등의 밭작물의 질이 좋고, 산악지대에는 도토리, 상수리, 칡뿌리 등을 식생활에 이용하였다. 영동 지역에서는 감자와 도토리, 칡을 이용한 송편과 절편, 인절미를 주로 만들고, 영서 지역에서는 산기슭 화전에 잡곡을 많이 심어 옥수수, 조, 수수, 감자, 메밀 등을 이용한 떡이 많다.

강원도의 대표적 향토떡은 감자시루떡, 감자떡, 감자녹말송편, 감자경단, 언감자떡, 감자부침, 감자뭉생이, 옥수수설기, 옥수수보리개떡, 옥수수칡잎떡, 메밀전병(총떡), 댑싸리떡, 메싹떡, 도토리송편, 무송편, 칡송편, 방울증편, 구름떡, 팥소흑임자, 각색차조인절미, 수리취개피떡 등이 있다.

④ 전라도

전라도는 한반도 최대의 곡창지대로 쌀을 중심으로 한 곡물의 생산량이 많은 지역이다. 이와 더불어 동북부의 고원지대에서는 밭작물과 고랭지 채소의 재배가 활발하고, 산간 지방에는 산수유, 오미자, 당귀, 익모초 등의 약초와 산나물, 버섯류가 풍성하다. 특히 전주를 비롯한 곳곳에 부유한 토반들이 대를 이어 살고 있어 음식 솜씨가 각별하고 반가의 전통 음식이 고스란히 전수되어 음식과 떡에 들이는 정성이 유별나고 매우 사치스럽다. 떡 또한 예외가 아니어서 감을 이용한 떡에서부터 약초로 만든 떡에 이르기까지 매우 다양하게 발달되었다.

전라도의 대표적 향토떡은 감시리떡, 감고지떡, 감인절미, 감단자, 전주경단, 해남경단, 꽃송편, 삐삐떡(삘기송편), 모시송편, 모시떡, 나복병, 호박고지차시루편, 호박메시리떡, 풋호박떡, 복령떡, 수리취떡·수리취개떡, 송피떡, 보리떡, 밀기울떡, 구기자약떡, 고치떡, 콩대끼떡, 우찌지, 차조기떡, 섭전(익산), 주악 등이 있다.

⑤ 경상도

경상도 서부 지역은 지리산을 끼고 있어 분지와 산간 지역이 대부분이나 중남부 지역에는 낙동강을 끼고 평야가 발달해 있어 갖가지 농산물이 풍성한 편이다. 경상도의 떡은 지역에서 나는 재료를 이용해 각 고장마다 다르게 발전했는데 상주·문경 지역에서는 밤, 대추, 감과 같은 과실류를 이용한 별미떡이 많고, 특히 감 생산이 많은 상주 지역에서는 홍시를 떡가루에 섞어 설기떡, 편떡 등을 해먹고 건시를 이용한 떡도 많다. 또 종가가 많은 안동·경주 지역에서는 제사떡으로 본편, 잔편을 포함하여 다양한 종류의 떡을 고인다. 특히 본편은 쌀가루에 물을 내려서 각색고물, 녹두고물을 얹어 찌는 것이 재래의 편떡과 같고, 잔편으로는 주악, 단자류, 잡과편 등 여러가지 떡을 이용한다. 밀양 지역은 쑥굴레와 곶감채를 붙인 경단도 이채롭다. 이 밖에 산간 지방에서는 칡, 모시, 풀, 청미래덩굴잎 등을 이용한 떡이 널리 발달되어 있다.

경상도의 대표적 향토떡은 감단자, 상주설기, 송편꿀떡, 호박범벅, 모시잎송편, 감자송편, 거창송편, 망개떡, 밀비지, 만경떡, 모듬백이, 잡과편, 잣구리, 밀양경단, 부편, 쑥굴레, 쑥떡, 칡떡, 유자잎인절미, 도토리찰시루떡, 호박범벅, 곶감호박오가리찰편, 곶감화전, 결명자찹쌀부꾸미, 주걱떡 등이 있다.

⑥ 제주도

제주도는 쌀보다 조, 보리, 메밀, 콩, 팥, 녹두, 감자, 고구마 등의 밭작물이 주로 재배되어 다른 지방에 비해 떡의 종류가 적은 편이다. 쌀로 만드는 떡은 명절이나 제사 등 특별한 날에 만들고 평소에는 잡곡이나 고구마, 감자, 메밀 등 밭작물을 이용한 떡을 주로 먹는다. 또 제주도에서는 고구마를 '감제'라 부르며, 고구마 전분을 이용한 빼대기떡, 감제침떡 등을 만들고 절편을 반달모양으로 만든 반달곤떡과 둥글게 만든 달떡, 정월 대보름날 사람들이 쌀을 한 곳에 모아 시루에 쪄서 그해의 운을 점치는 도돔떡, 무채나물을 소로 넣고 돌돌 말아 부친 빙떡 등 재미있는 떡들이 있다.

제주도의 대표적 향토떡은 도돔떡, 침떡(좁쌀시루떡), 차좁쌀떡, 오메기떡, 돌레떡, 속떡(쑥떡), 빙떡(메밀부꾸미), 빼대기떡(감제떡), 상애떡(상외떡), 조침떡, 감제침떡, 은절미, 반착곤떡(솔변)과 달떡, 절변, 증괴, 약괴, 우찍, 백시리, 조쌀시리 등이 있다.

⑦ 황해도

황해도는 크고 작은 평야들이 많아 북쪽 지방의 곡창지대로 쌀과 수수, 기장, 밀, 콩, 팥 등의 잡곡의 질이 좋고 풍부하며, 특히 알이 굵고 찰진 메조가 생산된다. 황해도는 전라도와 마찬가지로 쌀과 잡곡이 풍부하여 곡물 중심의 떡이 다양하게 발달되었으나, 모양이 소박하고 큼직하다. 특히 혼례 때 만드는 혼인절편이나 혼인인절미는 '안반만 하다'는 말이 있을 정도로 큼직하고 푸짐하게 담는다.

황해도의 대표적 향토떡은 잔치메시루떡, 무설기떡, 오쟁이떡, 큰송편, 혼인인절미(연안인절미), 수리취인절미, 징편(증편), 꿀물경단, 우기, 찹쌀부치기, 잡곡부치기, 수수무살이, 좁쌀떡, 닭알떡, 닭알범벅, 수제비떡 등이 있다.

⑧ 평안도

평안도는 대체로 산세가 험하여 서쪽의 해안의 일부지역에서만 경작을 하는데 평안북도의 황해 연안과 청천강 유역의 논은 수리시설이 잘 되어 있으며, 평안남도의 서부 평야지대는 건답재배(乾畓栽培)라는 독특한 미작법(米作法)을 이용해 곡물의 생산이 비교적 잘되는 편이다. 쌀을 비롯하여 옥수수, 조, 수수, 기장, 보리, 감자, 대두, 팥, 녹두 등의 잡곡이 생산된다. 예로부터 중국과 교류가 많은 지역으로 떡을 비롯한 음식을 크고 푸짐하게 많이 만들며, 떡은 서울과 비교하면 매우 소담스럽고, 이름이나 모양이 독특하다.

평안도의 대표적 향토떡은 송기절편·송기개피떡, 골미떡, 조개송편, 꼬장떡, 무지개떡, 감자시루떡, 니도래미, 노티, 강냉이골무떡, 장떡, 녹두지짐 등이 있다.

⑨ 함경도

함경도는 산악지대이고 우리나라에서 기후가 가장 추운 곳이다. 동해안 지역에서 쌀, 조, 콩이 재배되고 산간 고원지대에서는 감자, 귀리 등이 재배된다. 특히 콩, 조, 강냉이, 수수 등의 품질이 좋으며 메조와 메수수가 찰지고 맛이 좋다. 잡곡을 이용한 것이 많고 지나치게 기교를 부리거나 장식을 하지 않으며, 그 맛이 소박하고 구수하다.

함경도의 대표적 향토떡은 찰떡인절미(함경도 인절미), 기장인절미, 달떡, 오그랑떡, 찹쌀구비(찹쌀구이), 구절떡, 괴명떡, 꼬장떡(곱장떡), 감자찰떡, 언감자떡(언감자송편), 가랍떡, 콩떡, 깻잎떡, 귀리절편 등이 있다.

(5) 떡의 분류

① 찌는 떡(증병, 甑餠)

쌀이나 찹쌀가루를 시루에 쪄 익히는 떡으로 시루떡이라고도 하며, 찌는 방법에 따라 설기떡과 켜떡으로 구분한다. 설기떡은 시루떡의 가장 기본으로 멥쌀가루를 한 덩어리가 되게 찌는 떡이고 켜떡은 멥쌀이나 찹쌀가루를 시루에 넣고 붉은팥이나 거피팥 등의 고물을 켜켜로 얹어 쪄낸 떡을 말한다. 찌는 떡에는 팥고물시루떡, 콩시루떡, 잡과편, 무지개떡, 백설기, 약식, 송편, 증편 등이 있다.

② 치는 떡(도병, 搗餠)

치는 떡은 쌀알이나 쌀가루를 시루에 넣고 찐 다음 절구나 안반 위에 얹고 친 떡으로 인절미, 절편, 개피떡 등이 있다. 치는 떡은 주재료에 따라 찹쌀도병과 멥쌀도병으로 구분하는데 인절미는 찹쌀도병의 대표적인 떡으로 표면에 묻히는 고물의 종류에 따라 달라지며 섞는 부재료에 따라 쑥인절미 또는 수리취인절미 등으로 구분한다. 멥쌀을 이용한 치는 떡으로는 절편을 들 수 있으며 쌀가루에 섞는 부재료에 따라 절편의 종류가 구분이 된다.

③ 삶는 떡

삶는 떡은 찹쌀가루를 익반죽하여 둥글게 빚거나 또는 구멍떡으로 만들어 끓는 물에 삶아 건져 고물을 묻힌 떡으로 경단류가 있다.

④ 지지는 떡(유전병, 油煎餠)

지지는 떡은 찹쌀가루를 익반죽하여 모양을 만들고 기름에 지진 떡으로 화전, 부꾸미(전병), 주악 등이 있다. 화전은 익반죽한 찹쌀가루를 둥글넓적하게 만든 뒤에 꽃잎을 붙여 기름에 지진 떡이며, 부꾸미는 익반죽한 수수나 찹쌀가루를 둥글게 빚어 기름에 지져서 가운데 팥소를 넣고 반을 접어서 반달모양으로 만든 떡이다.

(6) 떡의 고물

① 붉은팥

팥시루떡이나 수수경단 등에 고물로 쓰이기도 하고, 푹 삶아 베보자기에 주물러 앙금을 가라앉혀 볶아 가루로 만들어 구름떡, 인절미 등에 고물로 쓰기도 한다. 또한 붉은팥은 고물에 꿀이나 설탕을 첨가하여 개피떡, 상화병, 찹쌀떡 등에 소로 사용하기도 한다. 붉은팥을 삶을 때에는 첫물을 버리고 다시 삶아야 사포닌이 제거되어 떫은맛이 나지 않는다.

② 거피팥

거피팥은 거피두(去皮豆), 백두(白豆)로 기록되어 있다. 검푸른 빛이 나는 껍질을 벗겨 사용해서 거피두(去皮豆)라 하고, 고물이나 소를 만들면 흰색이 되어 백두(白豆)라고도 한다. 거피팥은 제물에 씻어 찜기에 푹 익도록 쪄서 어레미에 내려 간을 하여 사용하는데 그 맛이 좋아 상추떡, 인절미 등 다양한 떡에 고물로 사용되며, 송편, 단자, 개피떡 등에 소로도 사용한다. 거피팥 고물에 간장, 설탕, 후춧가루 등으로 양념하여 볶은 고물을 초두(炒豆)라 하여 두텁떡 등의 고물에 쓰인다.

③ 녹두

녹두(綠豆)는 맷돌에 타서 불린 후 거피하여 쪄 어레미에 내려 고물을 만들어 쓴다. 녹두찰편, 녹두메편, 석탄병 등에 고물로 널리 쓰이며 송편 등에 소로도 쓰인다.

④ 콩

콩가루는 흰콩, 푸른콩, 서리태 등을 이용하는데 푸른콩고물은 서리태나 청태로 만든다. 흰콩은 약한 불에 볶아 고소하게 하여 고물을 만들어 쓰는 데 비해 푸른콩은 살짝 쪄서 고물을 만들어야 그 푸른색이 잘 유지된다. 인절미나 경단 등에 고물로 주로 이용된다.

⑤ 깨

깨라고 하면 보통 참깨를 일컬으며 임자(荏子)라고도 하며, 깨의 속껍질을 벗겨 볶은 것을 실임자(實荏子)라고 한다. 볶은 실임자를 소금 간하여 반쯤 으깨 깨찰편 등의 고물로 사용하거나 송편 소로도 사용한다. 흑임자는 검정깨를 씻어 일어 약한 불에 볶아 절반정도 으깨 찜기에 김을 올려 말린 후 깨찰편이나 흑임자편, 인절미, 경단 등의 고물로 사용된다.

⑥ 잣

잣은 고깔을 떼고 행주로 먼지를 닦아서 쓴다. 고물로 사용할 때는 종이를 깔고 칼날로 다져 잣가루를 만들어 단자나 강란, 계강과 등의 고물로 쓰인다.

(7) 색을 내는 재료

떡에 색을 들이면 아름답게 보이기도 하지만, 식욕을 증진시키고 먹음직스럽게 보이며 재료가 가지고 있는 효능을 자연스럽게 섭취할 수 있다.

• 황색 : 송화, 치자, 울금, 단호박, 노란콩

- 홍색 : 오미자, 지초, 연지(잇꽃), 맨드라미, 백년초
- 녹색 : 갈매, 쑥, 신감초, 청태, 모시잎, 감태
- 갈색 : 계피, 송기, 대추고, 도토리가루, 감가루
- 흑색 : 석이버섯, 흑임자, 검정콩, 검정깨, 흑미

① 치자

치자는 반으로 갈라 따뜻한 물에 담가두면 노란색의 물이 나오는데 진하게 우린 다음 체에 밭쳐 이물질을 제거한 후 연한 색을 내야 할 때는 물을 추가하여 사용하는 것이 편리하다. 치자는 햇치자를 우리면 초록색에 가까운 물이 우려지므로 묵은 치자를 사용해야 노란색이 곱다.

② 송화가루

송화가루는 소나무의 꽃가루로 봄에 소나무에 핀 송화를 물에 수비하여 이물질을 제거한 후 말려 사용한다. 삼색무리병 등 떡에 넣어 색을 내기도 하고 유과의 고물이나 다식, 송화밀수의 재료로 쓰이기도 한다.

③ 단호박

단호박의 씨를 제거하고 찜통에 쪄 속살을 체에 내려 떡에 섞어 사용한다.

④ 백년초 가루

손바닥 선인장의 열매로 열을 가하면 색이 불안정하며, 동결건조로 말린 가루가 더 선명한 색을 낸다. 떡을 익힌 후 색을 들여 쓸 수 있는 절편이나 개피떡 등에 주로 사용되며 한과에서는 쌀엿강정, 매작과 등에 사용한다.

⑤ 오미자

마른 오미자를 하룻밤 찬물에 담가두면 붉은색을 내는데 끓이거나 더운물에 우리면 쓴맛과 떫은맛이 우러나온다. 각종 편이나 송편에 색을 낼 때 사용하거나 오미자편, 오

미자다식, 수단, 화채 등에 사용한다.

⑥ 지치

지치는 지초(芝草), 자근(紫根)이라고도 하며 지초 뿌리는 물에서는 색소가 우러나오지 않고 알코올이나 기름에 우러나오기 때문에 기름에 담가 붉은색을 우려내 지초기름을 만들어 떡을 지지거나 쌀알을 튀겨 붉은색 쌀엿강정 또는 홍세반강정의 고물로 사용한다.

⑦ 감태가루

마른 감태의 이물질을 골라내고 갈아 사용하는데 고운 감태가루를 쌀가루에 섞어 삼색주악, 부꾸미 등에 쓰거나 매작과에도 사용하고, 거친 고물은 손가락 강정 등의 고물로 사용한다. 파래보다 색과 향이 좋은 감태가루는 지지는 떡이나 튀기는 한과류에 잘 어울린다.

⑧ 파래가루

말린 파래를 곱게 갈아 쌀강정 등의 한과류에 사용한다.

⑨ 승검초가루

승검초는 당귀의 잎으로 신감채라고도 하며 끓는 물에 데쳐 그늘에 말려서 가루 내어 사용한다. 단자, 주악, 각색편, 산승, 다식 등에 사용한다.

⑩ 감가루

단감의 껍질을 벗겨 얇게 저며 썰어 볕에 바싹 말려 가루로 빻아 쌀가루에 섞어 석탄병 등을 만든다.

⑪ 송기

송기는 소나무의 속껍질을 벗겨 말려 두었다가 물에 푹 삶아 쌀을 빻을 때 함께 빻거나, 절편을 칠 때 섬유질이 풀어지도록 쳐서 사용한다. 주로 절편 등에 쓰이고 가루 내어 송편이나 각색편을 만들 때 사용한다.

⑫ 대추고

대추고는 대추를 푹 삶아 체에 내려 과육만 걸러 약반, 약편, 각색편 등에 넣어 색과 맛을 더해준다.

⑬ 석이버섯

석이버섯은 뜨거운 물에 담가 불려 손으로 비벼 이끼와 배꼽을 제거하고 다지거나 채 썰어 쓰기도 하고 바싹 말려 가루로 만들어 사용한다. 석이단자, 석이병 등의 각종의 떡에 넣어 검은색을 낸다.

(8) 떡 만드는 도구

① 키

곡식에 섞인 쭉정이, 검부러기, 껍질 등의 이물질을 골라낼 때 쓰는 도구로 가벼운 것을 날려 보내고 곡식은 안쪽으로 모아 불순물을 가려낸다.

② 조리

쌀이나 잡곡 등을 일어 돌을 골라낼 때 사용하는 도구로 필요한 물질을 거르고 나쁜 것은 따로 분리하기 때문에 섣달그믐 한밤중부터 정월 초하룻날 아침 사이에 사서 걸어 두고 복이 들기를 기원하기도 하였다.

③ 절구와 절굿공이

곡식을 찧거나 빻을 때 사용하거나 찐 떡을 칠 때에도 사용한다. 통나무나 돌의 속을 파서 절구를 만들고 나무로 절굿공이를 만들어 그 속에 곡식을 넣고 빻는다.

④ 맷돌

맷돌은 콩, 팥, 녹두 등의 껍질을 벗기거나 갈 때와 물에 불린 곡식을 갈 때 사용하는 도구로 둥글넓적한 돌 두 개가 포개져 있고 중앙에 곡식을 넣는 구멍과 맷돌의 손잡이인 어처구니가 있다. 맷돌의 손잡이가 없으면 맷돌을 돌려 곡물을 가루로 만들 수 없으므로 기막힌 상황을 직면했을 때 '어처구니가 없다'라고 말하는 것은 여기에서 유래하였다.

⑤ 돌확

곡식을 문질러 껍질을 벗기거나 찧을 때 사용하며, 김치 담글 때 고추를 찧는 등 양념을 만들 때에도 사용한다.

⑥ 방아

곡물을 넣어 껍질을 벗기거나 빻아서 가루를 낼 때 사용하는 도구로 가축의 힘이나 물이 떨어지는 힘을 이용하여 사용하였다.

⑦ 동고리 · 석작

엿이나 떡 등 찬품을 담는 뚜껑이 있는 바구니로 동고리는 버드나뭇과에 속하는 고리버들을 사용하여 둥글납작하게 만들었고, 석작은 대나무를 이용해 만든 것으로 이바지나 폐백음식을 담는 데 사용하였다.

⑧ 쳇다리

체 받침이라고도 하는데 삼각형 또는 사다리꼴로 되어 그릇 위에 걸쳐 체를 올려놓는 도구이다.

⑨ 안반과 떡메

인절미나 흰떡 등과 같이 치는 떡을 만들 때 사용하는 도구로 안반은 떡을 올려놓는 떡판을, 떡메는 떡을 칠 때 사용하는 방망이다. 안반 위에 떡반죽을 떡메로 쳐서 잘라 고물을 묻혀 만들기도 한다.

⑩ 질밥통

약식을 만들 때 양념을 하여 재웠다가 중탕을 할 때 사용하거나 녹말 등을 가라앉힐 때 사용한다.

⑪ 맷방석

멍석보다 작고 둥글며 위쪽 가장자리를 약간 높게 만든 것으로 맷돌에 곡식을 갈 때 바닥에 깔아 가루를 받거나, 곡식을 널 때 쓰인다.

⑫ 이남박

안쪽에 여러 줄의 고랑이 파있는 나무박으로 쌀 등의 곡물을 씻을 때 쓰는 도구이다. 곡물을 대껴씻기가 편리하고 곡물을 일 때 돌도 잘 분리된다.

⑬ 시루방석

시루에 떡 등의 음식을 찔 때 시루 위에 얹는 방석 모양의 도구로 짚을 나선모양으로 둘러 만든 것이다. 먼지나 지푸라기가 떨어지는 것을 막기 위해 삼베보자기를 씌운 뒤 사용하기도 한다.

⑭ 편칼

찰떡 및 절편의 형태를 잡아가며 모양을 내어 썰기 좋게 만든 떡 전용 칼로 나무 · 쇠 · 청동 · 놋쇠 등으로 만들었다.

⑮ 번철

전철, 번쇠 등으로 불리기도 하며 화전이나 주악 등 기름에 지지는 떡을 만드는 도구이다.

2) 한과(韓果)

(1) 한과의 유래

우리 고유의 과자인 한과는 '생과(生果)'를 대신하여 만든 과일의 대용품이라는 뜻에서 '조과류(造果類)' 또는 '과정류(果飣類)'라고 하고 우리말로는 '과즐', '과줄', '과즐'이라고도 한다. 주로 곡물가루나 과일, 식용 가능한 뿌리나 잎에 꿀, 엿, 설탕 등으로 달콤하게 만들어 후식으로 즐기는데 초기에는 중국 한대에 들어왔다 하여 한과(漢菓)라고도 불리다가 외래과자[양과(洋菓)]와 구별하기 위해 한과(韓菓)로 부르게 되었다.

과(果)란 말은 『삼국유사(三國遺事)』의 가락국기(駕洛國記) 수로왕조(首露王條)에 처음 나오는데, 수로왕묘 제수에 과(果)가 쓰였음이 기록되어 있다. 제수(祭需)로 쓰는 과(果)는 본래 자연의 과일인데, 과일이 없는 계절에는 곡분으로 과일의 형태를 만들고, 여기에 과수(果樹)의 가지를 꽂아서 제수로 삼았다고 한다. 이러한 사실을 뒷받침하는 것으로, 『성호사설(星湖僿說)』(1763년)에 조과가 제수로 쓰이고 있음이 기록되어 있다.

한과는 만드는 방법이나 쓰이는 재료에 따라 유밀과류, 유과류, 다식류, 정과류, 숙실과류, 과편류, 엿강정류 등으로 구분할 수 있다.

(2) 한과의 분류

① 유밀과류

밀가루를 주재료로 하고 기름과 꿀을 부재료로 하여 반죽하여 튀긴 과자를 유밀과라고 한다. 모양과 크기에 따라 이름이 다양하며 흔히 약과로 불려 오늘날까지 이어지고 있다. 옛 문헌을 보면 고려 충선왕의 세자가 원나라에 가서 연향을 베푸는데 고려에서 잘 만드는 약과를 만들어 대접하니 맛이 깜짝 놀랄 만큼 좋아 칭찬이 대단하였다고 하며 '고려병(高麗餠)'으로 널리 알려졌다는 글이 있다. 또 나라 안의 꿀과 참기름이 동이 날 만큼 유밀과류가 성행하여 국빈을 대접하는 연향 때 유밀과의 숫자를 제한하였다고 한다.

유밀과 중에서도 약과는 고려 왕조 때부터 최고의 과자로 꼽히는데 불교의 전성기이던 고려 시대에는 살생을 금하여 생선이나 고기류를 제사상에 올리는 것을 금기시하였다. 따라서 새, 붕어, 과실 등의 모양으로 만든 유밀과가 중요한 제사 음식이 되었다.

흔히 고배상(高排床)에는 대약과를 올리고 반과상(飯果床)이나 다과상(茶菓床)에는 다식과와 매작과, 약과를 쓰며 웃기로는 만두과를 얹는다. 유밀과에는 약과, 모약과, 대약과, 소약과, 만두과, 연약과, 매작과, 차수과 등이 있다.

② 유과류(油果類)

유과는 강정이라고도 하며 강정, 연사과, 산자, 빈사과 등이 이에 속한다. 유과류는 고려시대부터 널리 퍼진 것으로 추정되고 강정의 원재료는 찹쌀이며 만드는 모양이나 고물에 따라 이름이 다르다. 네모난 것은 산자, 튀밥을 고물로 묻히면 튀밥산자나 튀밥강정이 되고 밥풀을 부셔서 고운 가루로 만들어 묻히면 세반산자 또는 세반강정이라고 부른다.

『규합총서』에 매화산자 만드는 법이 자세히 기록되어 있는데 곧 고물로 묻히는 매화는 "제일 좋은 찰벼를 꽤 말리어 또 밤이면 이슬 맞히기를 사오 일 하여 술에 추겨 몸에 젖게 하여 그릇에 담아 밤을 재운다. 이튿날 솥에 불을 한편 싸게 하여 추긴 찰벼를 조금씩 넣고 주걱으로 저으면 튀어날 테니 채반으로 덮어 튀게 하여, 키로 까불어 겨 없이 하고 소반 위에 펴고 모양이 반듯하고 가운데 골진 고운 것을 그릇에 종이 펴고 담는다. 큼직하게 만든 산자는 고일 때에 밑바탕으로 놓고 작은 강정은 위에 올린다."고 하였다.

연사과는 강정바탕과 똑같이 하여 밀 때 아주 얇게 밀어서 네모지고 조금 길쭉하게 썬다. 바싹 말린 바탕을 기름에 지져 꿀을 묻히고 고물을 묻혀 잔칫상 등에 많이 쓰인다.

③ 다식류(茶食類)

다식은 볶은 곡식의 가루나 송화가루를 꿀로 반죽하여 다식판에 넣어 찍어낸 과자로 녹차와 곁들여 먹으면 차 맛을 한층 더 높여 준다. 다식은 원재료의 고유한 맛과 결착제로 쓰이는 꿀의 단맛이 잘 조화된 것이 특징이며 혼례·회갑연·제사상 등의 의례상에도 빠지지 않고 올라간다.

다식은 재료에 따라 흑임자다식, 황률다식, 녹두다식, 송화다식, 밀가루를 노릇하게 볶아서 만든 진말다식 등이 있으며 꿀은 각 재료에 따라 수분을 지닌 정도가 다르므로 꿀을 넣고 어우러지는 정도를 보아가며 반죽한다. 다식판은 여러 개를 한 번에 찍어 내도록 되어 있어 밤톨만하게 떼어 구멍에 넣고 엄지손가락으로 꼭꼭 눌러 한번에 찍어 뒤집어 낸다.

④ 정과류(正果類)

정과는 식물의 뿌리나 열매를 살짝 데쳐 꿀이나 물엿, 또는 설탕을 넣고 조린 것으로 전과(煎果)라고도 한다. 쫄깃하고 단맛이 특징이며 보통 다과상에 오르지만 제수(祭需) 때에는 제기에 괴어 담고, 잔치 때의 큰상에는 평접시에 괴어 담는다. 정과는 꿀로 조리면 향기롭고 맛이 한결 좋아지는데 아주 진한 꿀이어야 정과의 질감이 쫄깃해진다. 현대에는 꿀 대신 설탕이나 물엿 등을 사용하기도 하는데 각 재료의 장단점이 있으므로 알맞게 섞어서 사용하는 것이 좋다.

정과에는 끈적끈적한 진정과와 설탕의 결정이 바삭할 만큼 아주 마르게 만드는 건정과로 구분하며 진정과에는 연근정과, 동아정과, 수삼정과, 도라지정과, 무정과 등이 있고, 건정과에는 먼저 진정과가 다 된 것을 체에 받쳐 꿀물을 빼주고 설탕을 고루 묻혀 펼쳐 말린 것으로 생강정과가 대표적이다.

⑤ 숙실과류(熟實果類)

과실이나 열매를 찌거나 삶아 꿀에 조린 것으로 초(炒)와 난(卵)으로 구분하는데, '초'는 밤초와 대추초가 있으며 밤이나 대추를 제모양대로 꿀에 넣어 조린 것으로 그 형태가 그대로 유지되게 조린 것을 말한다. '난'은 과실을 삶아 으깨어 설탕이나 꿀물에 조린 다음 다시 제모양으로 빚어 만드는 것으로 생강란, 율란(밤), 조란(대추) 등이 있다.

⑥ 과편류

과편은 과실을 삶아 거른 즙에 녹말가루나 설탕 또는 꿀을 넣고 묵을 쑤듯이 만드는 젤리와 비슷한 형태의 후식이다. 재료의 사용에 따라 앵두편, 살구편, 산사편, 모과편이나 오미자편 등의 빛깔이 고운 과실을 이용한다. 사과나 배, 복숭아 같은 과일의 경우 갈변현상으로 인해 색깔이 변하므로 잘 사용하지 않고 문헌상 가장 많이 쓰이는 앵두편은 편의 웃기나 생실과의 웃기로 사용한다.

⑦ 엿강정류

엿강정은 여러 가지 곡식이나 견과류를 알갱이가 작은 것은 그대로, 큰 것은 잘게 부수어 엿물에 버무려 서로 엉기게 한 뒤 반대기를 지어 굳혀 썬 과자이다. 엿강정의 재료로는 흑임자, 들깨, 참깨, 청태, 검정콩, 잣 등이 사용되며 땅콩을 넣어 고소한 맛과 향을 더한다. 엿강정의 엿은 접착제 구실을 하는 것으로 엿만을 사용하게 되면 잘 굳지 않고 늘어지기 쉬우므로 설탕과 꿀, 물엿의 농도를 잘 조절하여 섞어 끓여서 사용한다.

3) 음청류(飮淸類)

우리나라의 전통음료로는 차게 해서 마시는 화채와 따뜻하게 마시는 차를 들 수 있으며, 차가운 음료로는 화채나 수정과, 식혜를 즐겨 마신다.

차게 해서 마시는 우리 음료의 특징으로는 첫째, 꿀이나 엿기름물을 기본으로 하는 음료, 둘째, 한약재를 달여 맛을 내는 음료, 셋째, 오미자 달인 물을 기본으로 사용하는 음료, 넷째, 과일즙과 과일조각으로 맛을 내는 음료로 식혜와 수정과, 배숙, 유자화채, 오미자화채, 원소병, 떡수단 등이 있다. 과일이 흔한 철에 딸기, 앵두, 수박, 유자, 복숭아 같은 것을 즙을 내고 그 위에 과일조각을 띄우기도 한다.

따뜻하게 마시는 차류로는 차의 잎을 우려내어 마시는 녹차가 있으며 대용차로서 생강차, 인삼차, 한약재를 달여 마시는 탕차류 등이 있다.

(1) 차가운 음료

① 식혜(食醯)

식혜는 수정과와 더불어 가장 대표적인 우리 음료로 엿기름가루를 우려낸 물에 고두밥(찹쌀밥 또는 멥쌀밥)을 넣고 60℃ 온도를 유지하여 약 6시간 정도를 삭혀서 단맛이 많은 음료로 국물과 밥알을 함께 마시는 것이다.

식혜는 감주라고도 불리며 지방에 따라 이름이나 만드는 방법이 조금씩 차이가 있다. 안동식혜(安東食醯)는 찹쌀 고두밥에 고운 고춧가루, 무채, 밤채, 생강채를 넣고 고루 섞은 다음 엿기름물을 따라 붓고 따뜻한 곳에서 발효시켜 만든 음료로 무식혜라고도 한다. 식혜의 단맛과 무와 생강, 고춧가루의 매운맛이 함께 조화를 이루어 약간 걸쭉하고 톡 쏘는 듯한 독특한 맛을 이루며 무에 함유되어 있는 디아스타제는 소화를 촉진하는 효소로 과식하기 쉬운 잔칫날, 설날 등의 명절과 손님접대에 빼놓지 않고 올리는 경상도 안동 지방의 겨울철 향토음식이다.

② 수정과(水正果)

수정과는 어느 집에서나 잘 해먹는 음료로 생강과 계피 달인 물에 설탕을 넣고 달게 하여 곶감을 담가 부드러워지면 먹는다. 주로 햇곶감이 나오는 초겨울부터 음력 정월에 많이 만들며 국물 맛이 시원하고 계피와 생강의 향이 독특하여 누구나 좋아하는 음료이다. 계피의 향을 좋아하는 서양인들에게도 부담 없는 우리 전통의 음료로 매우 인기가 좋다.

③ 배숙(梨熟)

배를 알맞은 크기로 썰어 통후추를 박아 생강물에 끓인 음료로 배수정과라고도 하며 작은 배를 통째로 후추를 박아서 끓인 것은 향설고(香雪膏)라고도 한다. 배는 예로부터 변비에 좋고 이뇨작용이 있다고 알려져 왔는데, 고기 등 평소보다 과식하게 되는 명절에 배의 효소작용이 고기 소화에도 도움이 된다.

④ 원소병(元宵餠)

늦가을부터 겨울에 만드는 음료로 찹쌀가루를 반죽하여 대추와 유자를 곱게 다지고 꿀과 계피가루를 섞어 만든 소를 넣어 삶아낸 경단을 꿀물에 띄운 음료이다. 원소(元宵)는 정월보름날 저녁이라는 뜻이므로 이날 저녁에 먹는다고 해석하고 있다.

⑤ 유자화채

늦은 가을에 나는 노랗고 탐스러운 유자로 만들어 먹는 유자화채는 유자의 껍질과 배를 가늘게 채로 썰고 석류를 띄워서 만든 화채로 유자의 향이 좋아 화채 중에서도 으뜸으로 꼽힌다. 화채국물은 유자알맹이를 한 조각씩 떼어 면보에 싸서 즙을 짜내어 설탕이나 꿀물에 섞어 만든다.

⑥ 미수

여름철에는 찹쌀이나 보리쌀을 쪄서 볶은 후 빻아 가루로 만들어 여름철에 꿀물에 타서 마신다.

(2) 차(茶)

차(茶)라고 하는 것은 식사 후나 여가에 즐겨 마시는 기호음료를 말하며, 정통차(正統茶)란 차나무의 순(筍)이나 잎(葉)을 재료로 하여 만든 것을 말하며 다른 식물 즉, 대추나 생강, 기타 한약재 등을 원료로 하여 만든 차를 대용차(代用茶)라고 한다.

다산(茶山) 정약용(丁若鏞)의 저서인 『아언각비(雅言覺非)』(1819년, 순조 19)에서 우리나라 사람들이 탕(湯), 환(丸), 고(膏)와 같이 약물 달인 것을 '차'라고 습관적으로 부르는 것은 잘못이라고 지적하고 있다.

우리 조상들이 차를 즐겨 마신 이유는 그저 음료로 마시는 데에 그치기보다 건강에 이로웠기 때문이다. 옛 사람들은 차를 가리켜 몸을 보호하는 양생의 선약(仙藥)이라 여겼고, 고려시대에는 주로 엽차를 마시고 조선시대에 들어와서는 한방약재를 달여 마시는 탕차가 주로 음용되었다고 할 수 있다.

우리나라 차(茶)는 녹차를 중심으로 차를 만드는데, 수증기로 찌는 증제차(蒸製茶)가 제일 많고 전통적인 부초차(볶음차)는 그 양이 적으며 약간의 발효차와 가루차(분말차)도 있다. 품종에 따른 종류는 없고 제다법에 따른 종류로 분류되고 있으며, 그 밖에 다양한 재료를 이용하여 우리거나 끓이거나 달여서 음용하는 대용차로 구분할 수 있다.

① 녹차

다도(茶道)란 차 생활을 통해서 얻어지는 깨달음의 경지이지 차생활의 예절이나 법도 그리고 차를 끓이는 행다법을 말하는 것은 아니다. 그것은 차를 대접하는 예법이요 차 끓이는 방법일 뿐 결코 다도는 아니다. 녹차는 차를 농하여 도를 터득하고 차의 맛과 다실의 분위기에서 인생을 생각하고 더 나은 지아를 찾는 데에 뜻을 둔다.

가. 잎차

잎차란 차나무의 잎을 그대로 볶거나, 찌거나, 발효시키거나, 삶아서 건조시킨 것으로 차 잎의 모양이 원형대로 보존된 것을 말한다. 잎차의 종류는 부초차, 증제차, 발효차로 나눌 수 있다.

나. 가루차

가루차는 삼국시대부터 애음해 오던 것으로 우리나라에서는 임진왜란을 계기로 쇠퇴하였다. 가루차의 종류는 떡차를 가루내서 만든 가루차와 잎차를 가루내서 만드는 가루차가 있다. 떡차를 가루내서 만든 차는 우리나라의 전통적인 가루차이고 잎차를 가루내서 만든 차는 일본에서 유입된 방법이다.

다. 떡차(餅茶)

떡차는 삼국시대에 유행하기 시작해서 한국전쟁 직전까지 만들어진 차로서 오랜 역사를 가진 전통차이다. 고려 때에는 뇌원다(腦原茶), 유다(孺茶), 청태전(靑苔錢) 등의 떡차가 있었다. 떡차의 종류로는 인절미 모양의 병다(餅茶)와 동전 모양의 전다(錢茶)와 둥근 달 모양의 단다(團茶)가 있다.

라. 홍차(紅茶)

홍차는 찻잎을 완전히 발효시켜서(85% 이상) 만든 발효차이다. 빛깔은 붉고 향기는 진하며 우리나라에서는 1960년대에 유행하다가 지금은 녹차로 취향이 바뀌고 있다.

② 대용차

국화나 매화 등의 꽃을 말려 우려내어 향을 즐기는 차로 음용하거나, 한약재를 넣어 달여 마시는 차는 몸의 보양은 물론이고 치료 효과 또한 가질 수 있다. 대추나 생강, 인삼, 칡, 결명자, 율무 따위를 재료로 사용하며 약재의 향이 진하므로 옅게 끓여 꿀이나 설탕을 타서 마시기도 한다. 대추는 성질이 따뜻하고 달며, 생강은 향신료로 음식에도 많이 쓰이지만 한방의 약재로 건위, 강장, 거담 등에 효능이 있다고 한다.

(3) 음차 예절

① 손님에게 차를 낼 때는 준비된 차의 종류를 말하고 어느 차를 먹을 것인지 손님의 기호를 묻고 준비한다.

② 더운 차를 낼 때는 미리 찻잔에 더운물을 부어서 덥힌 후에 따라내고 차를 담는다. 차가운 화채는 음료와 담을 그릇을 미리 차게 하여 대접한다.

③ 찻잔에 차를 담고 찻잔 받침에 얹어서 쟁반에 놓아 옮긴다. 탁자나 찻상에 찻잔 받침을 들어 마시는 사람의 앞에 놓는다.

④ 차에 설탕이나 다른 조미가 필요할 때는 미리 넣지 말고 따로 작은 그릇에 담아서 먹는 사람이 적당한 만큼 넣어 먹도록 한다.

⑤ 녹차는 먼저 향을 맡고 나서 오른손으로 찻잔을 들고 왼손으로 찻잔의 밑에 가볍게 대고 마신다.

⑥ 설탕을 넣는 차는 어른부터 사용하도록 설탕용기를 가까이 놓아 드리고 필요한 분량을 넣어 차 숟가락으로 저어 찻잔의 뒤편에 놓는다.

⑦ 차를 마실 때는 소리를 내지 말고 한 모금씩 마시고, 뜨겁다고 후후 불거나 숟가락으로 떠서 마시지 않도록 한다.

⑧ 다 마신 후에는 잘 마셨다고 인사를 하고 찻잔을 받침 위에 가지런히 놓는다.

❼ 한국의 발효음식문화

우리나라는 일찍부터 농경생활을 하여 곡물음식이 발달하였으므로 이를 이용한 저장 발효식품이 많이 나왔으며 양조기술이 발달하여 술은 통일신라시대 이전에 이미 완성단계에 접어들었다. 우리 조상들은 삼국 형성기에 염장기술과 양조기술을 정착시켰으며 삼국시대 초기에 오늘날 우리 음식의 주류(酒類), 식초류(食醋類), 장류(醬類), 침채류(沈菜類), 혜류(醢類) 등 5대 발효음식 문화를 완성하였다.

우리 전통 발효음식은 오늘날까지 우리 음식문화의 바탕이 되어 오면서 우리의 입맛을 지배하였고 우리의 건강을 지켜준 유익한 기능성 식품이라 할 수 있다.

1) 전통장류

초기의 우리 조상들은 유목계로 가축을 많이 사육하면서 단백질을 주로 섭취하였고, 신석기 후기(기원전 2303년)에는 중국의 농경문화가 유입되어 곡류를 주로 섭취하면서 대두재배를 통한 장류를 담그기 시작했다.

'장(醬)'이란 간장, 된장, 고추장, 청국장 등을 통틀어서 일컫는 말로 동양권(한국, 중국, 일본 등)에서 주로 식용되고 있는 조미료적 식품이다. 우리나라 전통장은 초기에는 간장과 된장이 섞인 혼용장(混用醬)으로 걸쭉한 장이었고, 삼국시대에는 간장과 된장으로 분리된 단용장(單用醬)류로 장독에 용수를 박아, 용수 안에 고이는 즙액이 간장이고 건더기는 된장인 단용장류를 사용하였다.

우리나라의 장은 콩으로 만든 두장(豆醬)으로 콩의 원산지를 만주로 보는데, 만주는 고구려 땅이므로 콩 재배의 시작은 우리들의 조상에 의해 이루어졌으며, 이를 가공하여 장을 만든 것으로 보여진다.

『삼국사기(三國史記)』(1145년) 신라본기 신문왕 3년(683년)에 왕이 김흠운의 딸을 부인으로 맞이하는데, "납폐 품목에 미(米), 주(酒), 유(油), 밀(蜜), 장(醬), 시(豉: 메주), 포(脯) 등 135수레를 보냈다."는 내용에서 보듯이 그 당시에도 장류의 중요성이 높게 인식되었다는 것을 알 수 있다.

우리나라의 재래 장류는 1900년 이후 자연과학의 연구 부진과 1910년~1945년 동안의 일본식 장류공업의 침입으로 근대화적인 연구가 거의 없었으며, 해방 후 군용식품으로서 큰 수요를 갖게 되면서 비로소 한국인에 의한 장류의 기업화가 시작되었다. 특히, 6·25전쟁으로 왜식 간장·된장이 크게 보급화되었으나, 우리의 입맛과 습성에 맞지 않아 1960년에 이르러 우리나라 재래장의 공업화가 시작되었다.

(1) 간장

간장은 단백질과 아미노산이 풍부한 콩으로 만들어지는 발효식품으로 불교의 보급과 더불어 육류의 사용이 금지됨으로써 필요에 의해 발생하였다고 볼 수 있다. 간장은 훌륭한 단백질 공급원이며 오래도록 저장이 가능한 식품이다.

① 전통 간장의 분류

간장	청장(淸醬)	중장(中藏)	진장(陳醬)
농도에 따른 분류	묽은 장이라고도 하며 담근 햇수가 1~2년 정도 되어 맑고 색이 연하다.	담근 햇수가 3~4년 정도 되어 진한 색이 난다.	담근 햇수가 5년 이상 된 것으로 색이 매우 진하며 단맛이 난다.
용도에 따른 분류	국을 끓이는 데 사용한다.	찌개나 나물류를 무칠 때 사용한다.	육포, 전복초, 약식 등을 만드는 데 사용한다.

② 일반 성분 및 영양

간장은 소금, 당분, 아미노산 및 비타민 등이 들어 있어 어느 정도의 영양 가치는 있으나 그 섭취량이 적으므로 영양식품이라고 말할 수는 없고 순수한 조미료로 생각하고 있다. 그러나 영양학적 의의와 목적은 염분과 아미노산 및 단백질의 공급이라 할 수 있다.

간장의 메티오닌은 간장(肝腸)의 해독 작용을 도와 체내에 유독한 유해물질 제거에 큰 역할을 담당하는데, 알코올 및 니코틴의 해독작용으로 담배, 술의 해를 줄이고 미용에도 효과적이다. 또한 혈관을 부드럽게 하여 혈액을 맑게 하고 비타민의 체내 합성을 촉진한다.

③ 간장의 맛 · 향 · 색

- **맛** : 간장은 첨가된 소금의 짠맛과 함께 단맛, 쓴맛, 감칠맛과 향기까지 내는 종합적인 맛을 지니고 있다.
- **향** : 간장의 향기성분은 아세틸 프로피오닌(acetyl propionyl) 등의 물질들로 곰팡이균의 대사산물과 젖산균이나 효모의 대사산물 및 화학반응에 의해서 생성된다.
- **색** : 아미노산과 당이 방출되어 갈색의 멜라닌 색소, 캐러멜 색소 등을 생성하여 갈색을 나타낸다.

④ 저장 및 보관

- 맛 좋은 간장은 노란빛이 도는 검은색을 띠며, 맛은 특유의 짠맛과 단맛을 느낄 수 있다.
- 냄새가 퀴퀴하고 신맛이 나는 것은 보관을 잘못한 것으로 변질될 우려가 있는 제품이다.
- 장의 맛을 좋게 하는 방법으로 장독 표면을 잘 닦으면서 손질 · 관리를 하면 공기를 잘 통하게 해서 좋다.
- 햇볕이 강한 날은 뚜껑을 열어 놓고 4~5시간 정도 일광욕을 시켜 주면 맛도 좋아지고, 독안에 괴어 있는 냄새도 없앨 수 있다.

⑤ 식품학적 의의

간장은 우리나라 고유식품으로 장기간 저장할 수 있는 장점이 있고 음식을 만드는 데 기본적인 조리미료가 된다. 곡류를 주로 섭취하는 우리 민족에게 부족한 제한 아미노산을 보완해 주며 대두 자체로서는 소화흡수가 용이하지 않으나, 메주를 띄우는 동안 천연 미생물이 분비하는 효소에 의하여 과학적인 발효식품으로 완성되는 전통간장과 된장은 한국인의 식생활에 상징적인 건강식품이다.

⑥ 간장을 달이는 목적

- 저장 중 변질을 방지하는 살균효과를 얻기 위하여
- 분해되지 않고 용해된 단백질을 응고시켜 장을 맑게 하는 효과
- 가열로 색이 나게 하는 효과

※ 2년에 1회 정도로 끓여서 깨끗한 항아리에 담아 저장하면서 이용하는 것이 좋으며 항아리는 입이 크고 유약을 바르지 않아야 산소공급이 원활하여 좋다. 항아리 외면은 자주 닦아 청결하게 하고 항아리 내의 수분은 증발하므로 소금물을 보급해 준다.

(2) 된장

된장은 '된(물기가 적은, 점도가 높은)장'이라는 뜻으로 토장(土醬)이라고도 한다. 8, 9세기경에 장이 우리나라에서 일본으로 건너갔다는 기록이 있는데 『동아(東雅)』(1717년)에서는 "고려의 장(醬)인 末醬이 일본에 와서 그 나라 방언대로 미소라 한다."고 하였고, 그들은 '미소'라고도 부르고 '고려장(高麗醬)'이라고도 하였다. 옛날 중국에서는 우리 된장 냄새를 '고려취(高麗臭)'라고도 했다.

고금문헌(古今文獻)에 보면 '된장은 성질이 차고 맛이 짜며 독이 없다'고 하여 콩된장은 해독·해열에 사용되어 독벌레나 뱀, 벌에 물리거나 쏘여 생기는 독을 풀어주며 술병이 나면 된장국으로 속풀이를 했다고 전해진다.

일반적으로 곡물을 가득 채운 자루에 손을 넣어보면 따뜻한 느낌이 들지만, 콩 자루에 손을 넣어보면 오히려 시원한 느낌을 받는다. 그러므로 콩은 시원한 성질이 있음을 알 수 있다. 콩은 왕성한 생명력이 있어 물을 많이 필요로 하며 흡비력이 좋아 인산칼륨, 석회 등의 비료를 많이 필요로 한다. 콩은 일반적인 방법으로 질소를 공급받는 것에 만족하지 않고, 공중에 있는 질소를 고정하는 뿌리흑박테리아의 도움을 받아 질소비료를 스

스로 만들어 흡수하는 적극적인 욕심쟁이이기도 하다. 따라서 단백질과 지방이 풍부한 콩은 '밭에서 나는 고기'라 할 수 있으며 기를 때도 일부러 질소비료를 줄 필요가 없다.

① 된장의 오덕(五德)

- **丹心**으로 다른 맛과 섞여도 고유한 향미와 자기 맛을 잃지 않는다.
- **恒心**으로 오래도록 상하거나 변함이 없다.
- **佛心**으로 기름진 냄새와 비린 맛을 없애면서 생선이나 고기보다 못하지 않다.
- **善心**으로 매운맛이나 독한 맛을 중화시켜 준다.
- **和心**으로 어떤 음식과도 잘 어울리고 자연과 동화된다.

② 된장의 분류 및 종류

재래된장은 각 지방에 따라 만드는 방법과 종류가 매우 다양하며 계절에 따른 산물에 따라서도 다양하게 구분된다.

된장의 분류 및 종류

분 류		특 징
재 래 된 장	막된장	간장을 빼고 난 부산물이 막된장이다.
	토 장	막된장과 메주 및 염수를 혼합 숙성했거나, 메주만으로 담은 된장으로 상온에서 장기 숙성시킨다.
	막 장	메주로 토장과 마찬가지로 담되, 수분을 좀 많이 하고 햇볕이나 따뜻한 곳에서 숙성을 촉진시킨다. 일종의 속성 된장이라고 할 수 있으며, 보리밀(녹말성 원료)을 띄워 담근다. 콩보다 단맛이 많으며, 남부지방(보리 생산이 많은 지역)에서 주로 만들어 먹는다.
	담북장	청국장 가공품으로 볼 수도 있다. 볶은 콩으로 메주를 쑤어 띄워 고춧가루, 마늘, 소금 등을 넣어 익힌다. 청국장에 양념을 넣고 숙성시키는 방법은 메주를 쑤어 5~6cm 지름으로 빚어 5~6일 띄워 말려 소금물을 부어 따뜻한 장소에 7~10일간 삭힌다. 단기간에 만들어 먹을 수 있으며 된장보다 맛이 담백하다.
	즙 장	막장과 비슷하게 담되, 수분이 줄줄 흐를 정도로 많고 무나 고추, 배춧잎을 넣고 숙성시킨다. 산미도 약간 있다. 밀과 콩으로 쑨 메주를 띄워 초가을 채소를 많이 넣어 담근 것이다. 경상도 · 충청도 지방에서 많이 담그는 장으로 두엄 속에서 삭히도록 되어 있다.
	생황장	삼복 중에 콩과 누룩을 섞어 띄워서 담근다. 누룩의 다목적 이용과 발효 원리를 최대한 이용한 장이다.
	청태장	마르지 않은 생콩을 시루에 삶고 쪄서 떡 모양으로 만들어 콩잎을 덮어서 띄운다. 청대콩 메주를 뜨거운 장소에서 띄워 햇고추를 섞어 간을 맞춘다. 콩잎을 덮는 이유는 균주가 붙어서 분해를 용이하게 하기 위함이다.
	청국장	콩을 쑤어 볏짚이나 가랑잎을 깔고 덮어 40℃의 보온장소에 2~3일간 띄운다. 고추 · 마늘 · 생강 · 소금으로 간을 하고 절구에 넣고 찧는다.
	집 장	여름에 먹은 장의 일종으로 농촌에서 퇴비를 만드는 7월에 장을 만들어 두엄더미 속에 넣어 두었다가 꺼내어 먹는 장이다.
	두부장	사찰음식의 하나로 뚜부장이라고도 한다. 물기를 뺀 두부를 으깨어 간을 세게 하여 항아리에 넣었다가 꺼내어 참깨보시기 · 참기름 · 고춧가루로 양념하여 배자루에 담아 다시 한 번 묻어둔다. 한 달 후에 노란빛이 나며 매우 맛이 있다. 대흥사의 두부장이 유명하다.
	지례장	일명 '지름장', '찌엄장'이라고 한다. 메주를 빻아 보통 김칫국물을 넣어 익히면 맛이 좋다. 이 지례장은 삼삼하게 쪄서 밥반찬으로 하며, '우선 지레 먹는 장'이라 하여 지례장이라 하는 것이다.
	비지장	두유를 짜고 남은 콩비지로 담근 장이다. 비지장은 더운 날에는 만들지 못하는 단점이 있다.
	무 장	메주덩어리를 쪼개어 끓인 물을 식혀 붓고 10일 정도 재웠다가 그 국물에 소금 간을 하여 두고 먹는다.

③ 전통 메주 만들기

- 콩을 깨끗이 씻어 8시간 이상 불려 조리질을 해 놓는다.
- 5배의 물을 붓고 콩이 붉은빛이 돌 때까지 4~5시간 푹 익힌다.
- 메주를 네모지게 만들어 가운데를 꾹 눌러 움푹 들어가게 만든다.
- 바닥에 볏짚을 깔고 10~14일 지나 겉 말림이 되면 짚으로 엮어서 따뜻한 방안에 2개

월 정도(겨울 동안) 띄운다.

- 겨울 동안 띄워진 메주는 봄에 실외에서 항아리에 볏짚째 차곡차곡 재워 4주 정도 더 띄운다.

- 이를 햇볕에 건조하고 장을 담글 때 솔로 깨끗이 닦아 소금물에 헹구어 햇볕에 3일 정도 말린다.

※ **아플라톡신** : 콩에 생기는 곰팡이로 암을 유발시킬 수 있다.
① 아플라톡신 제거방법
  메주가 완성된 후 깨끗이 세척하여 소금물로 마지막 헹굼을 하고 햇볕에 다시 말리는 과정에서 아플라톡신은 제거된다. 마지막 장에 띄우는 숯에 의해 흡수되며 장이 숙성되면서 발생하는 암모니아가 이를 제거해 준다.
② 메주 : 흰색과 노란색의 곰팡이가 많은 것이 장맛이 좋고 검은 곰팡이가 난 것은 장맛이 쓰다.

(3) 고추장

① 고추장의 유래

고추장은 콩으로부터 얻어지는 단백질원과 구수한 맛, 찹쌀·멥쌀·보리쌀 등의 탄수화물식품에서 얻어지는 당질과 단맛, 고춧가루로부터 붉은색과 매운맛, 간을 맞추기 위해 사용된 간장과 소금으로부터는 짠맛이 한데 어울린 조화미가 강조된 영양적으로도 우수한 식품이다.

고추장 담기에 대한 최초의 기록은 조선중기 『증보산림경제(增補山林經濟)』(1766년)에 기록되어 있는데, 막장과 같은 형태의 장으로 여기에는 고추장의 맛을 좋게 하기 위해 말린 생선과 다시마 등을 첨가한 기록이 있다.

영조 때 이표가 쓴『수문사설(謏聞事說)』(1740년) 중 식치방(食治方)에 나온 '순창고초장조법'에는 곡창지대인 순창지방의 유명한 고추장 담금법으로 전복·큰새우·홍합·생강 등을 첨가하여 다른 지방과 특이한 방법으로 담갔는데, 영양학적으로도 우수하였음을 알수 있다. 또한, 순창 고추장은 예부터 나라 임금님께 진상하였다고 하는데, 순창 고추장의 맛과 향기는 순창에서 사용하는 똑같은 재료를 가지고 똑같은 사람이 똑같은 방법으로 타 지방에 가서 담가도 순창 고추장의 맛이 나지 않는다. 아마도 순창 고추장의 맛은 오염되지 않은 순창의 물맛과 순창의 기후와의 조화일 것이라고 생각된다.

② 성분 및 영양

고추장은 곡류의 함량이 높은 당질식품으로 열량도 다른 장류에 비해 높은 편이다. 단백질 함량은 된장보다는 낮지만 콩 가공식품이므로 단백질 급원식품이라고 할 수 있다. 원료 중 단백질 분해효소인 프로테아제(protease)가 작용하여 아미노산을 생성하고 고추장의 숙성에 관여하는데 너무 높은 식염 농도는 프로테아제 활성을 저해한다. 그러므로 저염식 고추장 제조 시 낮은 농도의 알코올(2~4%)을 첨가하거나, 젖산을 첨가하면 활성을 높여줄 수도 있다.

된장과 간장에 비하여 비타민의 함량이 높은 편이므로 소량 존재하는 비타민 C의 섭취를 위하여 무침이나 생식으로 이용하는 것이 좋으며 찌개나 전골 등에는 고추장 대신 고춧가루를 이용하는 것이 바람직하다.

③ 찹쌀고추장 만들기

찹쌀가루를 주원료로 하고 엿기름에 메줏가루, 고춧가루 등을 넣어 버무려 소금으로 간하고 담근 것으로 경우에 따라서는 구멍 떡을 빚어 익반죽하여 멍울을 풀어 메줏가루, 고춧가루, 소금을 넣어 담고 엿기름은 사용하지 않는다. 윤기가 나고 매끄러워서 제일로 치지만 윤집(초고추장)을 만들거나 색을 곱게 내야 할 때 주로 사용한다.

〈재료 및 분량〉

찹쌀가루 400g, 고춧가루 600g, 메줏가루 300g

엿기름가루 450g+물 1.4 l (엿기름을 담가 가라앉힌 물 이용)

굵은소금 320g, 물엿 50g

물(끓여서 식힌 물) 6 l

〈만드는 방법〉

1. 찹쌀을 깨끗이 씻어 물에 12시간 정도 불려서 건진 다음 곱게 빻아 놓는다.

2. 분량의 물을 끓여서 45~60℃ 정도로 따뜻하게 식힌 후 엿기름가루를 물에 풀어 잠시 두었다가 손으로 주물러 체에 걸러서 건더기는 꼭 짜서 버리고 엿기름물은 맑게 가라앉힌다.

3. 엿기름물이 가라앉으면 윗물만 따라 내고 찹쌀가루를 엿기름물에 넣어 묽게 하여 중불에 얹어서 잘 저어가며 ⅓양이 되도록 끓인다.

4. 졸여진 찹쌀 물을 차게 식힌 후 메줏가루를 넣어 골고루 섞는다.

5. 고춧가루와 물엿을 넣고 소금으로 간을 맞추어 항아리에 담아서 웃소금을 뿌린 후 햇볕이 잘 닿는 곳에 두고 뚜껑을 열어서 볕을 쪼인다.

〈알아두기〉

• 고추장 농도는 나무주걱으로 저었을 때 가볍게 돌아가는 정도이다.

• 끓여서 식힌 물을 사용해야 한다.

• 엿기름의 온도는 45℃ 정도로 약간 따뜻하게 한다.

2) 김치

(1) 김치의 유래

한국 음식들을 살펴보면 주식(主食), 부식(副食)의 개념이 뚜렷하지 않은 서양의 음식과는 달리, 곡류(穀類)가 기본이 되는 주식과 이를 맛있게 먹게 하는 채소, 젓갈, 어육류가 중심이 되는 부식으로 구별되어 있다.

긴 겨울을 넘겨야 하는 한국에서 채소·생선 등을 지속적·안정적으로 먹기 위해서는 우선 건조시키는 방식이 도입되었을 것이나 해안가에서 바닷물을 이용하여 채소를 절여 먹는 방식이 시도되다가 점차 소금이 비교적 안정적으로 공급되면서 채소를 소금에 절여 두면 오래 신선한 형태로 보관하여 먹을 수 있다는 사실을 알게 되었을 것으로 짐작이 된다.

김치에 관한 문헌상 최초의 기록을 보면 2600~3000년 전에 간행된 것으로 추정되는 중국 최초의 시집인『시경(詩經)』에 김치의 전신이라 할 수 있는 '저(菹)'자가 나와 이때 이미 이 김치의 초기 형태가 나왔었다는 것을 알 수가 있다. 그러나 이 김치가 중국보다는 한국에서 더욱 발전한 데에는 한국이 갖고 있는 독특한 자연환경에서 그 원인을 찾을 수가 있다.『삼국지(三國志)』「위지동이전(魏志東夷傳)」(290년경)에는 "고구려인은 술 빚기, 장 담기, 젓갈 등의 발효 음식을 매우 잘한다."는 기록이 나와 있어 이 시기에 이미 발효식품이 생활화된 것을 엿볼 수 있다. 고려 초기는 사회 전반에 숭불 풍조가 만연해 육식을 절제하고 채소요리를 선호했다.

『요록(要錄)』(1670년경, 저자미상)에는 김치류가 11가지 설명되고 있는데, 이들 중 고추를 재료로 사용하는 것은 하나도 없고, 순무, 배추, 동아, 고사리, 청대콩 등의 김치와 소금으로 절인 순무뿌리를 묽은 소금물에 담근 동치미(冬沈)가 설명되어 있다. 그 이후의 농서 겸 가정생활서인『산림경제(山林經濟)』(1715년, 홍만선)에 김치류를 보면 고추가 유입된 지 100년이 지났지만 고추를 사용한 김치는 보이지 않고 소금에 절이고 식초에 담그거나 향신료와 섞어 만든 8종의 저채류(菹菜類) 제조법이 소개되어 있다.

현대의 김치 형태를 기록한 문서는 1700년대 말 유득공이 지은 세시풍속지인『경도잡지(京都雜誌)』에 섞박지를 뜻하는 잡저(雜菹)가 등장한다. 이 잡저는 "새우젓 끓인 물에 무, 배추, 마늘, 고춧가루, 소라, 전복, 조기 등을 섞어 버무려 독 속에 겨울 동안 숙성시켜 맛이 매우 매운 것을 서울 사람들이 먹었다."는 기록이 있다. 또한『규합총서(閨閤叢書)』(1815년)에서는 동치미, 섞박지, 동아섞박지 등의 김치 만드는 법 등이 설명되어 있으며, 김치의 종류는 총 10가지로 밥반찬 만드는 법인「치선(治饍)조」에 기록되어 있는데, 밥반찬의 으뜸으로 김치를 들었다. 동아섞박지 만드는 법을 보면 고추뿐 아니라 조기젓

국이 양념으로 쓰였는데, 이로 보아 당시에는 젓갈과 고추가 김치의 주요 양념 구실을 하고 있었음을 알 수 있다.

김치의 기본은 채소를 소금에 절여 발효(젖산발효)시킨 것이긴 하나 여기에 부수적으로 다량의 어류와 패류가 들어가 발효를 돕고 나아가 단백질, 칼슘 등 겨울 동안 부족하기 쉬운 영양소를 공급하여 주는 데 결정적인 역할을 한다.

(2) 김치의 어원

김치의 어원을 살펴보면 『삼국유사』에서 김치 · 젓갈무리인 '저해(菹醢)'가 기록되어 있고 『고려사』, 『고려사절요』에서도 '저'를 찾아볼 수 있다. 이후 '지', '염지', '지염', '침채', '침저', '침지', '엄채', '함채' 등이 김치무리로 표기됐다. '저'란 날 채소를 소금에 절여 차가운 곳에 두어 숙성 시킨 김치무리를 말한다.

19세기 초의 저서인 『임원십육지(林園十六志)』(1827년, 서유구)에서는 저에 대한 설명과 함께 '저채류제법(菹菜類製法), 엄장채(醃藏菜, 소금절이김치, 술지게미김치), 자채(鮓菜, 식해형김치), 제채(虀菜, 양념김치), 저채(菹菜, 沈菜, 좁은 뜻의 김치)' 등 많은 종류의 김치가 기록되어 있으며, 우리나라 최초의 국어사전인 『훈몽자회(訓蒙字會)』(최세진, 1527년)에서는 '저'를 '딤채→조' 라고 하였다.

소금에 절인 채소에 소금을 붓거나 소금을 뿌리면 국물이 많은 김치가 되고, 이것이 숙성되면서 채소 속의 수분이 빠져나와 채소 자체에 침지(沈漬)가 된다. 여기에서 '침채(沈菜)'라는 고유의 명칭이 생겨났고, 오늘날 우리가 사용하는 김치라는 말은 "침채→팀채→짐채→김채→김치"와 같이 여러 단계로 어음변화가 일어나 김치가 된 것으로 추측된다.

(3) 김치의 영양과 효능

김치는 영양 면에서도 매우 우수한 식품이다. 김치의 주재료인 배추, 무, 고추, 파, 마늘 등에는 많은 양의 다양한 비타민이 함유되어 있기 때문에 우리가 먹는 김치에는 각종 비타민이 풍부할 수밖에 없다. 특히 김치는 탄수화물이나 단백질, 지방 같은 열량이 많은 영양소의 함량이 적은 데 비해 칼슘과 무기질이 많은 알칼리성 식품이다.

서양인들에게서 많이 발생되는 칼슘이나 인의 결핍이 우리에겐 전혀 문제가 되지 않는 것도 김치의 덕택이랄 수 있다. 또한 김치를 많이 먹는 우리나라 사람들은 유산균 발효유를 마시지 않아도 김치를 통해 충분히 유산균을 섭취할 수 있다.

김치는 동물성 젓갈에서 아미노산을 얻어 쌀을 비롯한 곡물류에서 부족한 단백질을 보완하기도 한다. 김치가 익으면서 젓갈의 단백질이 아미노산으로 분해되어 뼈도 녹기 때문에 칼슘의 공급원이 되기도 하며 김치의 주원료로 사용되는 채소에 함유된 칼슘, 구리, 인, 철분, 소금 등은 인체에 필요한 염분과 무기질을 함유해 체액을 알칼리성으로 만든다.

이 밖에도 김치의 효능은 채소에 풍부한 섬유소를 섭취할 수 있는 식품으로 변비를 예방하고 장염, 결장염 등의 질병을 억제할 뿐만 아니라 채소류의 즙과 소금 등의 복합작용으로 장을 깨끗하게 해준다.

또 위장 내의 단백질 분해효소인 펙틴(pectin) 분비를 촉진시켜 소화, 흡수를 돕고 장내 미생물 분포를 정상화시키며, 새콤한 맛을 낼 뿐 아니라 창자 속의 다른 균을 억제해 이상 발효를 막아준다. 아울러 병원균을 억제하며 익은 김치는 유기산, 알코올, 에스테르를 생산해 유산균 발효식품으로 식욕을 증진시키는 효능이 있다.

(4) 재료의 영양

① 배추(菘菜)

『본초강목(本草綱目)』(1596년, 이시진)에 의하면 "배추의 성품은 겨울을 이겨낼 수 있으며 늦게까지 시들지 않고 사시사철 항상 볼 수 있기 때문에 배추에는 소나무[松]의 절개[操]가 있다. 따라서 소나무[松]와 같은 채소[艸]라는 뜻으로 배추를 숭(菘)이라 한다. 또한 백채(白菜)라 표기하기도 하였는데 이는 靑白色의 채소(菜蔬)라는 뜻이다."라 했다.

배추와 순무, 평지(유채)는 염색체 수가 n=10으로 동일한 유전자를 가지고 있어 상호간 교잡이 가능하여 유전학적으로 근연관계라 할 수 있다. 약 2천 년 전 지중해 연안에서 자생하는 잡초성의 평지(油菜)가 아프가니스탄 지역을 중심으로 순무(蕪菁)로 분화되었고, 서기 300년대에 순무에서 배추가 분화 육종된 것으로 보인다.

우리나라 최초의 국어사전인『훈몽자회(訓蒙字會)』에서 배추를 '비치'라 처음으로 표기한 이후 '白寀 → 비치 → 비츠 → 비차 → 배채 → 배추'로의 표기 방법이 변화된 뒤에 오늘날의 배추라는 단어가 되었다. 따라서 지금은 서울말인 '배추'가 표준어이지만 방언인 '배차'가 옛날 사람들의 발음에 더 가깝다고 볼 수 있다.

배추는『동의보감(東醫寶鑑)』에서는 "한약에 따뜻한 성질의 감초(甘草)가 있으면 차가운 성질의 배추·해조(海藻)·돼지고기를 먹지 말라"라고 했다. 따뜻한 성질의 감초가 들어 있는 한약은 대부분 따뜻한 성질로 치료하려는 목적이 있다. 그러나 차가운 성질의 배추를 같이 먹으면 약성이 중화되어 본래 목적을 이루기 어렵다고 본 것이다. 따라서『본초강목』에서는 냉병(冷病)을 치료하기 위해 한약을 복용하는데 배추를 먹으면 냉병이 제거되지 않는다고 했다. 이와 같이 배추는 사람에게 이롭지만 많이 먹으면 몸이 냉하게 된다. 따라서 배추로 김치를 만들 때 반드시 들어가는 것 중의 하나가 생강이다.

『본초강목』에 의하면 "배추는 소독(小毒)하므로 많이 먹지 말아야 한다. 많이 먹으면 생강으로 이를 해독할 수 있다."라고 하여 차가운 성질의 배추를 많이 먹어 냉병이 생겼을 때 따뜻한 성질이 있는 생강을 먹음으로써 이를 풀어낼 수 있다고 설명하고 있다.

우리 선조들은 김치를 만들 때 생강·마늘·고추·파·부추 등의 맵고 따뜻한 양념류를 넣어 맛을 좋게도 했지만, 서늘한 성질이 있는 배추에 혹시 있을지도 모를 부작용을 중화시켜 모든 사람이 즐겨 먹도록 음식을 개발한 것으로 이해된다. 이는 차가운 것을 많이 먹어서 생긴 냉병에 일반적으로 맵고 따뜻한 성질이 있는 생강 등을 먹어 중화시킨 지혜를 응용했음을 짐작하게 한다. 이와 같이 우리나라 음식문화는 음양의 기운을 조화롭게 하여 체질을 불문하고 누구나 먹어도 탈이 나지 않도록 조절하려고 했다.

② 무(蘿蔔)

우리 식문화에 다양하게 이용되고 있는 무의 재배 역사는 인류의 역사만큼이나 오래된 것은 분명하다. 고대 이집트(서력전 2800~2300)에서 피라미드를 건설할 때 인부들에게 무·마늘·양파 등을 먹였다는 기록이 나오고, 춘추시대 이전의 시를 모은 『시경(詩經)』에 "내 들에 나가 무를 뜯노라(我行其野 言采其葍)"라는 기록이 있는 것으로 보아 동서양을 망라하고 매우 오래전부터 무를 먹었다는 것을 짐작할 수 있다. 『동의보감』에서 "무는 우리나라 곳곳에서 심을 수 있으며 항상 식용이 가능한 채소이다."라고 할 정도로 무는 우리에게 친근한 채소이다.

무에 대한 한문 표기는 '노파(蘆萉) → 내복(萊菔) → 나복(蘿蔔)'으로 변해 왔고 한글 표기로는 '댓무수 → 댄무우 → 단무우 → 무' 등의 표기를 거쳐 현재 '무'로 사용되고 있다. 무를 내복(來服)이라고 한 까닭은 밀[來]의 독성을 없애고 이길[服] 수 있다는 의미이다. 따라서 밀가루 음식을 먹을 때 단무지를 같이 먹는 것은 혹시 있을지도 모를 밀가루의 독성을 막기 위함이다.

무는 소화를 도와주고 맛을 좋게 하기 때문에 대부분의 음식에 첨가된다. 그릇에 생선회를 담을 때 밑에 무채를 놓는 까닭은 무가 시원한 성질이 있기 때문이며, 혹시 있을지도 모를 회의 독성을 미연에 방지하기 위함이다. 생선찌개를 끓일 때 무를 넣는 까닭은 생선의 비린내를 없애기 위해서이다.

따라서 『본초강목』에서는 무에 대한 효능을 "무를 산제(散劑 : 가루로 된 약)로 먹거나 통째로 삶아 먹으면 크게 하기(下氣 : 기를 아래로 내려보내는 작용)하고 음식을 소화시키며 속을 편하게 한다. 담벽(痰癖 : 수음(水飮)이 오래되어 생긴 담(痰))이 옆구리로 가서 때때로 옆구리가 아픈 증상)을 없애며 사람을 살찌고 튼튼하게 한다. 날로 찧어 즙을 먹으면 소갈(消渴 : 목이 말라서 물이 자꾸 먹히는 병)이 그치니 시험해 보면 크게 효험을 본다."라고 정리하고 있다. 『동의보감』, 『본초정화』 등에서 이를 요약정리하고 있다. 일반적으로 무는 오래된 담과 기침을 치료하는 데 응용하며, 소변을 시원하게 나가게 해주므로 백탁(白濁 : 오줌의 빛이 뿌옇고 걸쭉한 병)과 소갈(消渴)에 응용된다. 무씨는 풍담을 잘 다스리며 기를 다스리므로 기침에 많이 응용된다.

③ 고추(蕃椒)

현재 전 세계에서 재배되고 있는 모든 고추는 열대아메리카가 원사지인 안눔(annum)에서 분화된 것으로 알려져 있다. 서력전 2000년경부터 재배가 이루어졌던 것으로 알려진 고추는 1493년 콜럼버스에 의해 유럽에 처음 전해졌을 때에는 약용식물 또는 관상식물로 이용되었다가 1550년경 식용으로 이용되기 시작했다.

현존하는 우리나라 문헌 중 고추에 대한 최초의 기록으로 알려진 것은 이수광이 지은 최초의 백과사전인 『지봉유설(芝峰類說)』(1614년, 이수광)로 "고추(南蠻椒)는 대독(大毒)하다. 처음 왜국(倭國)에서 들어왔기 때문에 세속(世俗)에서는 왜개자(倭芥子)라 한다. 요즘은 왕왕(往往, 이따금) 심는데 술집에서 몹시 매운 것을 이용한다(술안주)."고 했다. 이 문장을 통해 고추가 일본에서 도입되었으며 그 당시에 술안주로 널리 이용되었음을 알 수 있다. 이덕무(1741~1793년)는 『청장관전서(靑莊館全書)』(1795년)에서 일본의 풍물을 소개하면서 "담배는 천정(天井)연간(1573~1591년)에 남만(南蠻)의 상선(商船)에서 일본으로 처음 공납(貢納)하였으며, 고추(蕃椒)의 종자도 같은 시기에 도입되었다."라고 기록하고 있다. 따라서 고추가 우리나라에 도입된 시기는 임진왜란 이후가 아니라 그 이전으로 보인다.

고추는 소화를 촉진시키는 작용을 한다. 우리나라 조선후기 농학자인 서유구(徐有榘)는 『행포지(杏浦志)』(1825년)에서 "고추의 열매는 맵기 때문에 위의 소화기능을 도와 밥맛을 좋게 하여 음식을 많이 먹게 한다. 혹 채소와 같이 버무려 김치를 담기도 하고, 혹 고추를 가루로 만들어 김치나 고추장을 만들기도 한다. 이제는 매일 사용하게 되니 일상생활에서 없으면 안될 중요한 채소가 되었다."라 하여 고추의 효능이 소화를 촉진하는 것임을 강조하고 있다. 또한 고추는 음식의 산패(酸敗)를 막아준다. 고추의 매운맛인 캡사이신을 식용유에 넣으면 산패가 현저하게 억제되며 김치의 유산균(乳酸菌) 번식을 촉진시켜 주고 젓갈의 산패도 억제하는 역할을 한다.

고추가 우리나라에 도입되어 실용화됨에 따라 고추 이전에 김치에 사용되었던 천초(川椒)를 대신하여 고추를 사용하게 됨으로써 김치에 칼슘의 보고인 젓갈을 첨가할 수 있게 되어 합리적인 건강식품이 되었다.

고추는 발산작용(發散作用)을 도와준다. 고추는 매우 뜨겁고 맵기 때문에 몸을 따뜻하게(溫中) 하여 한습(寒濕)을 없애고 뭉친 것을 풀어주며 소화를 촉진시켜 주는 역할을 한다. 따라서 감기에 걸려 몸에 한기(寒氣)를 느낄 때 발산작용이 있는 콩나물국에 고춧가루를 넣어 먹으면 땀이 나면서 감기가 풀어지는 것으로 한의학에서는 보고 있다.

④ 마늘(大蒜)

우리나라에서는 마늘을 어떻게 표기했을까? 현존하는 문헌 가운데 마늘에 대한 최초의 우리말 표기는 고려 고종 연간(1232~1251)에 간행되고 조선 태종 17년(1417)에 중간(重刊)된 『향약구급방(鄕藥救急方)』으로 보아야 한다. 여기에 나오는 산(蒜)은 마늘[大蒜]을 의미하고 있으며, 마늘을 이두문자로 '俗云 亇汝乙'이라 했다.

'亇'는 중국에는 없는 우리나라에서만 사용하는 국자(國字)로 '마'로 읽고 뜻은 '망치'이다. 따라서 '亇'는 이두문자의 일종으로 보아야 하는데 옛 고서 곳곳에서 '마'로 읽어야 한다고 적혀 있다. 그리고 '汝'는 우리나라 최초의 국어사전인 『훈몽자회』에 의하면 '너 여'라 했다. 또한 '乙'은 'ㄹ' 또는 '을'로 읽혀진다. 따라서 '亇汝乙'은 '亇(망치 마) + 汝(너 여) + 乙(ㄹ,을)'로 볼 수 있는데 음훈(音訓)을 조합하면 '亇汝乙'은 '마닐'로 읽혀짐을 알 수 있다. 즉, 우리나라에서는 마늘에 대한 발음을 이두문자의 표기를 빌려 '亇汝乙(마닐)'로 표현했음을 알 수 있다. 이는 『본사(本史)』(1787년)에서 '麻篞, 마닐', 조선후기 한국어 어원연구서인 『동언고략(東言考略)』(조선후기, 박경가)에서 '마날(馬辣)'로 표기한 것과 같은 맥락으로 이해된다.

우리나라는 전 세계 마늘의 주요 생산국 중 하나이며 우리나라 국민의 연간 마늘 소비량은 1인당 약 5.7kg으로 세계에서 제일 많이 마늘을 소비하는 것으로 알려져 있다. 항암효과가 탁월한 것으로 밝혀진 마늘은 대부분의 음식에 꼭 들어가는 향신료로 고등식물 중에서 살균작용이 가장 강력한 것으로 알려져 있으며 음식의 부패로 인한 식중독을 예방하는 역할을 하며 소화기능을 강화시켜 준다.

『동의보감(東醫寶鑑)』, 『보제방(普濟方)』 등에 의하면 "건비(建脾, 지라를 튼튼하게 한다)하고 온위(溫胃, 위를 따뜻하게 한다)하여 곽란(癨亂, 토하고 설사하는 것)과 전근(轉筋, 쥐가 나서 근육을 뒤틀리게 하는 것)을 그치게 한다."라고 하여 마늘은 소화기능을 강화시켜 토사곽란을 치료한다고 했다. 마늘의 강력한 항균작용은 식중독균을 무력화할 수 있어 안전하게 음식을 먹기 위해서도 마늘을 음식에 넣는 것이다.

생선회나 육회를 먹을 때 우리는 흔히 마늘을 같이 먹는데, 그 한의학적 이유에 대해 살펴보자. 날고기는 대부분 차가운 성질을 가지고 있기 때문에 속이 냉한 사람은 회를 먹고 흔히 설사를 하기가 쉽다. 따라서 따뜻한 성질이 있는 마늘을 같이 먹음으로써 성질을 중화하는 것으로 해석하고 있다.

　또한 한의학에서 마늘은 각기병(脚氣病)의 특효약이라 했는데, 특히 음식을 골고루 먹지 않고 편식하다 보면 비타민 B_1이 부족하게 되어 각기병에 걸리기 쉬운데, 대부분 현미를 먹지 않고 도정을 많이 한 백미를 주로 먹었을 때 잘 발생된다. 마늘과 각기병의 관계를 현대의학의 입장으로 살펴보자. 마늘의 알리신이라는 성분이 비타민 B_1과 결합하면 알리티아민(allithiamine)이란 화합물이 되는데, 이것은 비타민 B_1보다 훨씬 흡수되기 쉽고 혈중농도를 높이며 나아가서는 알리신에 의해 장내세균이 비타민 B_1의 합성을 돕는다. 또한 마늘의 알리신은 단백질과도 결합하여 단백질의 이용률도 증가시킨다. 따라서 비타민 B_1과 단백질의 흡수 측면에서도 매우 합리적이라 할 수 있다.

> ※ 단군신화의 곰은 마늘이 아닌 달래를 먹었다.
>
> ① 첫째, 중앙아시아가 원산지인 마늘이 중국에 처음 들어온 것은 지금으로부터 약 2100여 년 전인 한(漢)나라 때이다. 따라서 우리나라에 마늘이 들어온 것은 한사군 이후로 추정되기 때문에 고조선이 성립되던 시기에는 중국이나 우리나라에 마늘이 없었다. 따라서 '蒜'을 당시에 없었던 마늘로 번역한다면 오류를 범할 수밖에 없다.
>
> ② 둘째, 조선 중기 이후에 나오는 문헌에서는 '蒜'이 마늘을 의미하는 경우가 많으나 조선 초에 나온 『향약집성방(鄕藥集成方)』(1433)의 경우 산(蒜)은 달래[小蒜]를 의미했다. 또한 예전에는 마늘을 대산(大蒜), 호(葫), 호산(葫蒜) 등으로 표기했기 때문에 고려 때 서술된 『삼국유사(三國遺事)』(1218년, 일연)에 나오는 산(蒜)은 마늘이 아닌 달래로 보아야 타당하다.
>
> ③ 셋째, 동양 최고의 식물학사전이라 할 수 있는 『본초강목(本草綱目)』(1596)에 산(蒜)을 달래(小蒜)로 보아야 한다고 했으며 『증류본초(證類本草)』(1108) 등에서도 산(蒜)을 달래[小蒜]로 보고 있다.

(5) 지역별 김치의 종류

① 서울·경기

소박하고 간도 중간을 띠며 맛은 구수하고 양은 많은 편이다. 또 서울의 김치는 양반이 많이 살던 고장으로 까다롭고 맵시를 중요하게 생각했다. 특히 궁중음식이 많이 전해져 오고 있으며 궁중음식의 형태를 띠는 고춧잎깍두기, 오이소박이, 장김치 등이 있다. 무를 삶아 고춧가루에 버무려 만든 숙깍두기, 아삭아삭한 열무김치, 무를 나박하게 썰어 담근 나박김치, 보쌈김치, 통배추김치, 감동젓김치 등이 별미다.

② 강원도

소박하고 구수한 맛을 지닌 영동지방은 싱싱한 오징어와 명태를 말려 새우젓국으로 간을 해서 시원하고 개운한 맛을 낸다. 영서지방은 담백하고 매콤한 갓김치를 시원하게 담그며, 강릉의 깍두기는 다양한 모양으로 썰고 북어대가리를 넣어 담근다. 또 창란젓깍두기는 무에다 창란젓을 넣고 담근 김치로 맛이 독특하다. 이외에도 더덕김치, 가지김치가 별미다.

③ 충청도

김장김치는 일찍 먹을 것은 간을 싱겁게, 나중에 먹을 것은 간을 강하게 해서 항아리에 나누어 담는 것이 특징이다. 별미김치로는 배추와 무에 굴과 달인 젓국을 넣어 맛을 내는 굴섞박지, 양념을 많이 넣지 않고 국물을 많이 만들어 시원한 맛을 내는 총각김치, 열무에 풋고추, 다홍고추, 실파를 넣어 항아리에 담아 소금 간해 찹쌀가루풀을 국물로 부어 익힌 열무짠지 등이 있다.

④ 경상도

음식은 대체로 맵고 간은 세게, 투박하지만 칼칼한 감칠맛이 있다. 방아잎과 산초를 넣어 독특한 향으로 맛을 내기도 한다. 또 마늘과 고춧가루를 많이 사용해 입이 얼얼할 정도로 간을 내는데 이는 부패를 방지하고, 지방의 산패를 막는다. 배추는 짠맛이 들도록 절여 물기를 뺀 다음 배춧잎 속에 소를 넣고 담근다. 별미김치로는 소금에 삭힌 콩잎에 양념해 담근 콩잎김치, 부추김치, 우엉김치 등이 있다.

⑤ 전라도

전라도에서는 김치를 '지'라고 하여 배추로 만든 백김치를 반지(백지)라고 한다. 무, 배추뿐 아니라 갓, 파, 고들빼기, 무청 등으로도 김치를 담그며, 다른 지방에 비해 젓갈과 고춧가루를 듬뿍 넣어 맵고 단맛이 난다. 젓갈은 멸치젓, 황석어젓, 갈치속젓 등으로 담아 깊은 맛이 난다. 이 밖에도 김치를 돌로 만든 학독에 불린 고추, 양념을 으깬 젓간, 찹쌀풀을 넣고 걸쭉하게 담는 것이 특징이다. 얼큰한 김장김치, 씁쓸한 고들빼기김치, 나주의 동치미, 해남의 갓김치 등이 별미김치로 꼽힌다.

⑥ 제주도

음식에 어류와 해초가 많이 쓰인다. 된장으로 맛을 내는 음식을 즐기는 제주도는 음식의 양은 적당하고 양념은 적게 쓰며, 간은 대체로 짜게 먹는 편이다. 양념도 많이 넣지 않으며 해산물 등을 사용해 싱싱한 재료 그 자체로 맛을 내는 것이 특징이다. 별미김치는 동지 김치로 음력 정월 밭에 남아 있는 배추속대를 골라 소금물에 살짝 절여 멸치젓과 마늘, 고춧가루로 버무려 익혀 먹는다.

⑦ 함경도

김치는 맵게 만든 양념소를 군데군데 넣어 썰어 놓았을 때 배추에 붉은빛이 군데군데 보이고, 젓갈보다는 생태나 가자미를 고춧가루와 버무려 배추 사이에 넣어 김치국은 넉넉하게 부어 신맛과 시원한 맛을 낸다. 별미김치는 배추김치와 가자미식해 등이 있다.

⑧ 평안도

조기젓, 새우젓을 많이 사용하고 간은 대체로 싱겁다. 소박한 평안도 김치는 소를 적게 사용하는 대신 김치 국물을 많이 만든다. 날씨가 추워 고춧가루를 적게 넣어도 산패되지 않는 것이 특징이다. 고춧가루 대신 기름을 걷어낸 쇠고기 육수를 부어 김치를 담그며 이는 냉면 국물로 자주 애용된다. 동치미, 백김치, 가지김치 등이 별미다.

⑨ 황해도

김치의 맛은 고수, 분디 등 독특한 향신료를 사용해 김치의 독특한 맛을 내며 고수는 미나리과에 속하는 것으로 강회나 생채로 먹는다. 분디는 호박김치의 재료로 산초나무와 비슷한데 잎에서 진한 향이 난다. 김칫국물이 심심하면서도 시원해 국수나 냉면을 즐겨 말아 먹고 찬밥을 말아 밤참으로도 즐긴다. 고수김치, 호박김치, 섞박지 등이 별미다.

(6) 계절별 김치의 종류

① 봄김치

이른 봄에는 움에 묻어 두었던 무를 이용한 나박김치, 햇깍두기, 쪽파김치, 더덕 물김치, 더덕김치, 무말랭이절임, 미나리김치, 부추젓김치, 우엉김치 등이 있으며 3~4일 정도 단기간 숙성 후 먹는 것이 좋다.

② 여름김치

여름에는 열무김치, 오이소박이, 가지소박이, 깻잎김치, 오이깍두기, 연근절임, 풋콩잎 김치 등 단기숙성 김치를 담가 먹으며 오이지를 담가 가을무와 배추가 나올 때까지 먹는다.

③ 가을김치

가을에는 무와 배추의 수확이 이루어져 총각무동치미, 통배추젓김치, 가을배추겉절이, 백깍두기, 섞박지, 무채김치, 호박김치 등을 담근다.

④ 겨울김치

겨울에는 김장김치를 준비하며 통배추김치, 통배추동치미, 총각김치, 동태식해, 고들빼기김치, 통무소박이, 보쌈김치 등의 장기숙성 김치를 담근다.

⑤ 사계절 김치

통배추백김치, 총각김치, 시금치겉절이, 배추막김치, 풋배추겉절이, 깍두기 등이 있다.

3) 주류(酒類)

(1) 우리 술의 역사

술이 어떻게 생겨나게 되었는지 정확하게 전해지는 것은 없으나 인류가 수렵생활을 하던 시대부터 농경시대로 이어지면서 식량으로 저장해 두었던 야생과일이나 곡물 등의 당분이 공기 중의 미생물들에 의해 자연적으로 발효되었을 것으로 본다. 미생물의 분해작용에 의해 당류가 알코올을 비롯한 여러 가지 성분이 생성된 발효음료가 만들어지는데, 우연히 사람이 그 음료(술)를 먹어보게 되고 그 맛이 사람의 기호에 맞는다는 것을 알게 된 것으로 본다. 그러므로 술은 인류가 만든 음료 중 가장 오래된 음료라 할 수 있다.

술의 어원은 명확히 밝혀진 것이 없으나 술이 빚어지는 과정으로 미루어 그 본디 말은 '수블' 또는 '수불'로 보는 견해가 많다. 즉, 술은 쌀을 쪄서 식힌 뒤 누룩과 주모(酒母)를 버무려 섞고 일정량의 물(用水)을 부어 발효시키는데, 혐기상태에서 열을 가하지 않더라도 어느 정도의 시간이 지나면 부글부글 끓어오르면서 거품이 괴어오르는 화학적인 변화현상은 옛 사람들에게 참으로 신비롭고 경이로운 경험이었을 것이다. 이 신비롭고 경이로운 현상을 보고 그들은 '물에서 난데없이 불이 붙는다.'는 생각에서 '수불'이라 하였을 것으로 추측된다. 조선시대 문헌에는 '수울' 혹은 '수을'로 기록되어 있어 결국 '수불'이 '수블 → 수울 → 수을 → 술'로 변하게 되었음을 유추할 수 있다.

'주(酒)'자(子)의 기원 역시도 술의 양조과정에서 만들어진 것으로 추측된다. 즉 주(酒)자의 유(酉)는 그 훈(訓)이 닭 유, 익을 유, 서 유로서 유(酉)자는 원래 밑이 뾰족한 독 모양의 상형문자에서 변천된 것으로 술의 침전물을 모으기 위해 밑이 뾰족한 독에서 발효시켰을 것이라는 추측에서 유래된 익을 유(酉)와 양조용수의 물 수(水)가 합쳐져서 술을 뜻하는 술 주(酒)가 되었다고 한다. 그 연유는 초창기의 술이 곡류를 이용한 탁주였으므로,

술 항아리 안에 익은 걸쭉한 곡주(穀酒)를 막걸리처럼 물을 첨가하여 걸러냈을 것이라는 추측이 가능하기 때문이다.

우리나라 최초의 술에 대한 기록은 『제왕운기(帝王韻紀)』(1287년)의 동명성왕의 건국담에 술에 얽힌 이야기가 『고삼국사(古三國史)』에 인용되어 있다. "천제(天帝)의 아들 해모수가 하백(何伯)의 세 딸을 웅심연이라는 연못가에 유인할 때 미리 술을 마련해 놓아, 세 처녀가 술대접을 받고 만취한 후 돌아가려 하자, 해모수가 앞을 가로막고 하소연하였으나 둘은 도망치고 제일 맏언니인 유화부인과 인연을 맺어 고구려의 시조가 되는 동명성왕 주몽(朱夢)을 낳았다."는 기록이 있다.

우리나라는 상고시대에 이미 농업이 가장 중요한 산업이었으므로 고구려 건국담에 나오는 술은 곡주(穀酒)였을 것이다. 전래 전통주의 형성기로는 삼국 형성 이전이며, 삼국 형성기에 이미 전통곡주가 빚어졌다. 우리 문헌에 술에 관한 기록이 드물지라도 이미 고조선 시기 이전부터 동아시아 대륙에 번성했던 우리 민족은 발효문화를 장기로 하였으므로 술의 역사도 우리 민족의 역사와 함께 시작되었을 것이다.

① 고조선시대

농경시대 이후 우리의 조상들이 곡물을 이용하여 술을 빚어온 것으로 문헌을 통해서 알 수 있고, 고조선시대의 유물로 술병, 술잔, 시루 등이 전해지는 것으로 보아 이미 그 시대에 술을 빚어 마신 것을 알 수 있다.

② 삼국시대 - 우리 술의 발아기, 처음 누룩 사용

〈백제〉

일본의 문헌인 『고사기(古事記)』(712년)에 의하면, 응신왕조시대(270~312년)에 백제사람 인번(仁蕃)이 일본에 새로운 술 빚는 방법, 즉 누룩을 이용해 곡주 빚는 법을 전하였다는 기록이 있고, 지금까지도 일본에서 그를 주신(酒神)으로 모시고 있다고 한다.

〈신라〉

당나라 시인인 옥계생(玉谿生)이 『해동역사(海東繹史)』에 "한잔 신라주의 기운이 새벽바람에 쉽게 사라질까 두렵다."는 시구를 기록하였는데 이로써 신라의 술맛이 우수하였음을 알 수 있다. 통일신라시대로 이어지면서부터 다양한 곡주들이 개발되기 시작하여 상류사회에서는 이미 청주(淸酒)류의 음용이 성행하였고 납폐(納幣)음식에도 술과 단술이 포함되고 있음을 알 수 있다.

③ 고려시대 – 술의 다양화 및 질적 변화를 가져온 시기

고려 중기에 송나라 사신들과 함께 온 서긍(徐兢)이라는 사람이 쓴 『고려도경(高麗圖經)』 (1123년)에는 당시 고려시대의 풍속에 대한 기록이 많이 남아 있다.

특히, 『향음조(鄕飮朝)』에서 "고려 사람들은 술 마시는 예법을 중히 여기고, 궁중에서는 양온서(釀醞署)를 두어 청주와 법주를 주조하였다고 하였고, 고려에는 찹쌀이 없기에 멥쌀로 술을 빚었고, 술은 맛이 박하고 빛깔이 짙은 술을 마시며 잔치 때 마시는 술은 맛이 달고 빛깔이 짙으며, 사람이 마셔도 별로 취하지 않는다."고 기록하고 있다. 이러한 기록으로 보아 고려에는 주류문화와 예주문화가 보편화되어 있었고 감주, 점감주(粘甘酒, 찹쌀로 빚은 술)가 공식 연회석상을 지배하였으며, 전통탁주인 이화주와 궁중에서는 청·법주가 빚어졌으며, 서민사회에서도 막걸리가 보편화되었던 것으로 보인다.

고려시대에 소주(증류주)가 빚어지기 시작하였는데, 고려를 지배한 원나라가 일본을 정벌할 계획 아래 개성과 경상북도 안동, 제주도에 병참기지를 만들었고, 이 지역은 원나라의 소주 빚는 기술이 전해지게 되고 추후 소주의 명산지가 되었다. 소주를 원나라에서는 '아라길주' 만주어로는 '알키' 우리나라 개성에서는 '아락주'라 했다.

④ 조선시대 – 양조기술의 고급화와 전통주의 전성기

조선시대는 우리 술의 전성기라 볼 수 있는데, 세종대왕 때 『국조오례의(國朝五禮儀)』를 제정하여 궁중에서 모든 의식에 술을 올렸으며, 가정에서도 제사나 손님을 맞을 때 반드시 음식과 술을 올렸다. 조선시대 사람들은 음식과 함께 술을 반주로 마심으로 해서 소화를 돕고 원기를 돋우는 약으로도 여겨지는 약식주동원(藥食酒同願, 약·음식·술은 그 근본이 하나다) 사상이 자리 잡고 있음을 보여주었고 집집마다 다양한 술을 빚어 마셨던 가양주(家釀酒)문화가 자리 잡고 있음을 볼 수 있다.

조선 전기에 이르러서는 양조 원료에서는 멥쌀 위주에서 찹쌀로의 전환이 뚜렷해져 술의 고급화가 이루어진 것으로 보인다. 양조기법의 특징으로는 중양법(重釀法)을 이용하여 여러 번에 걸쳐 덧술을 하여 술의 고급화는 물론 알코올 함량을 늘리면 많은 양의 술을 빚었다는 것을 알 수 있다. 소주(증류주)의 선호도가 증가하여 소주를 기본으로 한 약용약주, 혼양주가 많아졌다.

조선 후기에는 지방별 특색을 띤 곡주들이 유명해졌는데, 서울의 삼해주, 약산춘, 전라도의 호산춘, 충청도의 노산춘 등 춘주(春酒)가 유명하게 되었고 집집마다 조금씩 다른 재료들을 넣어 술을 빚어 그 방법이 다양해서 제조법을 기록한 문헌이 많이 나오게 되어 술 빚기에 관하여 체계를 세울 수 있게 되었고 문헌에 기록되어 있는 조선시대의 술이 380여 가지가 넘는 것으로 나타났다.

외래문화의 도입으로 중국계의 주류와 유럽계의 샴페인, 위스키, 보드카 등과 그 외의 많은 외래주가 우리 술과 함께 공존하게 되었다.

⑤ 근대

중국의 소주, 일본의 정종, 1900년대에 맥주가 수입되었고 1909년 주세법의 발표로 술 빚기에 여러 가지로 통제를 하게 됨에 따라 전통적인 술은 법적으로 점차 만들지 못하게 되었다. 그리하여 정성들여 빚어서 조상에 올리는 제주나 절기마다 빚어 마셨던 계절주도 만들 수 없게 되면서 각 가정에서의 술 빚는 비법도 사라지게 되었다. 해방 이후 식량부족으로 인하여 전통주는 만들지 못하였지만 현재에는 쌀이 풍족하여 다시 쌀을 이용한 술을 빚고 있다.

1988년 서울 올림픽을 계기로 우리 술이 문화상품으로 부각되면서 우리 술의 발굴과 복원작업이 매우 활발해졌다. 1995년 1월 1일부터 각 가정에서 자가(自家)의 소비목적으로 술을 빚어 사용하는 것이 법적으로 허용되어 최근 막걸리의 화려한 부활이 활발하게 이루어지고 있으며 이로써 우리 술의 전체적인 분야에서 부흥기를 이룰 것으로 기대한다.

(2) 세시풍속과 우리 술

세시풍속이란 계절에 따라 관습적으로 반복되는 생활양식을 말하는데 농경 위주의 생활 속에서 세시풍속은 오랜 세월을 거치며 여러 풍속을 낳게 하였다. 그중에 한 가지가 절기주로 1년 중 특별한 절기에 맞추어 즐겨 빚어 마셔온 술을 말한다.

① 정월 – 설날, 도소주(屠蘇酒)

정초에 마시던 술을 도소주라 하였는데, 정월 초하룻날에 이 술을 마시면 일 년간의 사기를 없애 오래 살 수 있다고 한 인연에서 빚어 마셨던 것이다.

도소주는 위나라 때 화타라는 중국의 명의가 만들었다고 전한다. 진시대 『형초세시기』에 정월 초하룻날 온 집안이 함께 모여 차례로 세배하고 나이 적은 사람부터 이 도소주를 마신다 하였으니 도소주의 유래는 오랜 옛날부터 시작되었다.

도소주의 제조법은 별도로 있었지만 보통은 집 지을 때 천장에 도소풀을 그려 붙이면 좋다는 미신에서 이 풀을 그려 붙였는데, 이러한 도소를 그려 붙인 집에서 만든 술을 도소주라 한다. 이 술의 기본 제조법은 찹쌀과 흰 누룩으로 청주를 만들고 이 속에 진피(귤껍질), 육계피, 백출, 방풍, 산초, 도라지 등을 함께 합쳐 분말을 만들어 술이 고이기 시작할 때 넣어둔다. 이것을 술이 다 고인 후에 맑아지도록 둔다. 조금 끈끈한 뒷맛이 있고 또 감미가 돈다. 약재를 넣어 빚은 도소주를 차게 해서 마시는데 『경도잡지』에는 "술을 데우지 않는 것은 봄을 맞이하는 뜻이 들어 있는 것이다."라고 하여 영춘(迎春, 봄맞이)의 뜻을 가지고 있다.

② 정월대보름 – 귀밝이술, 이명주(耳明酒)

음력 정월 보름날 아침 오곡밥을 먹기 전에 귀가 밝아지라고 마시는 술이다. 귀밝이술을 한자로는 이명주(耳明酒)라 하며, 음용법은 데우지 않고 차게 마시는 것이 특징이다. 술을 못 마시는 사람도 누구나 한 잔씩 마신다. 귀밝이술을 마시면 일 년 동안 귀가 밝아지고 좋은 소식을 듣게 된다는 것이다. 어린이에게는 귀밝이술의 잔을 입에만 대게 한 뒤 그 술잔을 굴뚝에 붓는 풍속이 있었는데, 부스럼이 생기지 말고 연기와 같이 날아가 버리라는 뜻에서 연유되었다.

③ 2월 중화절 – 막걸리 · 농주(農酒)

농가에서는 2월 1일 농사 준비를 앞두고 머슴이 하루를 즐겁게 지내도록 하기 위하여, 주인은 떡과 술을 내어 노래와 춤으로 하루를 지내게 하고 주먹만 하게 노비송편을 만들어 노비의 나이수대로 먹는 풍속이 있다.

 술은 농경의례(農耕儀禮), 잔치, 제사, 각종 행제(行祭)에 필수음식으로 전통주 중에서도 막걸리는 오랜 세월 우리 민족의 삶과 함께 해온 소박하고 친근한 술이다. 열심히 일한 후 마시는 막걸리 한 사발은 허기를 면하게 하고 기운을 북돋워 주는 일꾼들의 피로회복제였다. 『고려도경(高麗圖經)』에 술의 색이 무겁고 독하면 빨리 취하고 빨리 깨고, 누룩으로 빚었다고 하며, "조정에서는 맑은 술을 민가에서는 맛이 묽고 색이 진한 술을 주로 마셨다."는 기록으로 보아 청주와 탁주의 종류가 있었음을 알 수 있다.

④ 삼월 삼짇날 · 청명일 · 한식 – 두견주(杜鵑酒) · 청명주(淸明酒)

삼월 삼짇날에 각 가정에서는 솜씨를 발휘하여 술을 빚어 마셨다. 이때 술의 재료는 쌀뿐만 아니라 봄에 피는 꽃, 초근목피 등을 써서 특이한 술을 만든다. 삼짇날 장을 담그면 맛이 좋다고 하여 장을 담고 풍년을 기원하는 농경제(農耕祭)를 지냈으며, 활쏘기, 닭싸움을 즐기고 진달래꽃을 뜯어다가 화전을 빚고 진달래술을 빚었다. 이 술을 '두견주'라 한다.

청명주는 음력 3월의 청명일(淸明日)에 마시는 술이라서 청명주라 부른다. 청명주는 20여 일 동안 발효시켜 빚어내는 청주로써 엿기름을 사용하여 단맛을 내기 때문에 많은 사람들이 즐겨 마셨다고 한다. 청명주는 한식일의 제주(祭酒)용으로도 많이 쓰였고 두견주, 도화주, 과하주, 이강주 등도 많이 쓰였다.

⑤ 단오절 – 창포주

농사일이 한창일 때 일의 능률을 높이기 위하여 만든 두레 또는 품앗이라는 것으로 호남지방에서 협업체제의 일환으로 성행하였다. 농주에 사용된 재료로 강원도는 옥수수, 제주도는 좁쌀을 원료로 한 오메기술, 기타 지역에서는 누룩과 쌀로 빚어 술을 제공하였다.

창포주는 음력 5월 5일 단오일(端午日)의 술을 말한다. 우리나라에서 단오는 설날, 한식, 추석과 함께 4대 명절로 여겨져 왔다. 그 이유는 만물의 생기가 가장 왕성한 시기이기 때문이다. 특히 창포주는 단오일의 행사용 술인 동시에 창포의 향기가 모든 나쁜 병을 쫓는 것으로 믿어왔다. 그때의 술 이름을 액(厄)막이 술이라 하였다.

⑥ 유두 – 탁주(濁酒)

 유두(流頭) 무렵은 햇과일이 나고 곡식이 여물어 가는 시기이 므로 조상과 농신에게 햇과일과 정갈한 음식을 천신(薦新)하고 풍년과 안녕을 기원했다. 이때 곡주인 탁주를 마시고 맑은 물에 목욕을 하며 풍류를 즐겼다.

『열양세시기(洌陽歲時記)』(1819년)에는 "고구려와 신라 때 우리나라 남녀가 모두 술과 음식을 갖춰 동쪽으로 흐르는 물가에 가서 목욕을 하고 상서롭지 못한 것을 없앴는데, 이 것은 옛날 진(秦)·유(洧)의 풍속과 같다. 그래서 그날을 유두라고 한다. 뒷날 이 풍속이 없어졌지만 후대로 내려오면서 명절이 되어 지금까지 그대로이다."라고 기록되어 있다.

6월 15일 문사(文士)들이 술과 고기를 장만하여 계곡이나 수정을 찾아 풍월을 읊으며 하루를 즐겼는데 이것을 유두연(流頭宴)이라 한다. 또 맑은 물에 머리를 감으며 '동류어욕발(東流於浴髮)'의 시를 읊었다.

⑦ 백중 – 막걸리 · 농주(農酒)

7월 15일은 백중일로서 조상의 사당에 천신(薦新)하고 맛있는 주효(酒肴, 술과 안주)를 갖추어 가무로 하루를 즐긴다. 이때 마을에서 곡식이 가장 잘된 집의 머슴을 뽑아 일을 잘했다고 칭찬을 하고 술을 권하며 삿갓을 씌워 소에 태워 마을을 돌아다니게 하고 그 집의 주인은 마을 사람들에게 술대접을 하는데 이때 마시는 술을 농주(農酒)라 하고 이날을 '머슴날'이라고도 한다.

백중날의 풍습 중 호미 씻는 풍습이 있는데 이것은 농사가 다 끝나고 밭에 나가 김을 맬 일이 없어져 농사 때 사용하던 호미를 깨끗이 씻어 다음 해 농사가 시작될 때까지 잘 정리해 두었다.

⑧ 추석 – 신도주(新稻酒)

음력 8월 15일은 한가위, 추석, 가배, 중추절 등으로 불리는 날로써 또 이날은 성묘의 날이기도 하다. 햇곡식으로 떡도 하고 술도 빚어 차례를 지내고 이웃과 서로 나눠 먹으며 성묘를 하는 날이다. 우리 조상들은 그해 처음 거둬들인 햇물을 반드시 천신(薦新)하는 풍속이 전해오는데, 이때 오려송편과 함께 햅쌀로 빚은 술을 차례(茶禮)상에 올린다.

이때 빚었던 술은 햅쌀로 빚은 신도주(新稻酒)로 찹쌀과 누룩을 원료로 한 동동주로서 쌀알의 흔적이 동동 뜨고 감미가 있어 누구나 쉽게 만들 수 있으므로 많은 사람들에게 친숙한 술이었다. 신도주에 대한 기록은 조선 후기의 『조선무쌍신식요리제법(朝鮮無雙新式料理製法)』(이용기, 1924년)에 처음 소개되는데, 술 이름만 수록되어 있을 뿐 제조 방법이 나와 있지 않다. 그런데 이보다 훨씬 앞서는 문헌 『양주방(釀酒方)』에는 신도주의 한글 표기를 '햅쌀술'이라 하여, "햅쌀 한 말을 가루 내어 흰 무리떡을 찌고 끓인 물 두 말을 독에 붓고, 흰 무리 찐 것을 독에 넣어 더울 때 고루 풀고, 다음날 햇누룩가루 서 되와 밀가루 세 홉을 섞어 버무려두었다가, 사흘 후에 햅쌀 두 말을 쪄서 식힌 후에 끓인 물 한 말과 함께 밑술과 합하여 열흘 후에 맑게 익으면 마신다."라고 기록되어 있다.

⑨ 중양절 – 국화주(菊花酒)

일 년 중 기운이 가장 왕성한 날인 음력 9월 9일은 중양이다. 이때 사람들은 떼를 지어 산이나 계곡을 찾아가 감국(甘菊)을 따서 국화전을 지져 먹고 술에 취하며 하루를 즐겼다. 국화를 넣어 빚은 국화주를 즐기기도 하였다. 국화주는 두견주와 더불어 가장 대표적인 절기주로 평소에 빚어 마시는 가양주에 국화를 넣어 계절감을 즐겼다.

⑩ 상달 – 탁주(濁酒)

일 년 농사가 마무리되고 햇곡식과 햇과일을 수확하여 하늘과 조상께 감사의 예를 올리는 기간이다. 따라서 10월은 풍성한 수확과 더불어 신과 인간이 함께 즐기게 되는 달로서 열두 달 가운데 으뜸가는 달로 생각하여 상달(上月)이라 하였다는 기록이 있다.

음력 10월 15일을 전후하여 5대조까지의 제사를 한꺼번에 지내며 제물(祭物)은 후손 중에서 만들거나 산지기가 제실을 장만하는데 반병(飯餅)과 주찬(酒饌)을 마련하여 집단으로 지낸다. 이때 후손들이 모여 조상께 제(祭)를 올리고 복하고 음식을 골고루 나누어 먹는 풍속이다. 계절주로 호박술을 빚고 무나물 등을 해 먹는다.

⑪ 동지 – 탁주(濁酒)

동지라고 하여 팥죽을 쑤어 먹거나 겨울철의 월내시식으로서 지방마다 신곡물과 특산물로 음식을 장만하여 시식한 데서 유래되었다. 『고려사(高麗史)』에는 동짓날을 만물이 회생하는 날이라고 하여 고기잡이와 사냥을 금했다는 기록이 있으며, 동짓날 날씨가 따뜻하면 다음해에 질병이 많아 사람이 많이 죽고, 눈이 많이 오고 날씨가 추우면 풍년이 든다고 믿었다.

⑫ 납일 – 맑은술(淸酒)

납일은 동지 후 3번째 미일(未日)로서 이날은 한 해 동안의 일이나 농사의 결실을 종묘사직에 대제를 올리기도 하고 왕께 진상하여 관청에서 음식을 만들어 상호교환하며 즐겨 마셨던 데서 유래하였다. 납일에 오는 눈을 '납설수(臘雪水)'라 하여 약용으로 썼는데 이 물로 술을 담그면 쉬지 않고, 차를 끓이면 차 맛이 좋으며, 해독약으로도 좋은 효과가 있다고 믿었으며, 이 물로 담근 장으로 간을 맞춘 음식은 쉬지 않으며, 여름에 화채를 만들어 마시면 더위를 타지 않는다는 기록이 있다.

(3) 좋은 술 빚기의 6가지 조건

우리 술은 풍류가 있다. 집집마다 가양주를 빚어 그 집안 특유의 술맛을 자랑하는데, 계절에 따라 다양한 재료를 첨가해서 술맛을 낸다. 예로부터 술 빚는 데에 여섯 가지 조건이 좋아야 좋은 술을 빚을 수 있다고 기록되어 왔다. 좋은 술맛을 기대하는 조건은 좋은 쌀과 좋은 누룩, 좋은 물, 좋은 온도, 좋은 그릇과 좋은 환경을 말한다.

① 좋은 쌀

곡물은 탄수화물, 단백질, 비타민, 무기질, 지방질, 섬유질, 수분으로 구성되어 있으며, 이들의 구성 비율은 곡물의 종류에 따라 또는 가공, 조제방법에 따라 다르다. 백미는 도정 정도에 따라 영양분의 함유량이 달라진다. 이는 단백질, 지방, 비타민 등의 영양분은 강층(糠層, 과피·종피·외배유·호분층을 합한 것, 외피)과 배아부 등에 많이 존재하기 때문이다.

현대 양조에서는 쌀의 도정을 얼마나 정교하게 하느냐에 따라 술의 품질이 결정되기 때문에 쌀알이 굵고, 광택이 있으며, 둥근 형태의 신선한 쌀을 사용하는 것이 중요하다.

옛 조리서에도 술 담그는 쌀은 벼의 이삭이 나올 때부터 고르게 잘 익은 것을 선택해야 한다고 하였으며, 쌀을 씻을 때도 맑은 물이 나올 때까지 백 번 씻되(白洗, 백세) 쌀알이 부서지지 않게 하여 담그라고 기록되어 있다. 이는 현대 양조에서 쌀의 강층(糠層, 외피)에 많은 단백질이나 지방을 깎아내는 것과 비슷한 효과를 연상시키는 말이다. 쌀의 외피에 있는 단백질이나 지방, 무기질 등의 영양분은 누룩곰팡이나 효모의 증식과 발효 촉진에 필요한 요소들이지만 이것이 너무 많으면 술의 맛과 향, 색감이 떨어지게 된다.

술 담그기 좋은 쌀이란?
- 쌀알이 굵고 흡수성이 좋으며 증자가 용이한 것
- 쌀의 외피는 도정을 많이 해 조단백, 조지방의 양이 적은 것
- 양조 시에 누룩곰팡이의 당화와 발효가 용이한 것
- 심백(心白, 쌀알 중심부의 백색부분)이 뚜렷하고 심백량이 높은 것

② 좋은 누룩

누룩은 천연 발효제라고 할 수 있다. 술빚기의 시작이자 끝이라 할 만큼 중요한 위치를 차지하고 있는 재료로 쉽게 말하자면 미생물의 집이라고 표현할 수 있다.

누룩에는 곰팡이, 유산균, 효모가 자연 접종되어 있는데 곰팡이는 당화작용을 하고 유산균은 잡균을 억제하여 이상발효를 막는 역할을 한다. 효모는 알코올을 만드는 역할을 한다. 누룩의 재료로는 가장 많이 쓰이는 것이 밀이고 보리, 쌀, 녹두 등이 그 다음으로

많이 쓰이는데 묵이나 떡을 만들 수 있는 원료면 모두 사용가능하다.

누룩 제조를 시기별로 분류하자면 봄에 빚으면 춘곡(春麴), 여름에 빚으면 하곡(夏麴), 가을에 빚으면 추곡(秋麴), 겨울에 빚으면 동곡(冬麴)이라 하고, 형태별로 분류하자면 떡처럼 뭉친 병곡(餠麴), 낱알이나 곡분형태의 산곡(散麴)이 있다. 빛깔에 따라서 황곡균(黃麴, 황국), 흑곡균(黑麴, 흑국), 백곡균(白麴, 백국), 홍곡(紅麴, 홍국)이 있다.

좋은 누룩이란 육안으로 봤을 때 겉이 깨끗하고, 그 단면이 미황색이나 회백색을 띠며, 잡냄새가 없고 구수한 것을 말한다. 좋은 누룩을 선택하는 만큼이나 중요한 것이 누룩을 사용할 때 법제를 하는 것으로 누룩의 법제(法制)란, 잘 숙성된 누룩을 사용하기 전에 콩알만한 크기로 잘게 부수어 2~3일 정도(1일 2~3시간) 햇볕에 널어준다. 이를 통해 살균효과와 함께 나쁜 누룩 취(臭)를 없애주고 누룩 속의 효소와 효모포자를 활성화시킬 수 있기 때문이다.

③ 좋은 물

막걸리의 경우 알코올도수가 6% 전후일 경우 90% 이상이 물로 되어 있다고 할 수 있는데 즉, 물맛이 술의 맛을 결정짓는 중요한 요인임을 알 수 있다. 조선 후기의 한글조리서인 『규합총서(閨閤叢書)』(1809년, 빙허각 이씨)에 "물맛이 사나우면 술 또한 아름답지 않은 법이다. 청명일이나 곡우일의 상수로 술을 빚으면 빛깔과 맛이 특별히 아름다우니, 이는 시시의 기운을 받기 때문이다."라는 구절이 있을 정도로 술에서 물이 차지하는 중요성이 크다고 할 수 있다.

좋은 물의 조건

- 무색, 투명, 무미, 무취
- 중성 또는 약알칼리성
- 유해성분인 철, 암모니아, 아질산, 유기물이 적을 것
- 유해 미생물(병원균, 부조 유산균)이 적을 것
- 유효성분인 칼륨(K), 인(P), 칼슘(Ca), 염소(Cl)를 적당히 함유할 것
- 철분은 술의 색을 짙게 하고 향미를 해치므로 기준치 이하일 것

④ 좋은 온도

발효에 이용되는 곰팡이, 효모, 젖산균 등은 보통 23~28℃ 정도가 생존 증식에 적합한 온도라고 알려져 있다. 고두밥과 누룩, 적정량의 물을 버무린 것을 술덧(누룩을 섞어 버무린 지에밥으로 술의 원료)이라고 하는데, 이 술덧의 발효 기간은 온도와 밀접한 관계가 있다. 일반적으로 높은 온도(25~28℃)에서는 발효가 빨리 진행되고(약 7일 정도), 낮은 온도(18~20℃)에서는 3주(21~24일) 정도 걸리며, 가장 적당한 온도(23~25℃)에서는 2주일 정도 소요된다. 발효속도를 결정짓는 것은 온도 이외에도 많은 변수가 적용된다(예: 술덧의 농도, 누룩의 성능 등).

⑤ 좋은 그릇

질그릇이라 하는 옹기 항아리는 옛날부터 발효식품이나 저장식품을 담아 놓는 그릇으로서 가장 많이 사용해 왔다. 옹기는 숨을 쉬는 그릇으로서 술뿐만 아니라 장독이나 김칫독으로도 오랜 세월 동안 사용되어 왔으며, 현재에도 가장 사랑받고 있는 발효식품의 용기로 이용되고 있다.

우리 조상들은 술을 담그기 전 술독을 깨끗이 씻은 후 물을 채워 며칠 동안 잘 우려낸 다음 햇볕에 바싹 말리거나 그 속에 볏짚을 태워 소독하기도 하고, 물을 끓인 솥 위에 솔잎과 솔가지를 넣은 옹기 항아리를 거꾸로 엎어 그 수증기로 살균하여 사용하기도 하였다. 이러한 과정은 잡균으로부터의 냄새나 오염을 방지하기 위한 것이다.

현대에는 항아리뿐 아니라 다양한 용기를 사용하는데 유리병, 스테인리스, 법랑 등을 사용하고 있으며 술 전체의 용량은 사용용기의 2/3를 넘지 않도록 주의해야 한다.

⑥ 좋은 환경

술을 빚는 일은 눈에 보이지 않는 미생물들을 이용하고, 밀폐된 용기를 사용하지 않는 개방 발효(용기의 뚜껑을 면보로 덮어 탄산가스 배출을 돕고 산소 공급을 해주어야 함)를 하는 것이기 때문에 언제나 잡균의 오염이 있을 수 있으므로 주변을 청결하게 하는 것이 매우 중요하다.

(4) 양조의 개념

① 우리 술의 다양한 분류

가. 거르는 방법에 의한 분류

ㄱ) 탁주(濁酒)

쌀, 누룩, 물로 탁하게 빚은 술을 탁주라 하는데 우리나라에서는 역사가 가장 오래된 술이다.

ㄴ) 약주(淸酒)

탁주에 비하여 맑은술이며 멥쌀이나 찹쌀, 누룩, 물을 적당량 섞어 20~25℃ 정도에서 10~20일 정도 발효시켜 숙성되어 술이 괴기 시작하면 용수를 박아 맑은술을 떠낸다.

ㄷ) 소주(燒酒)

발효가 끝나 술이 완성되면 소주 고리에 증류하여 알코올도수를 높여서 휴대가 편리하고 장기보존이 가능하며, 풍미가 좋은 증류주를 얻을 수 있다.

나. 담그는 방법에 의한 분류

ㄱ) 단양주(單釀酒)

쌀이나 찹쌀을 씻어 담갔다가 건져 고두밥을 찌고 식으면 적당량의 누룩과 물을 넣어 버무려서 항아리에 담아두면 온도에 따라 다르지만 10여 일이 지나 술을 얻게 된다. 종류에는 계명주, 하일주, 하일청주, 하절삼일주, 편주, 동파주, 백하주, 부의주, 옥로주, 점감주, 점강청주, 황화주, 이화주 등이 있다.

ㄴ) 이양주(二釀酒)

술 빚는 과정에서 밑술(酒母, 주모)을 먼저 만들고 한 번 더 덧술 과정을 거치는 양조법이다. 종류에는 죽엽주, 절주, 두강주, 청명주, 하향주, 향온주, 유화주, 행화춘주, 진양주, 진상주, 일두주, 육병주, 오호주, 일해주, 오병주, 별주, 연해주, 만년향, 당백화주, 단점주, 남성주 등이 있다.

ㄷ) 삼양주(三釀酒)

술을 빚는 과정에서 밑술을 먼저 만들고 2번의 덧술과정을 거치는 양조법이다. 삼해주, 호산춘, 순향주, 석탄향, 삼오주, 일년주 등이 있다.

ㄹ) 사양주(四釀酒), 오양주(五釀酒), 12양주까지 가능하다.

ㅁ) 혼양주(混釀酒)

술을 빚는 과정 중에 적당한 시기를 택하여 발효주에 증류주를 가한 다음 발효를 완성시켜 알코올도수를 높여서 보관하기 편리하고 독특한 향과 맛을 얻는 양조법이다. 과하주, 왜미림주, 송순주, 강하주, 녹용주, 구기주 등이 있다.

다. 술 담글 때 넣는 재료에 따른 분류

ㄱ) 가향약주(加香藥酒)

술에 독특한 향을 주기 위해 꽃, 식물의 잎 등을 넣어 빚는 약주류를 말하며 꽃이나 잎 등이 갖는 독특한 향미를 우려서 새로운 술을 만든 것이다. 죽엽주, 유화주, 황금주, 송액주, 송절주, 송자주, 연엽주, 법주, 도화주 등이 있다.

ㄴ) 약용약주(藥用藥酒)

술을 빚을 때 우리 몸에 좋은 약용성분이 있는 초근목피를 함께 넣어 발효시킨 술을 말한다.

라. 발효방식에 의한 분류

ㄱ) 증류주

• 순곡증류주

쌀이나 찹쌀, 보리 등 곡류를 익히고 누룩과 물을 섞어 일정한 용기 속에서 발효를 진행시킨 후 얻은 곡주를 소주 고리나 기타 단식증류기로 증류하여 얻은 증류주를 말한다.

• 약용증류주

몸에 좋은 약용성분이 우러나는 식물의 열매나 가지, 뿌리 등을 넣고 담근 발효주를 증류하거나, 증류 시 술에 담가서 증류한 술을 말한다.

• 가향증류주

증류 시 향이나 색 또는 몸에 좋은 성분이 우러나도록 술에 담가서 증류하거나 증류주를 받을 때 통과하도록 하는 방법의 증류주를 말한다.

ㄴ) 기타 주류

• 이양주

특이한 방법으로 담근 술을 총칭하는 것으로 저온발효법으로 담근 청서주, 생대나무 통에서 발효시킨 죽통주, 소나무 뿌리를 묻어 발효시킨 와송주 등이 있다.

• 기능주

목욕술, 맛술 등 특정 목적에 이용되는 술이다.

• 침출주

증류주에 여러 가지 생약, 과일, 초근목피를 넣어 성분을 우려내는 침출주를 말한다. 모과주, 포도주, 앵도주, 산치주, 무화과주, 딸기주, 자리주 등이 있다.

② 양조의 기본 개념

가. 단발효

단발효는 당이 알코올을 만드는 것을 말한다. 즉, 과실 등 당을 포함하고 있는 원료에 효모를 투입하여 바로 알코올을 만드는 것이다.

당 ---------〉 알코올
(효모)

ex) 포도주(와인): 당분이 많은 포도를 이용한 술로 대표적인 '단발효주'이다.

나. 복발효

ㄱ) 단행복발효

맥아에 들어 있는 전분과 효소는 적당한 온도와 물에 의해 당이 만들어지고 효모를 넣어주면 알코올, 탄산가스가 발생한다. 이를 '단행복발효'라고 한다. 당화가 이루어지고 난 후 다른 용기에서 발효를 한다. 주로 맥주를 만드는 공정에 이용된다.

〈1차〉 : 당화

전분 ─────────〉 **당**

(효소)

〈2차〉 : 발효

당 ─────────〉 **알코올**

(효모)

ㄴ) 병행복발효

누룩을 이용해 당화과정과 알코올 발효과정이 동시에 진행되는데, 이것을 '병행복발효'라 하고 우리 전통주를 만들 때 사용하는 방식이다.

누룩에는 크게 '효소(누룩곰팡이)'와 '효모'가 한 공간 안에 존재하고, 효소가 당을 만들어내면 이 당을 '효모'가 섭취해서 알코올을 만들어내게 된다. 한 공간 안에서 당화와 알코올발효가 동시에 진행되는 것을 말한다.

당화   발효

전분─────────────── **당분**───────────**알코올**

+CO$_2$(탄산가스)

당화효소제   효모(미생물)

술 빚기의 계량단위

구분	계량단위	양	비고		
쌀	1말	8kg			
	1되	800g			
	1홉	80g			
누룩	1되	500g			
	1홉	50g			
물	1말	18.03ℓ	1사발 – 700㎖		
	1되	1,80ℓ	1주발 – 700㎖		
	1병(瓶)	1,80ℓ	1대접 – 800㎖		
	1복자	450〜500㎖	1복자 – 10잔(盞)		

* 복자 : 술이나 기름의 양을 재는 데 사용하는 그릇으로 대접모양 한쪽에 귀때가 붙어 있다.

(5) 밑술과 덧술

우리의 전통술 가운데 술 빚는 일을 두 번에 걸쳐 행하는 것을 이양법이라고 한다. 거기서 얻은 술을 이양주라고 한다. 이와 같이 두 번의 술 빚는 일 가운데 먼저 빚는 술을 밑술이라 하고 나중에 빚는 술을 덧술이라고 하는데 중요한 것은 먼저 빚는 밑술이다. 이 밑술이 잘 되고 못 되느냐에 따라 덧술의 성패와 완성주의 주질(酒質)이 결정된다.

밑술은 모주(母酒), 주모(酒母)라고도 하며, 밑술의 학술적 의미와 주세법상 뜻은 "효모를 배양 증식한 것으로 당분이 함유된 물질을 알코올 발효시킬 수 있는 물료"를 말한다. 즉, 발효해서 술을 만든다는 의미가 아니라 효모를 배양한다는 의미이다. 주모의 제조는 발효력이 강하고 향미생성능력이 우수한 효모를 순수하게 대량으로 번식시키는 데 목적이 있다.

덧술은 1단 담금(단양주), 2단 담금(이양주), 3단(삼양주),… 이렇게 하여 술맛과 향뿐만 아니라 효모를 단계적으로 늘려가면서 발효를 진행시키는 것을 말한다.

① 덧술 하는 이유

가. 술의 발효를 도와 알코올도수를 높이는 데 있다.

나. 맛과 향이 좋은 술의 고급화이다.

다. 술의 양을 늘리기 위함이다.

② 단양주 : 한 번에 빚는 술

가. 발효가 잘 일어날 수 있도록 '수곡'을 이용.

나. 죽, 범벅, 설기떡보다는 처음부터 고두밥 이용

다. 한번에 술을 빚을 수 있다.

라. 술의 실패율이 높다.

③ 이양주 : 두 번에 빚는 술

가. 밑술 : 효모증식이 목적

• 발효가 잘 일어날 수 있도록 가루를 낸다.

• 죽이나 범벅, 설기떡을 이용한다.

나. 덧술 : 술의 양과 알코올도수를 높임

• 밑술보다 많은 양의 곡물이 들어간다.

• 죽, 범벅, 설기떡 모두 사용할 수 있지만, 대부분 고두밥을 사용한다.

• 밑술이 잘 됐을 때, 술의 실패율이 적다.

• 짧게는 3일에서 길게는 1달 이상 발효시킨다.

④ 술 담금 시 밑술의 처리방법

가. 죽으로 빚는 술: 역사가 가장 오래된 방법으로 알려지는데, 그 빛깔이 맑고 밝으며 술의 양이 많이 나온다는 점에서 경제적이라고 할 수 있고 술의 발효기간이 짧아진다.

나. 개떡으로 빚는 술: 동정춘등 개떡으로 빚는 술은 맛과 향이 매우 뛰어난 고급술이지만 얻어지는 술이 매우 적고 발효과정이 매우 까다롭다.

다. 인절미로 빚는 술: 인절미 형태의 술 빚기는 백설기나 흰무리, 개떡 형태로 빚는 술보다 발효가 잘 이뤄지고 특히 감칠맛이 뛰어나다.

라. 물송편으로 빚는 술: 술 빛깔이 맑고 깨끗한 맛과 향기를 자랑하는데, 구멍떡으로 술 빚기와 마찬가지로 삶은 떡을 주걱으로 풀어서 죽처럼 만들어 사용한다.

마. 구멍떡으로 빚는 술: 삶는 떡인 구멍떡으로 빚은 술은 그 맛이 달고 향기가 뛰어나

고 저장성이 좋아 반가와 부유층의 반주와 귀한 손님접대에 이용되었다.

바. 백설기로 빚는 술 : 백설기로 술을 빚으면 감칠맛이 뛰어나 남녀노소의 기호를 충족시켜 줄 수 있다. 그런 만큼 술의 종류도 다양하고 술빚기도 다양하다.

사. 범벅으로 빚는 술: 비교적 도수가 높고 강한 향을 내는데 방법이 매우 까다로워 그 어떤 술 빚기보다 남다른 정성과 오랜 시간이 요구된다.

아. 고두밥으로 빚는 술: 방법이 간편하여 많이 선호되었지만, 맛이 억세고 향기가 떨어져서 이양주류의 경우 의외고 술의 종류가 많지 않다.

(6) 부재료의 사용방법

① 가향주(加香酒)

가. 직접혼합법: 직접 가향재를 고두밥, 누룩, 물과 혼합한 것

나. 화향입주법: 건조시킨 가향재를 주머니에 넣어 매달거나 술덧에 넣는 것

② 약용약주(藥用藥酒)

가. 지약주중법: 술독에 다양한 약재를 함께 넣어 발효 – 주로 혼양주에 이용한다.

나. 주중침지법: 증류주(소주)에 약재를 넣어 약성을 침출 – 동서양에서 모두 사용한다.

다. 탕약법: 술에 넣을 약재를 모두 용수에 넣어 끓여서 용출하는 방법

라. 직접혼합법: 약재를 고두밥과 물, 누룩에 직접 혼합하는 방법

마. 증자법: 고두밥 찔 때 약재를 함께 넣어 찌는 방법

③ 엿기름 이용법

가. 엿기름을 직접 이용하는 방법

나. 엿기름을 물에 담갔다가 물만 이용하는 방법

다. 속성주류, 가양주형태의 토속주, 동동주 등 단양주에 이용

라. 엿기름가루(맥아)의 사용은 발효를 촉진시킨다. 엿기름가루에 의한 효소작용으로 전분이 분해되고 곡물의 당화를 촉진시켜 잡균에 의한 오염과 이상발효를 억제한다.

④ 밀가루 이용법

주로 이양주, 삼양주 등 고급주류(맑은술)에서 사용하는 방법이다.

가. 진말: 밀가루 그대로 사용

나. 진면: 밀국수 형태로 사용

밑술 발효 시 젖산 등 유기산의 생성을 촉진시켜 잡균의 침입과 그로 인한 오염, 산패를 막기 위한 방법으로 사용된다.

(7) 증류주

① 증류주(蒸溜酒)

가. 증류의 역사

증류의 시작은 메소포타미아 지역에서 기원전 3500년경 증류기가 발견된 것으로 추정되고 향수의 증류에 사용되었던 것으로 추측되고 있다. 증류기술이 페르시아인을 중심으로 알코올을 발견하고 단식증류기를 사용하면서부터 시작되었다.

우리나라의 소주는 중국 원나라(몽고)가 일본 정벌을 위해 한반도에 진출한 후 그들의 전초기지인 개성, 안동, 제주도 등지에서 빚어지기 시작하였다. 1961년 주세법이 개정되면서 소주는 증류식과 희석식으로 분류되었고, 그 이후로 전통방식의 증류식 소주는 거의 사라지고 희석식 소주가 대표하고 있다.

나. 증류방법

ㄱ) 가압증류: 상온에서 가스상태의 물질을 가압하여 액체로 한 후에 증류하는 방법으로 공기로부터 질소 분리 및 아세트알데히드 증류 등에 사용한다.

ㄴ) 상압증류: 압력의 변화 없이 보통 압력에서 증류하는 방법으로 일반적인 증류방식이다.

ㄷ) 감압증류: 압력을 낮게 하여 증류하는 방법으로 알코올은 낮은 온도에서 끓기 시작하므로 수율이 높고 연료가 절감되는 장점이 있으나, 술맛이 단조로운 단점이 있다.

다. 가열방법

ㄱ) 직접가열방식: 증기를 직접 불어 넣는 것을 말하고 점성이 높은 술에 적합하며 상

압증류에서 사용한다.

ㄴ) 간접가열방식: 코일에 증기를 통하여 간접적으로 가열하는 방식으로 감압증류와 점성이 낮은 술에 적합하다.

ㄷ) 직간접 병용방식: 증기를 직접 불어넣고 중간에 간접으로 바꾸거나 병용하고 단독으로도 사용가능하다.

② 혼양주(混養酒)

냉장시설이 전혀 없었던 옛날 더운 여름철에 제사가 들었거나 혼사 또는 잔치가 있을 때 증류주인 소주 이외에 우리 조상들은 또 다른 독특한 술을 빚어 사용하였는데 그것이 혼양주류에 속하는 술이다.

소주는 발효주를 증류시켜 얻는 술이기 때문에 양이 많이 줄어들 뿐 아니라 맛이 단조로워질 수 있는 대신에 이 혼양주를 만들게 되면 이런 단점들이 보완되고 또 다른 멋이 숨어 있다고 할 수 있다.

혼양주류에 속해 있는 술로는 『규합총서(閨閤叢書)』(1809년, 빙허각 이씨)에 나와 있는 과하주, 송순주, 오종주방문 등이 있다. 이들 술들은 멥쌀이나 찹쌀로 고두밥을 짓고 여기에 누룩과 물을 섞어 술을 빚는데 부재료로 송순, 대추, 생강, 후추, 육계 등을 넣어 발효시킨다. 발효과정 중에 적절한 시기를 택하여 소주를 부어주는데 이 시기와 소주의 양을 잘 조절하여 발효를 끝까지 진행시켜 얻는 술이기 때문에 그 풍취와 맛이 뛰어나며 보관이 용이한 술들이다. 우리의 술 문화에서는 한없이 아름답고 오묘함을 느끼게 해주는 부분이라 할 수 있다.

서양에서도 혼양주와 유사한 술의 종류가 있다. 와인과 과일주를 증류해 만든 브랜디를 혼합하는 방법인데 포르투갈의 단맛이 강한 강화와인인 포트와인(port wine)을 들 수 있다. 이것은 적포도로 와인을 발효시키는 도중에 증류주인 브랜디를 넣어 발효를 중단시키는 방법이다. 스페인산 셰리와인(sherry wine)도 청포도로 빚은 화이트와인에 브랜디를 첨가한 강화와인으로 유명하며 이탈리아의 버무스(vermouth)는 향료나 식물을 증류쥬에 담가 그 향이나 색을 우려내서 화이트와인에 섞어 만드는데 단맛이 강한 스위트와인(sweet wine)과 알코올 맛이 강한 드라이와인(dry wine)이 있다.

곡류로 술을 빚으면서 증류주를 첨가하는 혼양주기법은 더욱 다양하고 창조적인 술의 종류를 탄생시킬 수 있는 분야라고 생각한다.

③ 침출주(浸出酒)

여러 종류의 증류주 또는 주정(알코올)에 과실, 약초, 향초(香草), 종자류(種字類) 등을 넣은 추출물이나 당류, 향료, 색소를 가(加)하여 만든 주류를 말하며 식욕 증진제 또는 칵테일로 음용한다.

리큐어의 어원은 녹아들었다는 데서 비롯된다. 중세 연금술사들이 증류주 만드는 기법을 터득하는 과정에서 우연히 탄생되었다고 할 수 있다. 리큐어(혼성주)의 기원은 고대 그리스의 히포크라테스가 와인에 약초를 첨가하여 제조한 것이 기원이라고 한다. 9세기경 증류주가 아랍에 의해 제조된 이래 거친 증류주의 맛을 부드럽게 하기 위해 달콤한 시럽을 첨가하면서 시작되었다.

그 당시 수도원에서 수도사들이 질병치료 목적으로 와인이나 증류주에 초근목피(草根木皮)를 침출시켜 약으로 사용하였다 한다. 침출주는 증류주에 설탕, 물, 각종 향미료를 혼합, 별도의 향미(香味)를 지닌 술을 만들 수 있기 때문에 모방이 쉽고 독창적인 개발이 용이하여 독특하고 다양한 술을 창조할 수 있는 분야라고 생각한다.

이 혼성주는 화려한 색채와 함께 특이한 향을 지녀 이 술을 일명 '액체의 보석'이라고 말하고 있다. 특히 색채, 향기, 감미(甘味), 알코올의 조화가 균형을 이룬 것이 특징이며 현대에 와서는 주로 식전(食前) 혹은 식후(食後)의 술로 사용하고 있으며 대체로 위장 기능을 도와 소화에 도움을 준다. 또 재료의 성분이나 향(香)을 우려내는 소주로는 전통 순곡 증류주를 쓰기도 하나 현재 우리나라에서 많이 음용되는 희석식 소주를 사용하면 대단히 편리하고 저렴하게 다양한 혼성주를 만들 수 있다.

우선 다양한 주정도수(20%, 25%, 30%, 그 이상)의 담금 술을 접할 수 있으며 자체 소주의 빛깔이 맑고 투명하여 부재료의 갖가지 색깔을 그대로 표현할 수 있는 것이 특징이며 장점이라 할 수 있다.

증류주나 소주에 몸에 좋은 약초(藥草)나 향초(香草), 또는 아름다운 색깔이 우러날 수 있는 열매나 과일을 담가 리큐어(침출주)를 만들어 놓으면 비교적 알코올도수가 낮은 전통 발효주를 변신시켜 아래와 같은 민속주 칵테일을 만들 때 좋은 재료로 쓰일 수 있다.

◆ **침출주를 잘 담그는 요령은 다음과 같다.**

① 신선한 재료를 물기 제거 후에 사용한다.

② 침출주 보관장소는 찬 곳이 더 좋고 햇볕이 안 드는 곳이 좋다.

③ 용기는 숙성정도를 관찰할 수 있는 유리병이 좋다.

④ 최종 침출주의 알코올노수가 20% 이상이 되도록 한다.

(8) 술 빚는 법(酒房法)

『산가요록(山家要綠)』(1450년경, 御醫 전순의)에서 "쌀은 반드시 여러 번 씻어야 하는데, 두 홉(合, 합할 합)이 한 잔(盞, 잔 잔)이 되고, 두 잔이 한 작(爵, 잔 작)이 되고, 두 되(升, 되 승)가 한 복자(鐥, 복자 선)가 되고, 세 복자가 한 병(甁)이 되고, 다섯 복자가 한 동이(東海, 동해)가 된다.

술 빚기에 좋은 날은 정묘 · 정오 · 계미 · 갑오 · 기미 일이다. 또한 봄에는 저(氐)와 기(箕), 여름에는 항(亢), 가을에는 규(奎), 겨울에는 위(危) 방향으로 하되, 술이 다 되어 개봉할 때는 멸일(滅日)과 몰일(沒日)은 피해야 한다."고 기록하고 있다.

① 동동주(부의주)

고려시대 이후부터 알려진 지방 술로 청주(淸酒)를 떠내지 않고 밥알이 그대로 떠 있는 술을 말한다. 경기도 화성 지역의 민속주로서, 술 위에 밥풀이 동동 뜬 것이 마치 개미가 동동 떠 있는 듯하여 동동주 또는 부의주(浮蟻酒)라 하였다. 멥쌀 · 누룩 · 밀가루 · 물로 빚는 법과 찹쌀 · 누룩가루 · 물로 빚는 법이 있다. 1983년 문화재관리국에서는 경기도 화성지역의 시도지정 무형문화재 제2호로 동동주 제조기능자로 권오수(權五守) 씨를 지정하였다.

〈재료 및 분량〉

찹쌀 4kg, 누룩 800~1kg, 물 5~6L

〈술 빚는 법〉

1. 찹쌀을 깨끗이 씻어 10시간 정도 물에 담가 불린다.

2. 물 6L를 끓여 차게 식힌다.

3. 누룩을 끓여 식힌 물에 침국시킨다.

4. 찹쌀을 건져서 물기를 1시간 정도 빼고 시루나 찜통에 40분 정도 고두밥을 찐다.

5. 고두밥을 차게 식혀 누룩물에 넣어 덩어리 없이 잘 풀어 항아리에 담아 면보로 덮고 그늘진 곳, 22~25℃ 정도에서 7일 정도 발효시킨다.

6. 밥알이 떠오르면 채주한다.

② 사과막걸리

〈재료 및 분량〉

찹쌀 4kg, 사과 2kg, 누룩 1.2kg, 끓여 식힌 물 6L

〈술 빚는 법〉

1. 찹쌀을 깨끗이 씻어 물에 담갔다가 고두밥을 찐다.

2. 고두밥을 차게 식힌다.

3. 물에 누룩을 담가 불린다.

4. 사과를 깨끗이 씻어 4쪽으로 자른 후 씨를 제거하고 편으로 얇게 썬다.

5. 고두밥에 누룩 담근 물을 넣고 버무리다가 사과를 넣고 골고루 버무린 후 항아리에 담는다.

6. 23~25℃에서 여름에는 5일, 겨울에는 7일 정도 발효시킨다.

③ 단호박막걸리

〈재료 및 분량〉

찹쌀 4kg, 단호박 1kg, 누룩 1.2kg, 생막걸리 3L, 끓여 식힌 물 3L

〈술 빚는 법〉

1. 찹쌀을 깨끗이 씻어 물에 담갔다가 고두밥을 찐다.

2. 고두밥을 차게 식힌다.

3. 단호박을 씨와 껍질을 제거하고 찜통에 찐다.

4. 물에 단호박을 넣고 믹서기에 갈고 나머지 물에 누룩을 불린다.

5. 고두밥에 막걸리를 넣고 버무리다가 단호박물을 넣고 골고루 버무린다.

6. 누룩 불린 물을 넣고 같이 골고루 버무린 후 항아리에 담는다.

7. 23~25℃에서 여름에는 5일, 겨울에는 7일 정도 발효시킨다.

④ 석탄주 (惜呑酒 : 주방문) – 죽으로 빚는 술

고서에 "향기와 달기가 기특하여 입에 머금으면 삼키기가 아깝다"는 뜻에서 '석탄주'라는 이름을 얻었다는 구절이 있다.

〈재료 및 분량〉

밑술 : 멥쌀 2kg, 누룩 1kg, 물 8~10L

덧술 : 찹쌀 4kg

〈술 빚는 법〉

• 밑술

1. 멥쌀을 깨끗이 씻어 3~4시간 불렸다가 건져 가루로 빻는다.

2. 물을 끓여 쌀가루를 넣고 죽을 쑨다.

3. 죽은 푹 퍼지게 잘 익혀 차게 식힌다.

4. 차게 식힌 죽에 누룩을 섞어 고루 버무린다.

5. 술독에 담아 안치고, 20~25℃에서 3~4일간 발효시킨다.

• 덧술

1. 찹쌀을 깨끗하게 씻어 하룻밤 불렸다가 건져서 물기를 뺀다.

2. 물기가 빠지면 고두밥을 지어 차게 식힌다.

3. 밑술에 차게 식힌 고두밥을 넣고 고루 버무린 뒤, 술독에 담아 안쳐서 20~25℃에서 7일간 발효시킨다.

⑤ 백하주 (白霞酒) – 범벅으로 빚는 술

백하주(白霞酒)는 맑은술이 마치 흰 노을 같다 하여 붙여진 이름이다.

〈재료 및 분량〉

밑술 : 멥쌀 2kg, 누룩가루 500g, 밀가루 200g, 끓는 물 3L

덧술 : 멥쌀 4kg, 누룩가루 200g, 끓여 식힌 물 6L

〈술 빚는 법〉

• 밑술

1. 멥쌀을 깨끗이 씻어 불린 후 건져 가루로 빻는다.

2. 쌀가루에 끓는 물을 부어 익반죽을 하고 차게 식힌다.

3. 차게 식힌 반죽에 누룩가루, 밀가루를 넣고 고루 버무려 항아리에 담는다.

4. 23~25℃에서 5~7일간 발효시킨다.

• 덧술

1. 멥쌀을 깨끗이 씻어 불린 후 건져서 고두밥을 짓는다.

2. 고두밥은 고루 펼쳐서 차게 식힌다.

3. 고두밥에 누룩가루와 밑술을 합하고, 고루 버무려 항아리에 담는다.

4. 23~25℃에서 20일간 발효시킨다.

5. 술이 익으면 용수를 박아 채주한다.

⑥ 인삼주 – 설기로 빚는 술

〈재료 및 분량〉

밑술 : 멥쌀 2kg, 누룩 1kg, 끓는 물 3L

덧술 : 찹쌀 4kg, 누룩 400g, 수삼 500g, 솔잎 200g, 물 4L

〈술 빚는 법〉

• 밑술

1. 멥쌀을 깨끗이 씻어 불린 후 가루로 빻는다.

2. 찜통에 가루를 넣고 설기로 찐다.

3. 설기가 식기 전에 끓는 물을 부어 죽처럼 만들고 차게 식힌 후 누룩을 넣고 고루 버무려 항아리에 담는다.

4. 22~25℃ 정도에서 5일간 발효시킨다.

• 덧술

1. 찹쌀을 깨끗하게 씻어 하룻밤 물에 불려 건져서 물기를 뺀 후 솔잎을 얹어 고두밥을 짓는다.

2. 고두밥을 차게 식힌 뒤, 밑술에 물·누룩을 함께 섞는다.

3. 수삼은 깨끗이 씻어 얇게 편으로 썬다.

4. 밑술과 고두밥을 고루 버무린 뒤 인삼을 고루 섞어 항아리에 담는다.

5. 22~25℃ 정도에서 7일간 발효시킨다.

6. 술이 익어 밥알이 동동 떠오르면 채주한다.

⑦ 오종주방문(五種酒方文)

다섯 가지(대추, 후추, 계피, 잣, 생강) 재료를 넣었다 해서 오종주(五種酒)라고 한다.

〈재료 및 분량〉

찹쌀 1.6kg, 누룩 800g, 물 2~2.5L, 대추 5개 , 후추 4g, 통계피 50g , 생강 100g, 잣 6g, 소주 1~2L

⟨술 빚는 법⟩

1. 전날 물에 누룩을 담가 침국을 준비한다.

2. 찹쌀을 깨끗이 씻어 물에 담갔다가 건져 고두밥을 찌고 차게 식힌다.

3. 누룩을 체에 거른 물을 고두밥에 버무려 항아리에 넣는다.

4. 후추, 계피는 빻아서 주머니에 담고 생강, 대추, 잣은 그대로 같이 버무려 넣는다.

5. 3~4일 후 단맛이 들면 소주를 부어 따뜻한 곳(25℃ 정도)에 놓았다가 밥알이 뜨면 찬 곳으로 옮긴다.

⑧ 천대홍주

⟨재료 및 분량⟩

찹쌀 4kg, 개량누룩 80g(2%), 효모 28g(0.7%), 홍국쌀 200~400g(기능성), 물 4~5L

 *** 찹쌀 1kg, 개량누룩 20g, 물 1L

⟨술 빚는 법⟩

1. 찹쌀을 깨끗이 씻어 불린 후 건져 고두밥을 쪄내어 차게 식힌다.

2. 사용하는 물을 조금 덜어서 개량누룩을 불린다.

3. 물 1컵에 효모를 조금씩 넣어 저으면서 녹인다.

4. 고두밥에 홍국쌀, 개량누룩, 효모, 물을 넣고 골고루 버무린 후 항아리에 담는다.

   (22~25℃에서 5~7일 발효)

***

1. 찹쌀을 깨끗이 씻어 불린 후 건져 고두밥을 쪄내어 차게 식힌다.

2. 물에 개량누룩을 불린다.

3. 고두밥, 개량누룩, 물을 넣고 골고루 버무린 후 항아리에 담는다.

   (22~25℃에서 5~7일 발효)

4) 식초(食醋)

(1) 식초의 일반성분

천연 양조미초에는 8종류의 필수아미노산이 함유되어 있은 뿐 아니라 유기산도 풍부해서 건강식품이라 할 수 있다. 뿐만 아니라 좋은 맛이 나는 특징도 있다.

전통양조식초를 비롯한 과실식초는 곡류와 누룩, 과실을 이용하여 당화와 알코올발효, 초산발효를 거쳐 만들어지기 때문에 초산균 이외에 각종 유기산 아미노산 등 과실에 함유된 20여종의 영양성분이 복합적으로 작용, 건강을 도울 뿐 아니라 소화기관을 자극하여 소화액의 분비를 촉진시키고, 청량감을 주어 식욕을 돋우어준다. 또한 고기와 쌀밥 등 산성식품 섭취에 따른 신체의 산성화를 중화시켜 준다. 양조식초에는 주성분인 초산을 비롯하여 유기산과 20여 종의 아미노산, 각종 향기성분과 미네랄이 함유되어 있다.

(2) 식초의 영양

식초는 우리 몸에 유익한 식품으로, 요리에서는 음식의 풍미를 더하고 짠맛·느끼한 맛을 부드럽게 함과 동시에, 요리 전체의 색을 선명하게 해준다. 또한 음식의 쓴맛을 제거하고 생선 등의 비린내를 없애줄 뿐 아니라, 살균이나 보존에도 도움을 준다.

절여둔 생선에 식초를 살짝 뿌리면 훨씬 맛이 부드럽게 되는데, 식초는 염분을 중화시켜 염분의 과잉섭취를 방지해 주기 때문에 짠 음식을 먹을 때는 반드시 병행할 필요가 있다. 우엉·토란·죽순 등의 아린 맛을 없애 주는 역할도 한다. 우엉을 깎아서 그대로 두면 색이 거무스름하게 갈변현상이 일어나는데, 이것을 식초물에 담가두면 타닌의 떫은 맛이 제거되고 색도 희어진다.

동양의학에서는 '초(醋)는 피로는 걷히고 어혈을 해소하며 비만을 예방하고 개선한다.'고 하였다. 또한 식중독예방에 효과적이라 하였으며, 『본초강목』에서는 초가 뼈를 무르게 하는 약효가 있다고 기록되어 있다. 식초는 초산 이외에 16종에 달하는 각종 유기산이 함유되어 있어, 음식물을 몸속에서 연소시켜 주는 작용을 하며, 몸체의 대사 기능을 행상시켜 줌으로써, 피로 경감과 체내의 콜레스테롤 축적이 쉬운 지방질의 연소를 돕는다.

식욕증진작용, 소화흡수를 돕는 작용, 간장보호 작용이 있다. 식초 속에 혈관 내 지방

침착을 방지하는 물질인 HDL(High Density Lipoprotein)의 활동을 높이는 작용이 있기 때문에 간장에 중성지방이 쌓이지 못하게 한다. 간장활동이 저하될 때 단백질이 소비되므로 식초 섭취로 인해 아미노산이 체내에 흡수되어 단백질을 보강할 수 있다. 술을 과량으로 섭취해야 할 경우, 식초 친 안주를 먹는 것이 좋으며, 식초는 술을 마시기 전이나 도중에 먹는 것이 숙취예방에 효과적이다.

식초의 살균작용도 뛰어나서 여름철 냉국에 식초를 치는 것이나, 유행성 질병이 나돌 때 음식에 식초를 많이 치도록 하는 풍습은 오래전부터 알고 있던 것이다. 여러 가지 유기산이 많이 있고, 그것들은 살균력을 가지고 있지만 다른 유기산보다 초산의 살균력은 뛰어나다. 고기나 채소, 살구 등을 초절임하여 장기간 저장하는 방법이 널리 보급되어 있고, 비린 냄새 나는 식기류나 조리기구를 식초로 씻으면 깨끗하게 냄새가 없어진다.

(3) 막걸리 식초 만들기

〈재료 및 분량〉
생막걸리 1L, 초항아리(불투명한 병) 1개

〈식초 빚는 법〉
1. 생막걸리를 병에 담고 입구에 면보, 솔잎 등으로 공기가 통하게 막는다.
2. 병을 따뜻한 곳에 2~3개월 동안 보관한다.
3. 윗면에 초막이 생겼다가 초눈이 가라앉아 투명해지면, 투명한 액체를 다른 병으로 옮긴다.
4. 투명한 액체를 3~4개월 숙성시킨 후 식초로 이용한다.

※ 막걸리 식초의 특성
• 자극이 심하지 않은 부드러운 신맛이 나는 식초가 된다.
• 홍어무침이나 신선한 초무침, 샐러드 등에 부드러운 신맛으로 조화로운 맛이 난다.
• 식초와 다양한 과일청을 1 : 1로 희석한 후 물에 타서 마시면 훌륭한 음료가 된다.

2장

한국음식의
재료와
조리준비

❶ 한국음식의 재료

1) 곡류

우리나라의 식생활은 곡류 중 쌀을 중심으로 이루어져 왔으며, 조, 피, 기장, 수수, 옥수수, 메밀 등을 잡곡으로 구분하였고 보리(小麥)와 밀(大麥)은 맥(麥)이라 하여 가루를 내어 국수를 만들어서 경사스러운 때에 사용하였다.

① 쌀 · 찹쌀 · 현미

쌀은 규칙적으로 섭취하면 쌀에 함유된 섬유질 성분이 인체에 해로운 중금속이 흡수되는 것을 막아주며 수분 보유력이 커서 변비를 예방하고 대장암 예방 및 혈중 콜레스테롤을 낮추어준다. 찹쌀은 멥쌀에 비해 겉모양이 더 희고 부드럽다. 찹쌀은 멥쌀과 달리 아밀로펙틴성분으로 구성되어 호화되면 점성이 강해져 씹히는 맛이 좋아 찰밥, 약식, 떡 등에 많이 이용된다. 현미는 벼의 겉껍질만 벗긴 것으로 씨눈과 쌀겨가 그대로 남아 있어 각종 비타민과 단백질, 지방질, 식물성 섬유, 미네랄이 골고루 함유되어 건강식으로 좋다. 현미는 백미에 비해 조직이 단단하므로 멥쌀을 불리는 시간보다 더 불려야 식감이 부드럽다.

② 보리 · 밀(麥)

보리와 밀이 생태학적으로 거의 비슷한 성질을 지니지만 글루텐이 있는 밀은 부풀며 퍼져 나가는 특징이 있어 태음인의 호산지기(呼散之氣: 뭉친 것을 풀어주는 기운)를 도와준다고 사상의학에서는 보고 있다. 또한 밀의 수확시기는 보리에 비해 약 1주일 정도 늦어지기 때문에 밀은 보리보다 상대적으로 여름기운을 더 많이 가지고 있다.

보리에는 쌀에 부족한 비타민과 무기질이 풍부하며 껍질보리와 쌀보리가 있는데, 낱알 보리는 도정하여도 섬유소가 많이 남고 소화가 잘 안되므로 압맥 또는 할맥으로 가공하여 판매되므로 물을 빨리 흡수하고 잘 퍼져 따로 삶지 않아도 쌀과 잘 섞어서 밥 짓기가 편리하다. 밀을 빻아 가루 낸 것이 밀가루인데 밀가루는 허(虛)한 것을 보충하며, 오래 먹으면 사람의 피부가 실해지고 장위가 든든해지며 기력이 강해진다고 했다. 또한 기(氣)를 기르며 부족(不足)한 것을 보충하며 오장(五臟)을 도와준다고도 했다.

③ 잡곡류(좁쌀 · 옥수수 · 기장 · 수수)

좁쌀에는 차조와 메조가 있으며 식용으로는 주로 차조가 쓰인다. 차조는 서숙, 메조는 좁쌀이라고 한다. 무기질과 비타민 등 쌀에 부족한 영양분을 고루 가지고 있어 임산부나 허약자, 환자들의 건강회복용 식품으로 애용돼 왔다. 옥수수는 단백질 · 당질 · 섬유질이 고루 들었으며, 씨눈에는 양질의 지방이 25~27% 함유돼 있다. 옥수수 속의 비타민 E는 피부건조와 노화를 예방한다. 수염은 이뇨작용이 매우 강해 비뇨기 계통의 염증을 치료한다.

기장은 인류가 최초로 재배하기 시작한 식량작물 중 하나로 주성분은 조와 비슷하며 조보다는 알곡이 굵다. 비타민 A와 B가 풍부하고 단백질과 지질도 다량 들어 있다. 당도가 높은 찰기장은 오곡밥이나 떡을 만들어 별미식으로 애용해 왔다. 수수는 화본과 작물 중 특이하게 타닌을 함유하고 있으며 문배주의 원료로 사용한다. 타닌 함량이 적은 찰수수가 주로 식용으로 사용되었고 찰수수는 수수전병과 수수떡을 만든다.

메밀은 병충해가 적으며 화학비료와 농약이 필요 없는 무공해 작물로 조단백질을 다량 함유하고 있고 비타민과 필수아미노산도 풍부하다. 어린잎과 줄기는 채소로 이용하며 혈관의 저항을 강하시키는 루틴(rutin)도 다량 함유하고 있어 고혈압 환자에게 적합한 식품이다.

2) 두류

두류는 쌀과 섞어 떡이나 밥, 죽을 만들고 단백질 공급의 대표적인 식품으로 두부나 비지, 콩나물 · 숙주나물과 같은 나물과 간장, 된장 등의 발효식품의 원재료로 사용한다.

① 콩

예로부터 우리 생활에 빼놓을 수 없었던 것 중의 하나가 콩이다. 콩알의 색에 따라 대두, 흑태, 청태 등으로 다양하게 불리며 이 중 검정콩은 식물성 단백질 가운데서 효능이 가장 좋은 작물로 꼽힌다. 위장 기능과 대 · 소변을 원활하게 하고 당뇨와 신장병에도 좋은 효과를 가지며 해독 및 해열 작용도 한다.

수험생에게 콩과 관련된 음식을 해주면 머리가 맑아진다고 한다. 그 이유는 콩은 중화(中和)작용이 강하기 때문이다. 요즘 아이들은 과자나 인스턴트음식을 많이 먹는 경향이 있는데, 이러한 식품에 들어가는 인공첨가물로 인하여 피가 탁하기 쉽다. 이때 콩은 중화작용이 있어 피를 맑게 해주는 작용을 한다. 그리고 콩은 해독작용이 있어 치우친 식단으로 인한 피해를 줄일 수 있다.

② 팥

적갈색의 붉은 팥이 많고, 회백색, 크림색, 갈색, 흑색을 띠는 것도 있다. 붉은색을 띠는 팥은 고사떡, 동지팥죽 등 악귀를 물리치는 상서로운 식품으로 대접받아 왔다. 진액을 빨아들이는 성질이 있어 각기병·수기병 등 부종관련 질환에 좋다. 한방에서는 배변촉진·숙취해소·해독·이뇨 등에 이용한다.

③ 녹두

초록색을 띠고 주성분은 당질과 단백질이며, 떡고물·죽·빈대떡·숙주나물 등 다양한 용도로 이용된다. 아밀라아제·우레아제 등 소화효소가 들어 있고 혈압강하·소염·해열 등에도 좋다.

3) 채소류

우리나라에는 사계절을 통한 각종 신선한 채소가 있어 김치, 생채, 나물, 장아찌 등의 재료로 사용하며 비타민과 무기질, 섬유소 등의 공급원으로 중요하다. 김치에 대표적인 채소류는 잎채소인 배추와 파, 부추, 갓, 미나리와 쑥, 냉이 등이 있으며 상큼한 맛과 향이 있어 살짝 데쳐서 나물로 이용하거나 국을 끓일 때 이용하여도 매우 좋다.

뿌리채소인 무는 비타민류와 소화를 돕는 디아스타제가 다량으로 함유되어 있으며 동치미나 깍두기, 생채, 장아찌 등에 이용하고 장기간 저장이 가능한 연근은 전분질과 비타민 C가 많이 함유되어 있다. 다년생식물인 도라지는 색이 희고 뿌리가 곧으며 탄력이 있는 것이 좋으며 날것은 가늘게 잘라서 생채나 숙채, 정과를 만들고 말린 것은 끓여 차로 마시기도 한다.

그 밖에 열매채소인 오이, 풋고추, 호박, 가지 등과 각종 버섯류, 고사리, 죽순, 콩나물, 두릅 등 다양한 채소류를 이용하여 여러 가지 조리법을 활용한 다양한 맛의 찬물을 만들어 한데 차려서 먹는다.

4) 수산물

우리나라는 삼면이 바다와 접해 있어 다양한 종류의 수산물을 식용으로 이용해 왔다. 동해는 바다의 깊이가 깊고 남쪽에서 북쪽으로 올라오는 난류와 연해주를 따라서 남하하는 리만 한류가 교차하여 좋은 어장을 이루고 있다. 여름에는 수온이 올라 꽁치, 멸치, 고등어, 오징어 등의 난류성 어류가 잘 잡히고 겨울에는 명태, 청어, 도루묵, 대구 등이 많이 잡힌다. 그 밖에 김, 미역, 다시마 등의 해조류와 각종 조개류가 풍부하다.

서해는 많은 섬과 낮은 바다로 수심이 낮고 북방에서 유입되는 한류가 없으며 조석간만의 차이가 심하다. 여름철에는 조기, 갈치, 멸치, 삼치, 민어, 농어 등의 난류성 어류가 많고 겨울에는 대구, 청어 등의 한류성 어류가 잡힌다. 서해안의 간석지에서는 굴, 대합 등의 조개류가 많고 새우도 풍부하다. 남해는 일 년 내내 난류가 흐르며 주로 멸치, 고등어, 대구, 전갱이, 갈치, 도미, 조기 등이 많다. 남해안 간석지에서는 조개류, 게 등이 많이 잡힌다.

해초류인 김, 미역, 다시마, 파래, 톳, 청각 등은 칼슘과 철분을 풍부하게 함유하고 있는 무기질의 보고라 할 수 있으며 칼로리는 적어서 현대에는 건강식품으로 가장 주목받고 있는 식품 중 하나이다.

5) 육류

(1) 쇠고기

한국 음식에 사용되는 쇠고기는 살코기뿐만 아니라 내장, 뼈, 꼬리, 다리 등 거의 모든 부위를 식용으로 한다. 쇠고기는 좋은 질의 동물성 단백질과 비타민 A, B$_1$, B$_2$ 등을 함유하고 있어 영양가가 높은 식품이다. 쇠고기는 대리석무늬의 지방(Marbling)이 잘 분포되어 있는 것이 부드럽고 연하다. 운동을 많이 하는 부위는 추출물은 많으나 질기므로 습열조리에 주로 이용되고, 운동을 덜한 부위는 건열조리에 이용하는 것이 일반적이므로 조리 방법이나 목적에 따라서 적절한 부위를 선택해야 한다. 쇠고기는 고기 소(肉牛)로서 사육한 4~5세의 암소고기가 연하고 가장 좋으며, 그 다음에는 비육한 수소, 어린 소, 송아지, 늙은 소의 순으로 맛이 떨어진다고 알려져 있다.

쇠고기의 부위와 용도

부위 명칭		특 징	용도(조리법)
장정육(목심)	chuck	어깨 부분의 운동량이 많은 부위로 결합조직이 많아 육질은 질기고 맛이 진하다.	편육, 탕, 구이
등심	sirloin	갈비 위쪽의 부위로 지방이 적당히 섞여 육질이 좋고 연하며 맛이 좋다.	구이, 전골
안심	tenderloin	등심 안쪽의 연한 고기로 가장 최상품이다. 결이 곱고 지방이 적어 담백하며 양이 많지 않다.	구이, 전골
채끝	ribs	등심과 이어진 스커트 모양으로 안심을 에워싸고 있다. 육질이 연하다.	구이, 찌개, 전골
갈비	short ribs	늑골(13대)을 감싸고 있는 부위로 기름기가 많고, 육질은 질기나 맛이 매우 좋다.	구이, 찜, 탕
우둔	rump round	둥근 모양의 살덩이로 고기의 결이 굵은 편이나 근육막이 적어 연한 편이다.	육회, 산적, 포
설도(대접살)	rump	고기질은 우둔과 유사하여 부드러우며 맛이 담백하다.	육회, 산적, 포
양지육	brisket	목 밑에서 가슴에 이르는 부위로 결합조직이 많아 육질은 질기다. 오랜 시간 동안 끓이면 맛이 좋다.	편육, 찌개, 장국
업진육	plate flank	배쪽의 지방이 많고 육질이 질긴 부위로 오랜 시간 동안 습열조리하면 맛있다.	편육, 육개장, 설렁탕
사태	fore shank	다리의 상박부에 붙은 고기로서 결합조직이 많아 질긴 부위이다. 기름기가 없어 담백하면서도 깊은 맛이 난다.	장조림, 찜, 족편
쇠꼬리	tail	소꼬리로 결체조직이 많아 질기지만 오랜 시간 동안 조리하면 맛이 있다.	탕, 조림, 찜
쇠머리	head	머리 부분으로 운동량이 많은 부위여서 육질이 거칠고 질기지만 맛이 있다.	편육
쇠족	knee bone	육질이 거의 없고 결합조직이 많다.	탕, 족편
도가니	marrow	육질이 거의 없는 물렁뼈이다.	탕
사골	bone	소의 다리뼈로 오래 고아서 국물을 낸다.	탕
우설	tongue	소의 혀는 껍질이 질겨서 조리시간이 걸리며, 따뜻할 때 벗기면 쉽다.	편육, 구이
간	liver	육질이 매우 부드럽고 영양이 풍부하나 특유한 냄새가 있어 조리할 때 유의한다.	회, 전, 구이
양	stomach	제1위는 양이고, 제2위는 벌집양이다. 끓는 물에 넣었다가 건져서 검은 막을 긁어내고 조리한다.	구이, 곰탕
천엽	tripes	제3위로 얇고 넓으며 검은 막이 켜켜로 되어 있다. 신선한 것은 채 썰어 회로 먹거나 전을 부친다.	전, 회
곱창	intestine	소의 소창과 대창으로 호스처럼 생겼으며 내용물이 들어 있다. 깨끗이 씻고 기름 덩어리를 떼어내고 소금으로 주물러 씻는다.	구이

(2) 돼지고기

돼지고기는 쇠고기보다 부드럽고 어깨살과 배 부분에 지방이 삼겹살을 이루고 있는 것이 특징이다. 조리 시 돼지고기 특유의 냄새를 제거하기 위하여 고추장, 고춧가루, 풋고추, 생강, 술을 넣는다.

돼지고기의 부위와 용도

부위 명칭		특 징	용도(조리법)
어깨살(목심)	shoulder	등심에서 목쪽으로 이어지는 부위로 육질이 질기나 근육 사이에 지방도 있어 오래 삶으면 맛이 좋다.	편육, 조림, 구이
등심	loin	표피 쪽의 지방층이 두꺼운 단일 근육으로 고기결이 고운 편이다.	구이, 튀김
안심	tenderloin	허리 안쪽에 위치한 지방이 가장 적은 부위로 매우 연하고 담백하다.	구이, 튀김
후육	hem	뒷다리 부분의 살이 많은 부위로 지방이 적고 연하다.	
뒷다리살	hem	뒷다리 부분의 살이 많은 부위로 지방이 적고 연하다.	조림, 편육, 찜, 구이
돼지머리	head	푹 무르게 삶아서 뼈를 발라내고 눌러서 편육을 만든다.	편육
돼지족	hock	결합조직이 많아 육질은 질기나 오래 삶으면 질감도 좋고 깊은 맛이 난다.	조림, 찜
삼겹살	bacon belly	지방층과 살코기가 켜켜로 층을 이룬 부위로 고기결이 거칠고 지방이 많으나 맛이 아주 좋다.	구이, 편육, 조림
갈비	sparerib	갈비뼈에 붙은 부위로 육질은 연하고 맛이 있다.	구이, 찜
내장류	intestine	내장류는 대개 삶아 편육처럼 썰고, 간은 썰어서 구이, 볶음 등을 한다. 소창과 대창은 순대도 만들고 탕도 끓인다.	편육, 순대, 탕 볶음, 구이

② 한국음식의 양념과 고명

1) 양념

양념은 음식의 맛과 향을 돋우거나 좋지 않은 냄새를 제거하기 위하여 사용되며 조미료와 향신료가 있다. 한자로 약념(藥念)으로 표기하며 '먹어서 몸에 약처럼 이롭기를 바란다'는 뜻이 깃들어 있다.

양념은 짠맛, 단맛, 신맛, 매운맛, 쓴맛의 다섯 가지를 기본으로 음식의 맛을 더욱 좋게 하므로 적합한 양념을 선택하여 알맞은 분량을 순서에 따라 넣는 것이 중요하다.

한국음식에 사용되는 양념의 종류로는 소금, 간장, 된장, 고추장, 식초, 설탕, 생강, 겨자, 후추, 고추, 참기름, 들기름, 깨소금, 파, 마늘, 천초 등이 있다.

- 짠맛(醬) – 소금, 간장, 된장, 고추장
- 단맛(甘) – 설탕, 꿀, 조청, 엿
- 신맛(酸) – 식초
- 매운맛(辛) – 고추, 겨자, 천초, 후추, 생강
- 쓴맛(苦) – 생강

① 소금

소금은 음식의 맛을 내는 가장 기본적인 조미료로 짠맛을 낸다. 소금의 종류는 호렴(굵은소금), 재렴(절임용), 재제염(꽃소금), 식탁염, 맛소금(글루탐산나트륨 첨가) 등으로 나눌 수 있다. 소금을 넣을 때는 음식이 어느 정도 익은 후에 넣어야 하며, 소금은 신맛을 약하게 느끼게 하고, 단맛은 더욱 달게 느끼게 하는 맛의 상승작용이 있다.

② 간장

간장은 음식의 간을 맞추는 기본적인 조미료로 청장과 진간장으로 구분된다. 간장은 콩으로 만든 메주를 소금물에 담가 숙성시킨 후 걸러낸 발효식품으로, 국에는 색깔이 엷은 청장(국간장)을 쓰고, 조림과 육류의 양념은 진간장을 쓴다.

③ 된장

된장은 콩으로 메주를 쑤어서 알맞게 띄워 소금물에 담가 숙성시킨 후 간장을 떠내고 남은 건더기다. 주로 국이나 찌개, 무침, 쌈장에 이용되며 단백질이 풍부한 식품이다.

④ 고추장

고추장은 찹쌀가루(밀가루), 엿기름, 메줏가루, 고춧가루, 소금을 섞어 숙성시킨 발효식품으로 찌개, 구이 등에 쓰이는 우리나라 고유의 조미료이다.

⑤ 설탕(꿀, 조청, 엿)

설탕, 꿀, 조청, 엿은 단맛을 내는 조미료로 조림, 볶음, 과자 등에 이용된다. 설탕은 정제 정도에 따라 백설탕, 황설탕, 흑설탕으로 나누고, 꿀은 가장 오래된 천연감미료로, 옛날에는 죽이나 떡을 상에 낼 때 종지에 담아 함께 내었다.

조청은 곡류를 엿기름으로 당화시켜 오래 고아서 걸쭉하게 만든 것이며, 엿은 조청을 더 되직하게 고은 것으로 식히면 딱딱하게 굳는다.

⑥ 식초

식초는 양조식초와 합성식초가 있으며, 곡류와 과실을 이용한 양조식초가 널리 쓰인다. 식초는 생선조리에 비린내를 제거함과 동시에 생선살이 단단해지는 단백질 응고작용으로 신선한 맛을 주지만, 녹색 엽록소를 누렇게 변색시키므로 푸른색 나물이나 채소에는 먹기 직전에 넣어 무쳐야 한다. 이 밖에 식욕촉진, 살균작용, 방부효과 등이 있다.

⑦ 식용유(참기름, 들기름, 콩기름)

참기름은 우리나라 음식에 가장 널리 쓰이는 기름으로 참깨를 볶아서 짠다. 고소한 향기가 있으며 주로 나물을 무칠 때 쓴다.

들깨로 짠 들기름은 전과 나물을 볶을 때 주로 사용하는데 오래 보관하면 산패되기 쉬우므로 주의하여야 한다. 콩기름은 특이한 냄새와 색이 없어서 튀김, 전, 볶음에 많이 사용한다.

⑧ 깨소금

깨소금은 참깨를 볶아 살짝 빻은 것이다. 주로 나물을 무칠 때 사용하며, 고소한 맛이 나므로 밀봉하여 보관한다.

⑨ 파, 마늘, 생강

파의 흰 부분은 다져서 양념으로 사용하고, 파란 부분은 채 또는 크게 썰어 찌개나 국에 넣는다. 고명으로는 가늘게 채로 썰어 쓰도록 한다.

마늘은 육류(누린내), 생선(비린내), 채소(풋냄새)의 냄새를 제거하고 소화를 돕고 혈액순환 촉진 및 살균작용이 있다.

생강은 쓴맛과 매운맛을 내며 강한 향을 가지고 있어 어패류와 육류의 냄새를 없애주고 연육작용을 한다. 또한 식욕을 증진시키고 몸을 따뜻하게 하는 작용이 있어 한약재로도 많이 쓰인다.

생선, 육류를 조리할 때 사용하는 향신료(파, 마늘, 생강)는 처음부터 넣는 것보다 어느 정도 익은 후에 넣는 것이 효과적이다.

⑩ 후춧가루

후추는 매운맛을 내는 향신료로서 통후추, 검은 후춧가루, 흰 후춧가루가 있으며 생선이나 육류의 비린내를 제거하고 식욕도 증진시킨다. 검은 후춧가루는 향이 강하고 색이 검으므로 육류와 색이 진한 음식에 사용하고, 흰 후춧가루는 매운맛이 약하지만 닭, 생선, 채소류의 색이 연한 음식의 조미에 적당하다. 통후추는 육류를 삶거나 육수를 만들 때 넣는다.

⑪ 고춧가루

고춧가루는 용도에 따라 고추장이나 조미용은 곱게, 김치와 깍두기는 중간, 여름 물김치용은 굵게 빻아서 사용한다. 그리고 실고추는 나박김치나 고명에 쓰인다.

⑫ 겨자가루

겨자가루는 갓의 씨를 가루로 빻은 매운맛 향신료이다. 가루상태에서는 매운맛이 없으나 40℃ 정도의 물로 개어서 따뜻한 곳에서 숙성시키면 매운맛이 난다.

식초, 설탕, 소금 등과 함께 조미하여 겨자채 또는 냉채를 무치고, 겨자장을 만들기도 한다.

⑬ 계피가루

계수나무의 껍질을 말린 것으로 가루로 만들어 떡, 약식, 한과 등에 사용하며, 통계피는 수정과나 계피차에 쓰인다.

⑭ 산초가루

열매와 잎은 독특한 향과 매운맛을 내며 산초라고도 한다. 요즈음은 사찰음식이나 추어탕 등의 특별한 음식에만 쓰이지만 고추가 전래되기 이전에는 김치나 매운맛을 내는 조미료로 사용되었다.

2) 고명

'고명'이란 아무도 손을 대지 않은 음식으로 음식을 대하는 사람으로 하여금 귀하다는 의미를 전달함과 동시에 음식의 모양과 빛깔을 보기 좋게 하여 식욕을 돋우기 위해 음식 위에 뿌리거나 얹어내는 것을 말하며 '웃기' 또는 '꾸미'라고 한다.

고명은 식품들이 가지고 있는 자연의 색조를 이용하는데, 예로부터 음양오행설(陰陽五行說)에 관련되는 오방색인 흰색·노란색·파란색·빨간색·검정색의 다섯 가지 색을 이용하였다. 오색을 모두 갖추는 것이 좋으나 때로는 한두 가지만을 쓰는 경우도 있다.

- 붉은색(赤) – 다홍고추, 실고추, 대추, 당근
- 녹색(綠) – 미나리, 호박, 오이, 실파
- 노란색(黃) – 달걀의 노른자
- 흰색(白) – 달걀의 흰자
- 검정색(黑) – 석이버섯, 목이버섯, 표고버섯

① 달걀지단

달걀을 흰자와 노른자로 나누어 잘 풀어서 번철에 기름을 살짝 두르고 부친다. 달걀지단을 기름의 양과 불의 온도에 유의하여 부친 후 충분히 식혀서 용도에 맞게 채, 마름모꼴, 골패 모양으로 썰어 사용한다.

② 알쌈

쇠고기를 곱게 다져 양념하여 콩알만큼씩 떼어 둥글게 빚은 후 번철에 지져 소를 만들어 놓는다. 달걀을 풀어 한 숟가락씩 떠서 타원형으로 부친 후 소를 가운데 놓고 반달모양으로 접어 만든다. 신선로, 찜의 고명으로 쓰인다.

③ 미나리초대

미나리 줄기만을 꼬치에 가지런히 꿰어서 밀가루, 달걀물 순서로 묻혀 번철에 부쳐서 식힌 후 꼬치를 빼고 마름모꼴이나 골패형으로 썰어 탕, 전골, 신선로 등에 넣는다.

④ 고기완자

쇠고기의 살을 곱게 다져서 양념하여 둥글게 빚는다. 때로는 물기를 짠 두부를 으깨어서 섞기도 하며, 둥글게 빚은 완자는 밀가루, 달걀물 순서로 옷을 입혀서 번철에 기름을 두르고 굴리면서 고르게 지진다. 면, 전골, 신선로의 웃기로 쓰이며, 완자탕의 건더기로도 쓰인다.

⑤ 고기고명

쇠고기는 곱게 다져서 양념하여 볶아 식힌 후 국수장국이나 비빔국수의 고명으로 쓰기도 하고, 가늘게 채 썬 쇠고기를 양념하여 볶은 것은 떡국이나 장국수의 고명으로 얹는다.

⑥ 표고버섯

마른 표고버섯은 미지근한 물에 불려서 기둥을 떼어내고 물기를 제거하여 용도에 맞게 썰어 사용한다.

⑦ 석이버섯

석이버섯은 미지근한 물에 불려서 이끼를 비벼 씻은 후 말아서 채로 썰거나 다져서 달걀의 흰자에 섞어 석이지단을 부쳐 사용한다.

⑧ 실고추

말린 고추를 갈라 씨를 발라내고 말아서 곱게 채 썬다. 나물, 국수, 김치의 고명으로 쓰인다.

⑨ 잣

잣은 고깔을 뗀 통잣, 길이로 반을 갈라서 사용하는 비늘잣, 잣가루로 만들어 사용한다. 통잣은 화채에 띄우고, 비늘잣은 만두소나 편의 고명으로, 잣가루는 회, 구실판, 구이, 초간장에 사용된다. 잣가루는 도마 위에 한지를 깔고 칼로 곱게 다져야 기름이 제거되어 보송보송하다.

⑩ 은행

은행은 겉껍질을 벗겨서 번철에 기름을 두르고 굴리면서 볶아 마른 행주로 싸서 비벼 속껍질을 벗긴다. 신선로, 전골, 찜 등의 고명으로 쓰인다.

⑪ 호두

딱딱한 겉껍질은 깨어서 알맹이를 꺼내 더운물에 식초를 조금 넣고 불려서 꼬치로 속껍질을 벗긴다. 찜, 신선로, 전골 등의 고명으로 쓰인다.

❸ 한국음식의 조리법

1) 주식류

  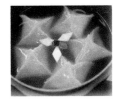

(1) 밥

한국음식의 주식은 주로 쌀로 지은 흰밥이며, 대부분의 영양소는 탄수화물이다.

밥을 조리할 때는 쌀을 종류, 분량, 건조도, 솥, 열원에 따라서 밥 짓는 시간과 물의 분량이 달라진다. 밥 짓기는 먼저 쌀을 상온수에 3~4시간 불리고, 물은 쌀 부피의 1.2배, 중량의 1.5배를 붓고 센 불에서 끓이다가 중간 불로, 마지막으로 약한 불에서 뜸을 들인 다음 한소끔 지나야 맛있는 밥이 된다.

밥의 종류는 별식으로 지을 때 채소류, 어패류, 육류 등을 넣은 보리밥, 콩밥, 팥밥, 밤밥, 오곡밥, 찰밥, 차조밥, 잡곡밥, 콩나물밥, 무밥, 채소밥 등이 있으며, 밥 위에 나물과 고기 등을 넣어 비벼서 먹는 비빔밥(骨董飯, 골동반) 등이 있다.

밥은 먹는 대상에 따라 어른에게는 '진지', 임금님에게는 '수라'라고 달리 불렀다.

(2) 죽

죽은 밥보다 역사적으로 먼저 발달한 주식으로 곡물에 6~7배의 물을 붓고 끓여서 완전히 호화시킨 유동식 음식이다.

죽은 물의 양에 따라서 죽보다는 미음이, 미음보다는 응이가 더 묽다. 또한 쌀알 그대로 끓이는 옹근죽과 쌀알을 반 정도 빻아서 만드는 원미죽과 완전히 곱게 갈아서 쑤는 무리죽이 있다. 이러한 죽은 환자식, 보양식, 별미식, 구황식으로 먹었으며 궁중에서는 초조반으로 차려졌다.

죽상차림은 반상보다는 간단하여 덜어 먹을 공기와 수저를 놓고, 간을 맞출 간장·소금·꿀 등을 종지에 담고, 찬품으로 국물김치와 젓국조치, 마른 찬을 함께 놓는다.

죽의 종류에는 흰죽, 흑임자죽, 녹두죽, 콩죽 등 곡물만으로 쑤는 죽과 채소류, 어패류, 육류 등의 부재료를 넣어 끓이는 죽이 있다.

(3) 국수

국수는 일상적인 주식보다는 무병장수를 기원하는 의미로 잔치상의 손님 접대용으로 차리고, 평상시에는 점심 때 많이 먹는다. 국수의 종류는 온면, 냉면, 비빔국수, 칼국수 등이 있으며 재료에 따라 밀국수, 메밀국수, 녹말국수, 콩국수, 칡국수, 쑥국수 등이 있다.

지역적으로 북쪽 지방 사람들은 겨울에도 찬 냉면을 즐기고, 남쪽 사람들은 여름에 더운 밀국수를 즐겨 먹는다. 국수장국은 옛날에는 꿩고기를 쓰기도 하였으나 요즈음은 쇠고기를 많이 사용한다. 냉면은 메밀가루와 전분을 섞고 반죽하여 국수틀에 넣어 눌러 빼고, 칼국수는 밀가루(중력분)나 메밀가루를 반죽하여 얇게 밀어 칼로 썰어 만든다.

냉면은 원래 겨울철 음식으로 전분보다 메밀가루를 많이 넣고 뽑은 국수를 삶아 차가운 육수나 동치미에 말아 먹는 평양냉면과, 메밀가루보다 고구마 전분을 많이 넣고 뽑은 국수에 홍어회를 넣고 비벼 먹는 함흥냉면(회냉면)이 있다.

(4) 만둣국 · 떡국

만둣국과 떡국은 겨울음식으로 특히 정월 초하루에 먹는 명절음식이다. 예부터 만두는 북쪽지방에서, 떡국은 남쪽지방에서 즐겨 먹었으며, 근래에는 떡국에 만두를 넣어 끓이는 떡만둣국도 있다.

만두의 종류는 껍질과 소의 재료에 따라 밀만두(밀가루), 메밀만두(메밀가루), 어만두(생선포), 준치만두, 생치만두(꿩만두), 김치만두 등이 있다. 만두모양에 따라서는 껍질의 양귀를 맞붙여 둥글게 빚는 개성만두, 해삼모양의 규아상(미만두), 네모난 만두피에 소를 넣고 사각형으로 만든 편수, 소를 밀가루에 굴려서 만든 굴린만두 등이 있다.

떡국은 멥쌀로 만든 떡가래를 어슷하게 썰지만, 개성지방의 조랭이떡국은 가늘게 빚은 가래떡을 대칼로 누에고치 모양으로 만들어 육수에 넣어 끓인다.

2) 부식류

(1) 국(湯)

국은 국물음식으로, 주식인 밥과 함께 반상차림에 빠지지 않는 기본적인 부식으로 탕(湯)이라 한다. 국의 종류는 소금이나 청장으로 간을 맞춘 맑은장국, 된장이나 고추장으로 간을 맞춘 토장국, 쇠고기의 여러 부위를 푹 고아서 소금으로 간을 맞춘 곰국, 끓여서 차게 식힌 국물에 건더기를 넣어 간을 맞추어 먹는 냉국 등이 있다.

국은 일반적으로 국물의 양에 대해 건더기가 1/3 정도가 알맞으며, 재료는 거의 모든 재료가 다양하게 사용된다. 더운 여름철에는 오이, 미역, 다시마, 우무 등으로 약간 신맛을 내는 차가운 냉국으로 만들어 산뜻하게 입맛을 돋우기도 한다.

(2) 찌개 · 조치

찌개는 국물의 2/3 정도가 건더기로 국보다 국물이 적으며, 간을 맞추는 재료에 따라 된장찌개, 고추장찌개, 맑은 찌개(젓국찌개)로 나눈다. 조치는 궁중에서 찌개를 일컫는 말이고, 감정은 고추장으로 간을 한 국물이 자작한 찌개를 말한다.

된장찌개는 우리나라 사람들이 가장 좋아하는 토속적인 음식이며, 청국장은 겨울철의 별미이다. 고추장찌개는 생선을 주재료로 채소를 많이 넣고 맵게 끓인 매운 찌개(생선매운탕)가 있으며, 맑은 찌개는 소금이나 새우젓으로 간을 맞춘 담백한 맛이 특징이다.

(3) 전골 · 볶음

전골은 여러 가지 재료를 준비하여 색 맞추어 전골틀에 담고 식탁에서 화로 위에 올려 놓고 즉석에서 만들어 먹는 음식이다. 주방에서 간을 맞추어 볶아서 접시에 담아 상에 올리면 볶음이라고 한다. 볶음은 200℃ 이상의 센 불에서 짧은 시간에 볶아야 물이 안 생기고, 영양파괴도 적다.

전골냄비인 벙거짓골은 전립을 뒤집어 놓은 것처럼 생겼고, 가운데 국물이 고이도록 우묵하게 패어 있어 국물을 먹을 수 있고 가장자리에는 여러 가지 재료를 얹어 볶으면서 먹는다. 근래의 전골은 여러 가지 재료에 육수를 넉넉히 부어서 즉석에서 끓이는 찌개 형태로 바뀌었다.

전골은 주재료에 따라 쇠고기전골, 곱창전골, 낙지전골, 버섯전골, 두부전골, 각색전골 등이 있는데 우리 고유음식 가운데 신선로(열구자탕, 悅口子湯)가 대표적인 전골이다.

(4) 찜·선

찜은 육류, 어패류, 채소류를 국물과 함께 끓이거나 증기로 쪄서 익히는 방법이 있다. 끓이는 찜은 쇠갈비, 쇠꼬리, 사태, 돼지갈비 등을 약한 불에 서서히 익혀서 맛이 충분히 우러나도록 한다. 찌는 찜은 생선, 새우, 조개, 죽순, 양배추 등과 같은 어패류, 채소류를 사용한다.

선은 호박, 오이, 가지, 배추 등의 식물성 재료에 다진 쇠고기 등의 부재료를 소로 채워서 장국을 부어 잠깐 끓이거나 찜통에 찐다. 선의 종류는 오이선, 호박선, 어선, 두부선, 화게선 등이 있다.

(5) 조림(炒)

조림은 주로 반상에 오르는 찬품으로 궁중에서는 조림을 조리개라고 하였다. 대체적으로 담백한 맛의 살이 흰 생선은 간장으로 조리고, 붉은 살 생선이나 비린내가 많이 나는 생선류는 고추장(고춧가루)과 생강을 넣어 조린다.

초는 볶음의 일종으로 조림을 달게 만들어 녹말을 풀어 넣고 국물 없이 윤기 있게 조린 음식으로 홍합초, 전복초, 소라초, 해삼초 등이 있다.

(6) 구이(炙)

구이는 가열조리법 가운데 가장 먼저 생긴 것으로 불고기가 대표적인 음식이다. 불고기는 근래에 생겨난 말로 원래는 얇게 저며 양념하여 굽는 너비아니구이와, 담백한 맛의 방자구이(소금구이)라고 하였다.

구이의 종류는 너비아니구이, 갈비구이, 제육구이, 생선구이, 대합구이, 새우구이, 더덕구이 등이 있다.

적은 여러 가지 재료를 양념하여 꼬치에 꿰어 구운 것으로, 익히지 않은 재료를 꼬치

에 꿰어 지지거나 구운 산적과, 재료를 꿰어 전을 부치듯이 옷을 입혀서 지진 누름적이
있다.

구이의 종류는 파산적, 떡산적, 송이산적, 화양적 등이 있으며, 꼬치를 사용하지 않지
만 쇠고기를 다져 양념하고 반대기를 만들어 구운 섭산적과 섭산적을 간장에 조린 장산
적도 있다.

(7) 전 · 지짐

전은 기름을 두르고 지지는 조리법으로 전유어, 저냐 등으로 부르고, 궁중에서는 전유
화(煎油花)라고 하였다. 전의 재료는 육류, 어패류, 채소류 등의 재료를 지지기에 좋은 크
기로 얇게 저며 밀가루와 달걀 푼 것을 입혀서 기름에 지진 음식이다.

지짐은 빈대떡이나 파전처럼 재료들을 밀가루 푼 것에 섞어서 기름에 지져내는 음식이다.

전과 지짐은 불 조절을 잘하여 노릇노릇하게 익히고 초간장을 곁들인다.

(8) 회 · 숙회

회는 육류, 어패류, 채소류를 날로 또는 살짝 데쳐서 초고추장, 겨자장, 소금 등에 찍
어 먹는 음식이다. 조리법에 따라 날로 먹는 생회와 익혀 먹는 숙회가 있다. 생회는 생선
회, 육회, 갑회, 굴회, 해삼 등이 있으며, 숙회는 어채, 미나리강회(파강회), 문어숙회, 오
징어숙회, 두릅회 등이 있다.

(9) 편육 · 족편 · 묵

편육은 고기를 덩어리째 푹 삶은 것이 수육이고, 수육을 눌러 굳힌 다음 얇게 저민 것
이 편육이다. 주로 쇠고기(양지머리, 사태, 우설, 머리)와 돼지고기(삼겹살, 목살, 머리)를 사용
하며 양념장이나 새우젓국을 찍어 먹는다. 특히 돼지고기 편육은 새우젓과 함께 배추김

치에 싸서 먹으면 맛이 잘 어울리는데, 이를 보쌈이라 한다.

족편은 육류의 질긴 부위인 쇠족, 사태, 힘줄, 껍질 등에 물을 부어 오래 끓여서 젤라틴 성분이 녹아 죽처럼 되는데 이것을 네모진 그릇에 부어서 고명(석이, 실고추, 달걀지단)을 넣고 굳힌 다음 얇게 썬 것으로 양념간장을 찍어 먹는다.

묵은 전분을 풀처럼 쑤어 그릇에 부어 응고시킨 것으로, 청포묵(녹두묵), 메밀묵, 도토리묵 등이 있다. 청포묵을 채소와 함께 초장으로 무친 것을 탕평채라고 한다.

(10) 나물

나물은 익혀서 조리한 숙채와 날것으로 조리한 생채가 있으며, 보통 숙채를 이르는 말로 쓰인다.

생채는 재료 본래의 맛을 살리고 영양 손실을 막는 조리법으로 여러 가지 양념과 함께 설탕, 식초를 사용하는 것이 특징이다. 생채의 재료는 주로 채소류이지만 겨자채와 냉채 같이 해초류(해파리, 미역, 파래, 톳)나 오징어, 조개, 새우 등을 데쳐서 넣고 무치기도 한다.

숙채는 거의 모든 채소가 쓰이는데 푸른 채소들은 끓는 물에 데쳐내어 양념하여 무치고, 고사리(고비)와 도라지는 삶아서 양념하여 볶고, 말린 취, 고춧잎, 시래기 등은 불려서 삶은 후에 볶는다.

여러 재료를 사용하여 맛을 낸 구절판, 잡채, 탕평채, 죽순채 등은 조리법으로 나누면 숙채에 해당된다.

(11) 장아찌(장과)

장아찌는 계절에 많이 나는 채소를 간장, 고추장, 된장, 식초 등에 저장한 찬품이다. 오랫동안 저장한 장아찌는 먹기 전에 참기름, 설탕, 깨소금 등으로 조미하여 먹는다. 장류에 넣을 때는 채소를 절이거나 말려 수분을 뺀 후에 넣어야 무르거나 맛이 변하지 않는다. 장아찌 재료는 마늘, 마늘종, 깻잎, 무, 오이, 더덕 등이 있다.

장과는 장류에 담그지 않고 갑자기 만든 갑장과와 익혀서 만든 숙장과가 있다.

(12) 튀각, 부각, 포

튀각은 다시마, 미역, 호두 등을 기름에 튀긴 것이고 부각은 재료에 풀칠을 하여 바싹 말렸다가 튀겨서 먹는 밑반찬이다. 부각의 재료로는 감자, 고추, 깻잎, 김, 가죽나무순 등을 많이 이용한다.

포는 쇠고기, 생선, 어패류의 연한 살을 얇게 저미거나 다져서 혹은 통째로 말리는 것을 말한다. 간은 간장이나 소금으로 하며, 말려서 마른 찬이나 술안주로 사용한다. 포의 종류는 육포, 대추포, 편포, 민어포, 대구포, 상어포, 오징어포 등이 있다.

(13) 젓갈, 식해

젓갈은 어패류를 소금에 절여서 숙성시킨 저장식품이다. 젓갈류 중 새우젓, 멸치젓 등은 주로 김치의 부재료로 쓰이고 명란젓, 오징어젓, 창란젓, 어리굴젓, 조개젓 등은 찬품으로 이용된다.

식해는 어패류에 엿기름가루나 밥을 섞어서 삭힌 것으로, 함경도지방의 가자미식해는 메조로 밥을 지어 식혀서 소금과 고춧가루 양념에 섞어 삭힌 것으로 유명하다.

(14) 김치

김치는 무, 배추 등의 채소류를 절여서 고추 파, 마늘, 생강 갓, 미나리 등의 부재료 및 젓갈을 넣고 버무려 발효시킨 음식으로 찬품 중에 가장 기본이 된다. 발효하는 동안에 유산균이 생겨서 독특한 산미와 고추의 매운맛이 식욕을 돋우고 소화작용도 돕는다. 또한 식물성과 동물성 식품이 조화된 음식으로 재료 및 지방에 따라 다양하게 발달된 대표적인 한국음식이다.

❹ 조리의 준비

1) 식품의 계량

식품계량의 목적은 식품의 재료와 조미료를 적정량 사용하여 낭비를 막고 온도 및 조리시간을 알맞게 하여 재현성을 살리는 데 있다.

식품을 혼합하기 위해서는 계량법을 올바르게 이해하고 적절한 계량기를 사용하여 정확한 양을 측정하여야 한다. 고체로 된 것은 중량으로 하고, 분상이나 액상으로 된 것은 부피를 측정하는 것이 올바른 계량측정이다. 중량은 저울을 사용하고, 부피는 계량컵과 계량스푼을 사용하여 측정한다.

(1) 계량기구

① 저울

중량을 측정하며 g, kg이 기본단위이다. 저울을 사용할 때는 평평한 곳에 수평으로 놓고 바늘은 '0'에 고정되어 있어야 한다.

② 계량컵

부피를 측정하며 우리나라는 1컵이 200㎖(1컵)가 기본단위이나, 외국의 경우 240㎖(1컵)가 기본단위이다. 1C, ½C, ⅓C, ¼C 등으로 표시한다.

③ 계량스푼

부피를 측정하며 큰술(Ts; Table spoon), 작은술(ts; tea spoon)이 기본단위로 1Ts, ½Ts, ⅓Ts, 1ts, ½ts, ¼ts 등으로 표시한다.

④ 온도계

음식의 온도와 기름의 온도를 측정한다. 주방용 온도계는 비접촉식으로 표면 온도를 잴 수 있는 적외선 온도계를 사용하며, 기름이나 당액 같은 액체의 온도를 잴 때에는 200~300℃의 봉상 액체 온도계, 육류는 탐침하여 육류의 내부 온도를 측정할 수 있는 육류용 온도계를 사용한다.

⑤ 비중계

염도를 측정할 때 사용한다. 비중을 측정하기 위한 기구의 총칭으로 보통은 액체의 비중을 간편히 측정할 수 있는 액체비중계(hydrometer)를 가리킨다. 이 밖에 비교적 소량으로 액체시료의 비중을 정밀하게 측정할 수 있는 유리제의 용기도 있는데, 이것은 비중병(pycnometer)이라고 한다.

⑥ 조리용 시계

조리시간을 측정할 때 사용하는 기구로 스톱위치(stop watch)나 타이머(timer)를 사용한다.

(2) 계량법
① 가루상태의 식품

가루상태의 식품은 덩어리가 없는 상태에서 누르지 말고 넉넉히 담아 편편한 것으로 고르게 밀어 표면이 평면이 되도록 깎아서 계량한다.

② 액체식품

기름·간장·물·식초 등의 액체식품은 투명한 용기를 사용하며 표면장력이 있으므로 계량컵이나 계량스푼에 가득 채워서 계량하거나 정확성을 기하기 위해 계량컵의 눈금과 액체의 메니스커스(meniscus)의 밑선이 동일하게 맞도록 읽어야 한다.

③ 다지거나 덩어리진 식품

된장이나 다진 고기 등의 식품은 계량컵이나 계량스푼에 빈 공간이 없도록 채워서 표면을 평면이 되도록 깎아서 계량한다.

④ 농도가 있는 양념

고추장, 버터나 마가린 등의 농도가 있는 식품은 계량컵이나 계량스푼에 꾹꾹 눌러 담아 편편한 것으로 고르게 밀어 표면이 평면이 되도록 깎아서 계량한다.

⑤ 알갱이상태의 식품

쌀·팥·통후추·깨 등 알갱이상태의 식품은 계량컵이나 계량스푼에 가득 담아 살짝 흔들어서 표면을 평면이 되도록 깎아서 계량한다.

(3) 계량단위

① 부피

- 1컵(Cup) = 1C = 200cc = 약 13Ts
- 1큰술(Table spoon) = 1Ts = 15cc = 3ts
- 1작은술(tea spoon) = 1ts = 5cc = 1/3Ts

② 중량

- 1근 = 600g(고추, 설탕, 육류), 375g(채소, 밀가루, 과일)
- 1Lb(파운드) = 454g = 16oz(온스)
- 1gallon(갤런) = 4Quart(쿼터)
- 1되 = 1.8 l = 1.8kg(물)
- 1관 = 3.75kg

(4) 식품의 중량표

조미료 (단위 : g)

분류	식품명	1작은술(5cc)	1큰술(15cc)	1컵(200cc)	식품명	1작은술(5cc)	1큰술(15cc)	1컵(200cc)
	물	5	15	200	다진 마늘	3	9	120
	간장	6	18	240	다진 파	3	9	120
	식초	5	15	200	다진 생강	3	9	120
	술	5	15	200	깐 마늘	–	–	110
	소금(호렴)	4.5	13	160	깐 생강	–	–	115
	소금(재제염)	4	12	167	화학조미료	3.5	10.5	140
양	설탕	4	12	160	고춧가루	2	6	80
념	꿀 · 물엿 · 조청	6	18	292	계핏가루	2	6	80
류	식물성유	3.5	11	180	겨잣가루	3	6	80
	참기름	3.5	12.8	190	후춧가루	3	9	120
	고추장	5.7	17.2	260	통깨	3	7	90
	된장	6	18	280	깨소금	3	8	120
	새우젓	6	18	240	밀가루	3	8	105
	멸치육젓	6	18	240	녹말가루	3	7.2	110

육류 및 어패류 (단위 : g)

분류	식품명	계량	중량(g)	식품명	계량	중량(g)	식품명	계량	중량(g)
	다진 쇠고기	1컵	200	민 어	1마리	2,300	중 하	1마리	30
	다진 돼지고기	1컵	200	농 어	1마리	2,000	대 하	1마리	100
	다진 닭고기	1컵	200	조 기	1마리	400	홍합살	1컵	200
육	꿩	1마리	1,000	도 미	1마리	1,000	새우살	1컵	120
류	닭	1마리	1,200	넙 치	1마리	1,100	조갯살	1컵	200
·	오징어	1마리	500	준 치	1마리	700	굴	1컵	200
어	낙 지	1마리	140	갈 치	1마리	450	마른오징어	1마리	100
패	갑오징어	1마리	500	고등어	1마리	600	북 어	1마리	150
류	해 삼	1마리	100	동 태	1마리	500	암 치	1장	700
	멍 게	1개	20	전갱이	1마리	300	뱅어포	1장	20
	꽃 게	1마리	300	정어리	1마리	150	마른멸치	1컵	50

곡류 및 채소류 (단위 : g)

분류	식품명	계량	중량(g)	식품명	계량	중량(g)	식품명	계량	중량(g)
곡류	백 미	1 컵	160	밀	1컵	160	옥수수	1컵	155
	현 미	1 컵	160	대 두	1컵	160	차 조	1컵	160
	찹 쌀	1 컵	160	녹 두	1컵	170	메 조	1컵	165
	보리쌀	1 컵	180	팥	1컵	165	기장쌀	1컵	160
	압 맥	1 컵	110	강낭콩	1컵	160	수 수	1컵	180
	참 깨	1 컵	120	들 깨	1컵	110	흑임자	1컵	110
가루	밀가루(강력분)	1 컵	105	생 콩가루	1컵	98	잣가루	1컵	90
	밀가루(중력분)	1 컵	105	볶은 콩가루	1컵	85	도토리녹말	1컵	130
	밀가루(박력분)	1 컵	100	팥가루	1컵	125	칡녹말	1컵	140
	수수가루	1 컵	90	메줏가루	1컵	80	거피팥고물	1컵	114
	쌀가루	1 컵	100	엿기름가루	1컵	115	볶은 팥고물	1컵	108
건과류	구기자	1 컵	70	깐 행인	1컵	120	결명자	1컵	140
	오미자	1 컵	40	깐밤	1컵	160	깐 호두	1컵	80
	말린 모과	1 컵	60	곶 감	1개	45	깐 은행	1컵	160
	잣	1 컵	140	대 추	1컵	70	건포도	1컵	120
채소류	배 추	1개	1,300	오 이	1개	150	마 늘	1통	30
	무	1개	700	호 박	1개	300	생 강	1쪽	20
	감 자	1개	140	양 파	1개	160	굵은 파	1뿌리	40
	고구마	1개	250	풋고추	1개	10	실 파	1뿌리	20
	연 근	1개	170	가 지	1개	100	붉은 고추	1개	20
	토 란	1개	45	쑥 갓	1단	230	부 추	1단	160
	우 엉	1개	400	시금치	1단	250	미나리	1단	180
	당 근	1개	100	상 추	1뿌리	200	달 래	1단	80
	양배추	1개	800	두 릅	10개	120	도라지	5뿌리	100
	양상추	1개	400	더 덕	5개	120	고사리	1컵	200
	토마토	1개	150	생 표고버섯	5개	85	고 비	1컵	200
	삶은 죽순	1개	200	느타리버섯	5개	85	늙은 호박	1개	3000
	숙주나물	1개	300	양송이	1봉	200	콩나물	1봉	300

과실류 및 기타

분류	식품명	계량	중량(g)	식품명	계량	중량(g)	식품명	계량	중량(g)
과실류	사과	1개	200	참외	1개	600	레몬	1개	150
	배	1개	220	복숭아	1개	140	딸기	1개	20
	감	1개	150	자두	1개	40	앵두	1컵	150
	귤	1개	100	포도	1송이	200	모과	1개	500
	유자	1개	110	수박	1개	2,000	키위	1개	100
기타	달걀	1개	55	생크림	1컵	180	우유	1컵	200
	메추리알	1개	15	연유	1통	250	요구르트	1컵	200
	두부	1모	250	분유	1큰술	14	슬라이스치즈	1장	20
	김	5장	5	불린 미역	1컵	150	다시마(20cm)	1장	20

2) 칼의 사용법과 손질

(1) 칼의 사용법

① 오른손잡이는 자루를 손바닥으로 싸듯이 잡는다. 되도록 칼날의 연결부분을 꼭 잡는다.

② 인지를 펴서 칼등에 대도 상관없다.

③ 왼손은 손가락을 꺾어 제1관절을 칼의 옆부분에 닿도록 한다. 왼손이 조금씩 비껴가는 데에 따라서 써는 재료의 두께가 조절된다.

④ 손가락을 펴거나 엄지손가락으로 누르는 것은 대단히 위험하고 써는 방법도 일정하지 않다.

(2) 칼 사용 시 올바른 자세

① 몸의 오른쪽을 조금 뒤쪽으로 하여 약간 어슷하게 썰고 다리는 자연스럽게 벌리고 선다.

② 몸은 도마에서 주먹 하나 정도의 간격을 둔다.

③ 몸이 도마에 똑바르게 서면 칼이 도마에 사선이 되어 도마의 넓이 전부를 유효하게 쓸 수가 없다.

(3) 칼 갈기와 손질

강철로 만든 칼뿐만 아니라 스테인리스로 만든 칼도 갈면 잘 든다. 숫돌은 중간 정도의 거친 것이 쓰기에 편리하다. 숫돌은 쓰기 전에 5분 정도 물에 담가 충분히 물을 흡수시킨 다음 아래에 젖은 행주를 깔고 숫돌을 안정되게 놓는다.

① 숫돌과 칼의 눕힌 각도는 동전 두 개 정도를 겹쳐서 빈 정도 가려진 각도로 숫돌에 45°가 되도록 놓는다.

② 숫돌의 왼쪽 끝에 칼날이 앞쪽으로 오도록 놓고 가운데의 세 손가락 끝을 가볍게 대고 전후로 약 20~30회씩 움직인다. 밀 때는 힘을 주고 당길 때는 가볍게 힘을 뺀다. 칼날의 위치에 손가락을 차례로 조금씩 밀면서 마찬가지 요령으로 칼의 손잡이 쪽의 끝까지 똑같은 각도로 간다.

③ 뒤집어서 칼의 앞 끝을 숫돌의 왼쪽 위에 놓고 전후로 약 10~15회씩 움직인다. 이 때는 당길 때 힘을 주고 밀 때 힘을 빼야 칼날이 꺾이지 않는다.

④ 칼의 손잡이 가까이까지 갈았으면 칼을 숫돌에 수직이 되게 놓고 간다. 나무에 칼날을 12 번 끌어당겨서 칼날을 잡아주고 앞, 뒤를 크게 한 번씩 사선으로 갈면 된다.

⑤ 하루 일이 끝나면 연마제가 들어 있는 클린저를 묻힌 스펀지로 문질러서 더운물을 부어 씻어낸다. 그리고 반드시 마른 행주로 수분을 닦아내고 건조시킨다. 철로 만든 칼은 잠시만 젖은 채로 두어도 바로 녹이 난다. 칼에 녹이 슬면 클린저를 뿌리고 코르크 마개 등의 단단한 것으로 문지르면 벗겨진다.

(4) 도마

도마는 생선과 육류용, 채소용, 과일용 등의 3가지 정도가 필요하며 가열해서 먹는 재료와 날것으로 먹는 재료에 따라 사용면을 구별하여 쓰는 것이 좋다. 도마의 종류에는 나무와 플라스틱, 강화유리 등이 있는데 나무도마는 적당한 굳기와 탄력성이 있어서 칼날이 부드럽게 닿는 것이 좋으며, 사용한 후에는 깨끗이 씻어 건조시켜 사용하도록 한다. 플라스틱 도마의 경우 나무도마에 비해 칼날이 미끄러지기 쉽지만 도마의 상처가 깊게 생기지 않고 냄새가 배지 않아 위생적이다. 강화유리는 위생적이기는 하나 칼이 잘 상하기 때문에 간단한 과일용으로 이용하는 데 적합하다.

3) 썰기

(1) 썰기의 기본동작

썰고자 하는 식품의 종류 및 용도에 따라서 칼의 사용부분과 동작의 방향이 정해진다. 칼은 칼날의 끝과 중앙, 칼등 부분 등으로 나누어 사용한다.

① 밀어썰기(1)

무 · 양배추 · 오이 등을 채 썰 때 사용하는 방법이다. 오른쪽 검지를 칼등에 대고 칼을 끝쪽으로 미는 듯하게 가볍게 움직이면 곱게 썰어진다. 위에서 아래로 내리누르듯이 힘을 주면 채소의 섬유가 파괴되고 썰어진 단면이 거칠어진다.

② 밀어썰기(2)

큼직한 호박(단단한 것)이나 무 등을 토막낼 때의 방법이다. 칼을 안쪽에서 끝쪽으로 밀어 넣는 듯한 기분으로 재료에 넣고 왼손으로 칼끝 쪽을 누른 채 이쪽저쪽으로 번갈아 힘을 주면서 쪼개듯이 썬다.

③ 밀어썰기(3)

순대나 샌드위치, 김밥 등 말랑말랑하고 속에 무엇이 들어 있는 재료를 썰 때 무조건 힘을 주어 눌러 썰면 속재료가 빠져나와 지저분해진다. 우선 칼끝을 재료의 앞쪽에 밀듯이 가볍게 넣고 미끄러지듯 단번에 썬다.

④ 잡아당겨썰기

칼의 안쪽은 들어올리고 칼끝을 재료에 비스듬히 댄 채 잡아당기듯 하며 써는 것이다. 오징어를 채 썰 때 이 방법을 사용한다. 재료는 썰어진 채로 그대로 있으므로 그 밑으로 칼을 뉘어서 넣고 살짝 들어서 그릇으로 옮겨 담으면 된다.

⑤ 눌러썰기

다져 써는 방법의 하나로, 왼손으로 칼끝을 가볍게 누르고 오른손을 상하좌우로 움직여 누르듯 하면서 써는 것이다. 그냥 다지는 것보다 재료가 흩어질 염려가 적으며 흩어진 것은 다시 모아 같은 동작을 반복하면 곱게 다져진다.

⑥ 저며썰기

재료의 왼쪽 끝에 왼손을 얹고 오른손으로는 칼을 뉘어서 재료에 넣은 다음 안쪽으로 잡아당기는 듯한 동작으로 얇게 써는 것이다.

(2) 기본 썰기

기본 썰기의 근본 목적은 식품의 맛을 살리면서 조리하기 쉽게, 먹기 쉽고 소화하기 쉽게 하는 것이다. 칼날의 여러 부위를 적절하게 이용하여 일정한 두께로, 일정한 폭으로, 가지런한 모양으로 자른다.

① 통썰기

모양이 둥근 오이 · 당근 · 연근을 통째로 써는 방법, 두께는 재료와 요리에 따라 다르게 조절하며 보통 조림 · 국 · 절임 등에 이용한다.

② 반달썰기

무, 고구마, 감자 등 통으로 썰기에 너무 큰 재료들은 길이로 반을 가른 후 썰어 반달 모양이 되게 한다. 주로 찜요리에 쓰인다.

③ 은행잎썰기

재료를 길게 십자로 4등분한 다음 고르게 은행잎 모양으로 썬 것. 감자 · 무 · 당근 등을 조림이나 찌개에 이용할 때 주로 쓰인다.

④ 어슷썰기

오이, 당근, 파 등 가늘고 길쭉한 재료를 적당한 두께로 어슷하게 써는 방법. 썰어진 단면이 넓어 맛이 배기 쉬우므로 조림에 좋다.

⑤ 골패썰기, 나박썰기

둥근 재료를 토막 낸 다음 네모지게 가장자리를 잘라내고 직사각형으로 얇게 썬 것. 사각형으로 얇게 썰면 나박썰기가 된다.

⑥ 깍둑썰기

무, 감자, 두부 등을 막대썰기한 다음 다시 주사위처럼 썬 것. 깍두기, 조림, 찌개 등에 흔히 이용하는 썰기방법이다.

⑦ 채썰기

얄팍썰기한 것을 비스듬히 포개어 놓고 손으로 가볍게 누르면서 가늘게 썬 것. 보통 생채나 생선회에 곁들이는 채소를 썰 때 쓰인다.

⑧ 다져썰기

채 썬 것을 가지런히 모아서 잡은 다음 직각으로 잘게 써는 방법이다. 파·마늘·생강·양파 등 양념을 만드는 데 주로 쓰인다.

⑨ 막대썰기

재료를 원하는 길이로 토막 낸 다음 알맞은 굵기의 막대모양으로 써는 방법이다. 무·오이장과나 적에는 이처럼 썬다.

⑩ 마구썰기

오이나 당근 등 가늘면서 길이가 있는 재료를 한 손으로 빙빙 돌려가며 한입 크기로 각이 지게 써는 방법. 단단한 채소의 조림에 쓰인다.

⑪ 깎아썰기

우엉 등의 재료를 돌려가며 연필 깎듯이 칼날의 끝부분으로 얇게 써는 방법. 무 등 굵은 것은 칼집을 여러 번 넣은 다음 썬다.

⑫ 솔방울썰기

오징어를 볶거나 데쳐서 회로 낼 때 큼직하게 모양내어 써는 방법이다. 반드시 오징어 안쪽에 사선으로 길십을 넣고 다시 엇갈려 비스듬히 칼집을 넣은 디음 끓는 물에 넣어 살짝 데쳐서 모양을 낸다.

⑤ 조리자격관련 수험안내

(1) 조리기능사 응시절차

① 조리기능사는 응시자격의 제한이 없으며, 필기시험(객관식 60문항 중 60% 이상 득점)에 합격한 후 실기시험(100점 만점에 60점 이상)에 응시하여야 한다.

② 접수방법 : 국가자격시험 포털 Q-Net(http://www.q-net.or.kr)에 인터넷 접수만 가능

③ 접수기간 : 원서접수 첫날 09:00부터 원서접수 마지막 날 18:00까지

(2) 필기시험 원서접수

① 접수기간 내에 국가자격시험 포털 Q-Net(http://www.q-net.or.kr)을 이용 원서접수

② 비회원의 경우 우선 회원 가입(필히 사진등록)

③ 지역에 상관없이 원하는 시험장 선택 가능

④ 수험사항 통보

⑤ 수험일시와 장소는 접수 즉시 통보됨

⑥ 본인이 신청한 수험장소와 종목이 수험표의 기재사항과 일치하는지의 여부 확인

⑦ 필기시험 시험일 유의사항

⑧ 입실시간 미준수 시 시험응시 불가

⑨ 수험표, 신분증, 필기구(흑색 사인펜 등) 지참

⑩ 합격자 발표

⑪ 인터넷, ARS, 접수지사에 게시 공고

(3) 실기시험 원서접수 방법

① 접수기간 내에 국가자격시험 포털 Q-Net(http://www.q-net.or.kr)을 이용 원서접수

② 비회원의 경우 우선 회원 가입(필히 사진등록)

③ 필기시험 합격(예정)자 응시자격 서류 제출 및 심사
- 대상 : 응시자격이 제한된 종목(기술사, 기능장, 기사, 산업기사, 전문사무 일부 종목)
- 필기시험 접수지역과 관계없이 산업공단 지역본부 및 지사에 응시자격서류 제출
- 기술자격취득자(필기시험일 이전 취득자) 중 동일직무분야의 동일등급 또는 하위등급의 종목에 응시할 경우 응시자격서류를 제출할 필요가 없음
- 응시자격서류를 제출하여 합격처리된 사람에 한하여 실기시험접수가 가능함
④ 실기시험 시험일지 및 장소 안내
- 접수 시 수험자 본인 선택
- 먼저 접수하는 수험자가 시험일자 및 시험장 선택의 폭이 넓음

(4) 실기시험의 진행방법

① 수검자는 자신의 수검번호와 시험 날짜 및 시간, 장소를 정확히 확인하여 지정된 시간 30분 전에 시험장에 도착하여 수검자 대기실에서 조용히 기다리도록 한다.
② 출석을 확인한 후 등번호를 배정받고 감독위원의 지시에 따라 시험장에 입실한다.
③ 배정받은 등번호의 지정된 조리대에 준비되어 있는 조리기구와 수검자 준비물을 정리 정돈하고, 차분한 마음으로 시험을 준비한다.
④ 지급재료 목록표와 재료를 지급받으면 차이가 없는지 확인하여 차이가 있으면 시험위원에게 알려 시험이 시작되기 전에 조치를 받도록 한다.
⑤ 수검자 요구사항을 충분히 숙지하여 정해진 시간 내에 지정된 조리작품을 만들어 내도록 한다.

(5) 실기시험장에서의 주의사항

① 만드는 순서에 유의하며, 위생과 숙련된 기능평가를 위하여 조리작업 시 맛을 보지 않습니다.
② 지정된 수험자 지참준비물 이외의 조리기구나 재료를 시험장 내에 지참할 수 없습니다.

③ 지급재료는 시험 전 확인하여 이상이 있을 경우 시험위원으로부터 조치를 받고 시험 중에는 재료의 교환 및 추가지급은 하지 않습니다.

④ 요구사항의 규격은 "정도"의 의미를 포함하며, 지급된 재료의 크기에 따라 가감하여 채점합니다.

⑤ 위생복, 위생모, 앞치마, 마스크를 착용하여야 하며, 시험장비 · 조리도구 취급 등 안전에 유의합니다.

⑥ 다음 사항은 실격에 해당하여 채점 대상에서 제외됩니다.

가) 수험자 본인이 시험 도중 시험에 대한 포기 의사를 표현하는 경우

나) 위생복, 위생모, 앞치마, 마스크를 착용하지 않은 경우

다) 시험시간 내에 과제 두 가지를 제출하지 못한 경우

라) 문제의 요구사항대로 과제의 수량이 만들어지지 않은 경우

마) 구이를 조림 등으로 조리하여 완성품을 요구사항과 다르게 만든 경우

바) 불을 사용하여 만든 조리작품이 작품특성에 벗어나는 정도로 타거나 익지 않은 경우

사) 해당 과제의 지급재료 이외 재료를 사용하거나 석쇠 등 요구사항의 조리기구를 사용하지 않은 경우

아) 지정된 수험자 지참준비물 이외의 조리기구를 조리에 사용한 경우

자) 가스레인지 화구 2개 이상(2개 포함) 사용한 경우

차) 시험 중 시설 · 장비(칼, 가스레인지 등) 사용 시 시험위원 및 타 수험자의 시험 진행에 위해를 일으킬 것으로 시험위원 전원이 합의하여 판단한 경우

카) 요구사항에 표시된 실격 및 부정행위에 해당하는 경우

⑦ 항목별 배점은 위생상태 및 안전관리 5점, 조리기술 30점, 작품의 평가 15점입니다.

⑧ 시험시작 전 가벼운 몸 풀기(스트레칭) 동작으로 긴장을 풀고 시험을 시작합니다.

(6) 기타 주의사항

① 정시, 상시의 교차수검이 가능하여 응시기회가 많으므로 미리 수검계획을 세운다.

② 수검계획에 따라 필기시험을 본 후, 실기시험을 준비하면서 필기시험에 합격하면

실기시험을 접수한다.

③ 시험장에서 모자(머리수건)는 필수이며, 위생복과 앞치마를 깨끗하고 단정하게 착용하고 입실하여야 한다.

④ 시험장에서는 매니큐어를 지우고, 특히 반지나 팔찌 등의 장신구는 하지 않아야 한다.

⑤ 2가지 과제의 재료를 분류하고, 동일한 재료가 서로 다른 용도로 사용되는지 잘 구분한다.

⑥ 조리 중에 맛을 보면 감점하므로 맛보지 않고 간을 맞출 수 있도록 연습한다.

⑦ 초간장, 초고추장 등의 곁들여 내는 음식을 진행요원이 생략할 경우 만들지 않아도 된다.

(7) 한식 실기시험 준비물

재료명	규격	수량 및 단위	재료명	규격	수량 및 단위	비고
가위	–	1EA	냄비	–	1EA	시험장에도 준비되어 있음
강판	–	1EA	도마	흰색 또는 나무도마	1EA	
계량스푼	–	1EA	비닐백	위생백, 비닐봉지 등 유사품 포함	1장	
계량컵	–	1EA	상비의약품	손가락골무, 밴드 등	1EA	
국대접	–	1EA	석쇠	–	1EA	
국자	–	1EA	앞치마	흰색(남녀공용)	1EA	
뒤집개	–	1EA	위생모	흰색	1EA	*위생복장(위생복 · 위생모 · 앞치마 · 마스크)을 착용하지 않을 경우 채점대상에서 제외(실격)됩니다*
랩	–	1EA	위생복	상의-흰색/긴소매, 하의-긴바지(색상 무관)	1벌	
면포/행주	흰색	1장	마스크	–	1EA	
밀대	–	1EA	위생타월	키친타월, 휴지 등 유사품 포함	1장	
밥공기	–	1EA	쇠조리(혹은 체)	–	1EA	
볼(bowl)	–	1EA	주걱	–	1EA	
종지	–	1EA	집게	–	1EA	
숟가락	차스푼 등 유사품 포함	1EA	칼	조리용 칼, 칼집 포함	1EA	
이쑤시개	산적꼬치 등 유사품 포함	1EA	호일	–	1EA	

재료명	규격	수량 및 단위	재료명	규격	수량 및 단위	비고
젓가락	–	1EA	프라이팬	–	1EA	시험장에도 준비되어 있음
종이컵	–	1EA	접시	양념접시 등 유사품 포함	1EA	

※ 지참준비물의 수량은 최소 필요수량으로 수험자가 필요시 추가지참 가능합니다.

※ 지참준비물은 일반적인 조리용을 의미하며, 기관명, 이름 등 표시가 없는 것이어야 합니다.

※ 지참준비물 중 수험자 개인에 따라 과제를 조리하는 데 불필요하다고 판단되는 조리기구는 지참하지 않아도 됩니다.

※ 지참준비물 목록에는 없으나 조리에 직접 사용되지 않는 조리 주방용품(예, 수저통 등)은 지참 가능합니다.

※ 수험자 지참준비물 이외의 조리기구를 사용한 경우 채점대상에서 제외(실격)됩니다.

※ 위생상태 세부기준은 큐넷 – 자료실 – 공개문제에 공지된 "위생상태 및 안전관리 세부기준"을 참조하시기 바랍니다.

(8) 실기시험 채점 기준표

항목	세부항목	내용	최대배점	비고
위생상태 및 안전관리	개인위생	위생복 착용, 두발, 손톱상태	3	공통배점 총 10점
	조리위생	재료와 조리기구의 취급	4	
	뒷정리	조리대의 청소상태	3	
조리기술	재료손질	재료다듬기 및 씻기	3	작품별 45점 총 90점
	조리조작	썰기와 조리하기	27	
작품평가	작품의 맛	간 맞추기	6	
	작품의 색	색의 유지 정도	5	
	담기	그릇과 작품의 조화	4	

한국음식의
기초조리
실습

재료 썰기

시험시간
25분

🧂 요구사항

※ 주어진 재료를 사용하여 재료 썰기를 하시오.

❶ 무, 오이, 당근, 달걀지단을 썰기 하여 전량 제출하시오.(단, 재료별 써는 방법이 틀렸을 경우 실격 처리)

❷ 무는 채썰기, 오이는 돌려깎기하여 채썰기, 당근은 골패썰기를 하시오.

❸ 달걀은 흰자와 노른자를 분리하여 알끈과 거품을 제거하고 지단을 부쳐 완자(마름모꼴)모양으로 각 10개를 썰고, 나머지는 채썰기를 하시오.

❹ 재료 썰기의 크기는 다음과 같이 하시오.

- 채썰기 - 0.2×0.2×5cm
- 골패썰기 - 0.2×1.5×5cm
- 마름모형 썰기 - 한 면의 길이가 1.5cm

MEMO
....

⏱ 유의사항

❶ 만드는 순서에 유의하며, 위생과 숙련된 기능평가를 위하여 조리작업 시 맛을 보지 않습니다.

❷ 지정된 수험자 지참준비물 이외의 조리기구나 재료를 시험장 내에 지참할 수 없습니다.

❸ 지급재료는 시험 전 확인하여 이상이 있을 경우 시험위원으로부터 조치를 받고 시험 중에는 재료의 교환 및 추가지급은 하지 않습니다.

❹ 요구사항의 규격은 "정도"의 의미를 포함하며, 지급된 재료의 크기에 따라 가감하여 채점합니다.

❺ 위생복, 위생모, 앞치마, 마스크를 착용하여야 하며, 시험장비ㆍ조리도구 취급 등 안전에 유의합니다.

❻ 다음 사항은 실격에 해당하여 **채점 대상에서 제외**됩니다.
  가) 수험자 본인이 시험 도중 시험에 대한 포기 의사를 표현하는 경우
  나) 위생복, 위생모, 앞치마, 마스크를 착용하지 않은 경우
  다) 시험시간 내에 과제 두 가지를 제출하지 못한 경우
  라) 문제의 요구사항대로 과제의 수량이 만들어지지 않은 경우
  마) 구이를 조림 등으로 조리하여 완성품을 요구사항과 다르게 만든 경우
  바) 불을 사용하여 만든 조리작품이 작품특성에 벗어나는 정도로 타거나 익지 않은 경우
  사) 해당 과제의 지급재료 이외 재료를 사용하거나 석쇠 등 요구사항의 조리기구를 사용하지 않은 경우
  아) 지정된 수험자 지참준비물 이외의 조리기구를 조리에 사용한 경우
  자) 가스레인지 화구 2개 이상(2개 포함) 사용한 경우
  차) 시험 중 시설ㆍ장비(칼, 가스레인지 등) 사용 시 시험위원 및 타 수험자의 시험 진행에 위해를 일으킬 것으로 시험위원 전원이 합의하여 판단한 경우
  카) 요구사항에 표시된 실격 및 부정행위에 해당하는 경우

❼ 항목별 배점은 위생상태 및 안전관리 5점, 조리기술 30점, 작품의 평가 15점입니다.

❽ 시험시작 전 가벼운 몸 풀기(스트레칭) 동작으로 긴장을 풀고 시험을 시작합니다.

🍴 지급재료

무 100g, 오이(길이 25cm) 1/2개, 당근(길이 6cm) 1토막,
달걀 3개, 식용유 20㎖, 소금 10g

♨ 만드는 법

① 무는 껍질을 제거하고 0.2cm×0.2cm×5cm로 채 썰고 오이는 돌려깎기 해서 0.2cm×0.2cm×5cm로 채 썬다.

② 당근은 0.2cm×1.5cm×5cm로 골패썰기 한다.

③ 달걀은 황,백지단을 부쳐 한면의 길이가 1.5cm인 마름모꼴로 10개 썰고 나머지는 채 썬다.

 조리 포인트

- 달걀지단 고유의 색을 유지하도록 불 조절에 유의한다.
- 요구사항을 유념하여 각 재료의 특징에 맞게 썬다.
- 재료의 전량을 썰어 제출하시오.

비빔밥

밥·죽류

요구사항

※ 주어진 재료를 사용하여 비빔밥을 만드시오.

❶ 채소, 소고기, 황·백지단의 크기는 0.3×0.3×5cm로 써시오.

❷ 호박은 돌려깎기하여 0.3×0.3×5cm로 써시오.

❸ 청포묵의 크기는 0.5×0.5×5cm로 써시오.

❹ 소고기는 고추장 볶음과 고명에 사용하시오.

❺ 담은 밥 위에 준비된 재료들을 색 맞추어 돌려 담으시오.

❻ 볶은 고추장은 완성된 밥 위에 얹어 내시오.

MEMO
....

유의사항

❶ 만드는 순서에 유의하며, 위생과 숙련된 기능평가를 위하여 조리작업 시 맛을 보지 않습니다.

❷ 지정된 수험자 지참준비물 이외의 조리기구나 재료를 시험장 내에 지참할 수 없습니다.

❸ 지급재료는 시험 전 확인하여 이상이 있을 경우 시험위원으로부터 조치를 받고 시험 중에는 재료의 교환 및 추가지급은 하지 않습니다.

❹ 요구사항의 규격은 "정도"의 의미를 포함하며, 지급된 재료의 크기에 따라 가감하여 채점합니다.

❺ 위생복, 위생모, 앞치마, 마스크를 착용하여야 하며, 시험장비·조리도구 취급 등 안전에 유의합니다.

❻ 다음 사항은 실격에 해당하여 **채점 대상에서 제외**됩니다.

가) 수험자 본인이 시험 도중 시험에 대한 포기 의사를 표현하는 경우

나) 위생복, 위생모, 앞치마, 마스크를 착용하지 않은 경우

다) 시험시간 내에 과제 두 가지를 제출하지 못한 경우

라) 문제의 요구사항대로 과제의 수량이 만들어지지 않은 경우

마) 구이를 조림 등으로 조리하여 완성품을 요구사항과 다르게 만든 경우

바) 불을 사용하여 만든 조리작품이 작품특성에 벗어나는 정도로 타거나 익지 않은 경우

사) 해당 과제의 지급재료 이외 재료를 사용하거나 석쇠 등 요구사항의 조리기구를 사용하지 않은 경우

아) 지정된 수험자 지참준비물 이외의 조리기구를 조리에 사용한 경우

자) 가스레인지 화구 2개 이상(2개 포함) 사용한 경우

차) 시험 중 시설·장비(칼, 가스레인지 등) 사용 시 시험위원 및 타 수험자의 시험 진행에 위해를 일으킬 것으로 시험위원 전원이 합의하여 판단한 경우

카) 요구사항에 표시된 실격 및 부정행위에 해당하는 경우

❼ 항목별 배점은 위생상태 및 안전관리 5점, 조리기술 30점, 작품의 평가 15점입니다.

❽ 시험시작 전 가벼운 몸 풀기(스트레칭) 동작으로 긴장을 풀고 시험을 시작합니다.

🍴 지급재료

쌀(30분 정도 물에 불린 쌀) 150g, 애호박[중(길이 6cm)] 60g, 도라지(찢은 것) 20g, 고사리(불린 것) 30g, 소고기(살코기) 30g, 청포묵[중(길이 6cm)] 40g, 건다시마(5×5cm) 1장, 달걀 1개, 고추장 40g, 대파[흰 부분(4cm)] 1토막, 식용유 30㎖, 마늘[중(깐 것)] 2쪽, 진간장 15㎖, 백설탕 15g, 깨소금 5g, 검은 후춧가루 1g, 참기름 5㎖, 소금(정제염) 10g

🍲 만드는 법

① 불린 쌀로 밥을 고슬고슬하게 지어 놓는다.

② 파, 마늘은 곱게 다진다.

③ 애호박은 0.3×0.3×5cm로 채 썰고 소금에 살짝 절였다가 물기를 짠다.

④ 도라지는 0.3×0.3×5cm로 채 썰어 소금을 넣고 주물러 씻어 쓴맛을 뺀 다음 물기를 제거한다.

⑤ 청포묵은 0.5×0.5×5cm로 채 썰어 끓는 물에 데쳐낸 후 소금, 참기름으로 무친다.

⑥ 고사리는 딱딱한 줄기를 자르고 5cm 길이로 잘라서 양념장의 ½양을 넣고 양념한다.

⑦ 쇠고기의 ⅔는 가늘게 채 썰고, ⅓은 곱게 다져서 남은 양념장으로 각각 양념한다.

⑧ 달걀은 황백지단을 부쳐 식으면 0.3×0.3×5cm로 채 썬다.

⑨ 다시마는 팬에 식용유를 붓고 튀겨서 식으면 잘게 부순다.

⑩ 팬에 식용유를 두르고 도라지, 애호박, 고사리, 쇠고기 순서로 볶는다.

⑪ 팬에 다진 고기를 볶다가 고추장, 설탕, 물(1 : 1 : 1)을 넣고 부드럽게 졸여 약고추장을 만든다.

⑫ 그릇에 밥을 담고 준비한 재료를 색 맞추어 돌려 담은 후 볶은 고추장을 얹어 낸다.

 조리 포인트

- 쌀은 30분 전에 씻어서 불리고, 물은 불린 쌀 부피의 1.2배로 붓는다.
- 밥 짓기는 센 불에서 약간 끓이다가 중간 불로 줄인 다음 약한 불로 조절하여 뜸을 들인다.
- 쇠고기는 결대로 채 썰어야 부서지지 않는다.
- 고사리는 소량의 물을 붓고 볶아야 양념과 잘 어우러진다.
- 팬 사용은 무색(無色)에서 유색(有色), 무취(無臭)에서 유취(有臭)의 재료 순서로 볶아야 양념이 묻어나지 않고 선명한 색을 얻을 수 있다.
- 다시마는 물에 적시지 않아야 잘 튀겨진다.

콩나물밥

밥 · 죽류

시험시간
30분

🧂 요구사항

※ 주어진 재료를 사용하여 콩나물밥을 만드시오.

❶ 콩나물은 꼬리를 다듬고 소고기는 채 썰어 간장 양념을 하시오.

❷ 밥을 지어 전량 제출하시오.

 MEMO
....

⚖️ 유의사항

❶ 만드는 순서에 유의하며, 위생과 숙련된 기능평가를 위하여 조리작업 시 맛을 보지 않습니다.

❷ 지정된 수험자 지참준비물 이외의 조리기구나 재료를 시험장 내에 지참할 수 없습니다.

❸ 지급재료는 시험 전 확인하여 이상이 있을 경우 시험위원으로부터 조치를 받고 시험 중에는 재료의 교환 및 추가지급은 하지 않습니다.

❹ 요구사항의 규격은 "정도"의 의미를 포함하며, 지급된 재료의 크기에 따라 가감하여 채점합니다.

❺ 위생복, 위생모, 앞치마, 마스크를 착용하여야 하며, 시험장비 · 조리도구 취급 등 안전에 유의합니다.

❻ 다음 사항은 실격에 해당하여 **채점 대상에서 제외**됩니다.

  가) 수험자 본인이 시험 도중 시험에 대한 포기 의사를 표현하는 경우

  나) 위생복, 위생모, 앞치마, 마스크를 착용하지 않은 경우

  다) 시험시간 내에 과제 두 가지를 제출하지 못한 경우

  라) 문제의 요구사항대로 과제의 수량이 만들어지지 않은 경우

  마) 구이를 조림 등으로 조리하여 완성품을 요구사항과 다르게 만든 경우

  바) 불을 사용하여 만든 조리작품이 작품특성에 벗어나는 정도로 타거나 익지 않은 경우

  사) 해당 과제의 지급재료 이외 재료를 사용하거나 석쇠 등 요구사항의 조리기구를 사용하지 않은 경우

  아) 지정된 수험자 지참준비물 이외의 조리기구를 조리에 사용한 경우

  자) 가스레인지 화구 2개 이상(2개 포함) 사용한 경우

  차) 시험 중 시설 · 장비(칼, 가스레인지 등) 사용 시 시험위원 및 타 수험자의 시험 진행에 위해를 일으킬 것으로 시험위원 전원이 합의하여 판단한 경우

  카) 요구사항에 표시된 실격 및 부정행위에 해당하는 경우

❼ 항목별 배점은 위생상태 및 안전관리 5점, 조리기술 30점, 작품의 평가 15점입니다.

❽ 시험시작 전 가벼운 몸 풀기(스트레칭) 동작으로 긴장을 풀고 시험을 시작합니다.

지급재료

쌀(30분 정도 물에 불린 쌀) 150g, 콩나물 60g, 소고기(살코기) 30g,
대파[흰 부분(4cm)] 1/2토막, 마늘[중(깐 것)] 1쪽, 진간장 5㎖,
참기름 5㎖

만드는 법

① 파와 마늘은 곱게 다진다.

② 콩나물은 꼬리를 다듬고 깨끗이 씻는다.

③ 쇠고기는 길이 5cm, 두께 0.3cm로 채 썰어 양념한다.

④ 냄비에 불린 쌀과 동량의 물을 넣고 그 위에 쇠고기, 콩나물을 얹어 뚜껑을 덮고 고슬고슬하게 밥을 짓는다.

⑤ 밥이 완성되면 골고루 섞어서 그릇에 담아낸다.

조리 포인트

• 쇠고기는 결대로 채 썰어야 부서지지 않는다.

• 쌀은 30분 전에 씻어서 불리고, 물은 콩나물의 수분을 감안하여 불린 쌀 부피와 동량으로 붓고 질지 않도록 한다.

• 밥 짓기는 센 불에서 끓이다가 중간 불로 줄인 다음 쌀알이 퍼지면 약한 불로 뜸을 들인다.

• 쌀 위에 얹은 콩나물은 물에 잠기지 않아도 수증기로 익는다.

• 팬 사용은 무색(無色)에서 유색(有色), 무취(無臭)에서 유취(有臭)의 재료 순서로 볶아야
   양념이 묻어나지 않고 선명한 색을 얻을 수 있다.

• 밥 짓는 도중에 뚜껑을 열지 않아야 콩 비린내가 나지 않는다.

장국죽

밥 · 죽류

시험시간
30분

요구사항

※ 주어진 재료를 사용하여 장국죽을 만드시오.

① 불린 쌀을 반 정도로 싸라기를 만들어 죽을 쑤시오.

② 소고기는 다지고 불린 표고는 3cm의 길이로 채 써시오.

MEMO
....

유의사항

① 만드는 순서에 유의하며, 위생과 숙련된 기능평가를 위하여 조리작업 시 맛을 보지 않습니다.

② 지정된 수험자 지참준비물 이외의 조리기구나 재료를 시험장 내에 지참할 수 없습니다.

③ 지급재료는 시험 전 확인하여 이상이 있을 경우 시험위원으로부터 조치를 받고 시험 중에는 재료의 교환 및 추가지급은 하지 않습니다.

④ 요구사항의 규격은 "정도"의 의미를 포함하며, 지급된 재료의 크기에 따라 가감하여 채점합니다.

⑤ 위생복, 위생모, 앞치마, 마스크를 착용하여야 하며, 시험장비 · 조리도구 취급 등 안전에 유의합니다.

⑥ 다음 사항은 실격에 해당하여 **채점 대상에서 제외**됩니다.

가) 수험자 본인이 시험 도중 시험에 대한 포기 의사를 표현하는 경우
나) 위생복, 위생모, 앞치마, 마스크를 착용하지 않은 경우
다) 시험시간 내에 과제 두 가지를 제출하지 못한 경우
라) 문제의 요구사항대로 과제의 수량이 만들어지지 않은 경우
마) 구이를 조림 등으로 조리하여 완성품을 요구사항과 다르게 만든 경우
바) 불을 사용하여 만든 조리작품이 작품특성에 벗어나는 정도로 타거나 익지 않은 경우
사) 해당 과제의 지급재료 이외 재료를 사용하거나 석쇠 등 요구사항의 조리기구를 사용하지 않은 경우
아) 지정된 수험자 지참준비물 이외의 조리기구를 조리에 사용한 경우
자) 가스레인지 화구 2개 이상(2개 포함) 사용한 경우
차) 시험 중 시설 · 장비(칼, 가스레인지 등) 사용 시 시험위원 및 타 수험자의 시험 진행에 위해를 일으킬 것으로 시험위원 전원이 합의하여 판단한 경우
카) 요구사항에 표시된 실격 및 부정행위에 해당하는 경우

⑦ 항목별 배점은 위생상태 및 안전관리 5점, 조리기술 30점, 작품의 평가 15점입니다.

⑧ 시험시작 전 가벼운 몸 풀기(스트레칭) 동작으로 긴장을 풀고 시험을 시작합니다.

쌀(30분 정도 물에 불린 쌀) 100g, 소고기(살코기) 20g, 건표고버섯(지름 5cm,
물에 불린 것, 부서지지 않은 것) 1개, 대파[흰 부분(4cm)] 1토막, 마늘[중(깐 것)] 1쪽,
진간장 10㎖, 깨소금 5g, 검은 후춧가루 1g, 참기름 10㎖, 국간장 10㎖

🍲 만드는 법

① 파와 마늘은 곱게 다진다.

② 불린 쌀은 건져 물기를 빼고 방망이로 싸라기 정도의 크기로 부순다.

③ 표고버섯은 미지근한 물에 불린 다음 얇게 포를 떠서 3cm 길이로 가늘게 채 썰고, 쇠고기는 힘줄과 기름을 제거하고 곱게 다져서
양념장에 양념한다.

④ 냄비에 참기름을 두르고 쇠고기와 표고를 볶다가 부수어 놓은 쌀을 넣고 볶은 다음 쌀 부피의 6~7배의 물을 넣고 센 불에서 끓
이다가 중간 불로 줄여서 끓인다.

⑤ 주걱으로 눌지 않도록 저어주다가 쌀알이 충분히 퍼져 죽이 어우러지면 간장으로 색(色)을 내고 소금으로 간을 맞추어 그릇에 담
아낸다.

 조리 포인트

- 쌀은 충분히 불려야 잘 퍼지며, ½ 정도의 싸라기로 부수어야 한다.
- 다진 쇠고기는 덩어리지지 않도록 잘 볶는다.
- 물은 쌀의 6~7배, 불은 센 불에서 중간 불로 조절하여 눌지 않도록 저어주며 끓인다.
- 삭아서 농도가 묽어지는 것을 방지하기 위하여 마지막에 간장으로 색을 맞추고 소금으로 간을 맞춘다.
- 시간이 지나면 죽이 퍼져서 되직하므로 그릇에 담기 직전에 농도를 잘 맞추어 바로 제출한다.

탕 · 찌개류

완자탕

🧂 요구사항

※ 주어진 재료를 사용하여 완자탕을 만드시오.

❶ 완자는 지름 3cm로 6개를 만들고, 국 국물의 양은 200㎖ 이상 제출하시오.

❷ 달걀은 지단과 완자용으로 사용하시오.

❸ 고명으로 황 · 백지단(마름모꼴)을 각 2개씩 띄우시오.

MEMO
....

⚖️ 유의사항

❶ 만드는 순서에 유의하며, 위생과 숙련된 기능평가를 위하여 조리작업 시 맛을 보지 않습니다.

❷ 지정된 수험자 지참준비물 이외의 조리기구나 재료를 시험장 내에 지참할 수 없습니다.

❸ 지급재료는 시험 전 확인하여 이상이 있을 경우 시험위원으로부터 조치를 받고 시험 중에는 재료의 교환 및 추가지급은 하지 않습니다.

❹ 요구사항의 규격은 "정도"의 의미를 포함하며, 지급된 재료의 크기에 따라 가감하여 채점합니다.

❺ 위생복, 위생모, 앞치마, 마스크를 착용하여야 하며, 시험장비 · 조리도구 취급 등 안전에 유의합니다.

❻ 다음 사항은 실격에 해당하여 **채점 대상에서 제외**됩니다.
　가) 수험자 본인이 시험 도중 시험에 대한 포기 의사를 표현하는 경우
　나) 위생복, 위생모, 앞치마, 마스크를 착용하지 않은 경우
　다) 시험시간 내에 과제 두 가지를 제출하지 못한 경우
　라) 문제의 요구사항대로 과제의 수량이 만들어지지 않은 경우
　마) 구이를 조림 등으로 조리하여 완성품을 요구사항과 다르게 만든 경우
　바) 불을 사용하여 만든 조리작품이 작품특성에 벗어나는 정도로 타거나 익지 않은 경우
　사) 해당 과제의 지급재료 이외 재료를 사용하거나 석쇠 등 요구사항의 조리기구를 사용하지 않은 경우
　아) 지정된 수험자 지참준비물 이외의 조리기구를 조리에 사용한 경우
　자) 가스레인지 화구 2개 이상(2개 포함) 사용한 경우
　차) 시험 중 시설 · 장비(칼, 가스레인지 등) 사용 시 시험위원 및 타 수험자의 시험 진행에 위해를 일으킬 것으로 시험위원 전원이 합의하여 판단한 경우
　카) 요구사항에 표시된 실격 및 부정행위에 해당하는 경우

❼ 항목별 배점은 위생상태 및 안전관리 5점, 조리기술 30점, 작품의 평가 15점입니다.

❽ 시험시작 전 가벼운 몸 풀기(스트레칭) 동작으로 긴장을 풀고 시험을 시작합니다.

🍴 지급재료

소고기(살코기) 50g, 소고기(사태부위) 20g, 달걀 1개, 대파[흰 부분(4cm)] 1/2토막,
밀가루(중력분) 10g, 마늘[중(깐 것)] 2쪽, 식용유 20㎖, 소금(정제염) 10g,
검은 후춧가루 2g, 두부 15g, 국간장 5㎖, 참기름 5㎖,
키친타월(종이)[주방용(소 18×20cm)] 1장, 깨소금 5g, 백설탕 5g

🍲 만드는 법

① 파와 마늘은 곱게 다진다.
② 쇠고기 사태살(20g)은 핏물을 빼고 찬물에서 거품을 걷어내며 끓인 다음 걸러서 맑은 육수를 만들고, 완자용 살코기(50g)는 곱게
   다진다.
③ 두부는 물기를 짜고 곱게 으깬다.
④ 완자용 쇠고기는 양념하여 끈기 있게 치댄 후 지름 3cm의 완자를 6개 빚어서 밀가루, 달걀물을 묻혀 기름 두른 팬에 굴려가며 지
   져 낸다.
⑤ 달걀은 황백지단을 부쳐 식으면 2×2cm 크기의 마름모꼴로 썬다.
⑥ 육수가 끓으면 간장(色)과 소금으로 간을 맞추고 완자를 넣어 잠시 끓이다가 그릇에 담고 황백지단을 고명으로 띄운다.

👨‍🍳 조리 포인트

- 너무 센 불에서 육수를 끓이면 국물이 탁해진다.
- 쇠고기는 힘줄과 기름을 완전히 제거하고 두부는 물기를 꼭 짜서 곱게 다지고 배합(쇠고기 : 두부=2 : 1)을 잘한 후 많이
  치대어야 완자의 모양이 매끈하게 된다.
- 완자는 팬에 기름을 조금만 두르고, 달걀물이 흘러내리지 않도록 받쳐서 팬에 굴려가며 익혀야 모양이 잘 나온다.
- 익혀낸 완자는 키친타월 위에 놓고 기름기를 제거하여야 육수에 기름이 뜨지 않는다.
- 완자를 육수에 넣고 중간 불에서 끓여야 모양이 흐트러지지 않고, 국물도 탁해지지 않는다.

두부젓국찌개

시험시간
20분

 ## 요구사항

※ 주어진 재료를 사용하여 두부젓국찌개를 만드시오.

❶ 두부는 2×3×1cm로 써시오.

❷ 홍고추는 0.5×3cm, 실파는 3cm 길이로 써시오.

❸ 간은 소금과 새우젓으로 하고, 국물을 맑게 만드시오.

❹ 찌개의 국물은 200㎖ 이상 제출하시오.

MEMO
....

유의사항

❶ 만드는 순서에 유의하며, 위생과 숙련된 기능평가를 위하여 조리작업 시 맛을 보지 않습니다.

❷ 지정된 수험자 지참준비물 이외의 조리기구나 재료를 시험장 내에 지참할 수 없습니다.

❸ 지급재료는 시험 전 확인하여 이상이 있을 경우 시험위원으로부터 조치를 받고 시험 중에는 재료의 교환 및 추가지급은 하지 않습니다.

❹ 요구사항의 규격은 "정도"의 의미를 포함하며, 지급된 재료의 크기에 따라 가감하여 채점합니다.

❺ 위생복, 위생모, 앞치마, 마스크를 착용하여야 하며, 시험장비·조리도구 취급 등 안전에 유의합니다.

❻ 다음 사항은 실격에 해당하여 **채점 대상에서 제외**됩니다.

가) 수험자 본인이 시험 도중 시험에 대한 포기 의사를 표현하는 경우
나) 위생복, 위생모, 앞치마, 마스크를 착용하지 않은 경우
다) 시험시간 내에 과제 두 가지를 제출하지 못한 경우
라) 문제의 요구사항대로 과제의 수량이 만들어지지 않은 경우
마) 구이를 조림 등으로 조리하여 완성품을 요구사항과 다르게 만든 경우
바) 불을 사용하여 만든 조리작품이 작품특성에 벗어나는 정도로 타거나 익지 않은 경우
사) 해당 과제의 지급재료 이외 재료를 사용하거나 석쇠 등 요구사항의 조리기구를 사용하지 않은 경우
아) 지정된 수험자 지참준비물 이외의 조리기구를 조리에 사용한 경우
자) 가스레인지 화구 2개 이상(2개 포함) 사용한 경우
차) 시험 중 시설·장비(칼, 가스레인지 등) 사용 시 시험위원 및 타 수험자의 시험 진행에 위해를 일으킬 것으로 시험위원 전원이 합의하여 판단한 경우
카) 요구사항에 표시된 실격 및 부정행위에 해당하는 경우

❼ 항목별 배점은 위생상태 및 안전관리 5점, 조리기술 30점, 작품의 평가 15점입니다.

❽ 시험시작 전 가벼운 몸 풀기(스트레칭) 동작으로 긴장을 풀고 시험을 시작합니다.

🍴 지급재료

두부 100g, 생굴(껍질 벗긴 것) 30g, 실파(1뿌리) 20g,
홍고추(생) 1/2개, 새우젓 10g, 마늘[중(간 것)] 1쪽,
참기름 5㎖, 소금(정제염) 5g

〰️ 만드는 법

① 굴은 연한 소금물에 흔들어 씻으면서 껍질을 잘 골라내고 물기를 뺀다.

② 마늘은 곱게 다진다.

③ 홍고추는 길이로 반을 갈라 씨를 빼고 폭 0.5cm, 길이 3cm로 썰고, 실파는 길이 3cm로 썬다.

④ 두부는 2cm×3cm, 두께 1cm로 썬다.

⑤ 새우젓은 곱게 다지고 국물만 받쳐 둔다.

⑥ 냄비에 물 2컵을 붓고 새우젓 국물과 소금으로 간하여 끓으면 두부를 넣어 잠시 끓인다.

⑦ 두부가 떠오르면 굴, 홍고추, 마늘, 실파 순으로 넣고 끓이면서 거품을 걷어 낸다.

⑧ 불을 끈 후 참기름을 한 방울 떨어뜨려 그릇에 담아(국물 200㎖) 낸다.

👨‍🍳 조리 포인트

- 두부형태가 부서지지 않도록 두부를 넣어 오래 끓이지 않는다.
- 새우젓은 국물만 사용하여야 찌개가 맑고 깨끗하다.
- 굴이 동그랗게 부풀어 오르면 익은 상태이므로 너무 오래 끓이면 국물이 탁해진다.
- 국물이 탁할 경우 면보로 거르거나 가라앉힌 다음 윗물만 그릇에 담는다.

생선찌개

탕 · 찌개류

시험시간
30분

🧂 요구사항

※ 주어진 재료를 사용하여 생선찌개를 만드시오.

1. 생선은 4~5cm의 토막으로 자르시오.

2. 무, 두부는 2.5×3.5×0.8cm로 써시오.

3. 호박은 0.5cm 반달형, 고추는 통 어슷썰기, 쑥갓
   과 파는 4cm로 써시오.

4. 고추장, 고춧가루를 사용하여 만드시오.

5. 각 재료는 익는 순서에 따라 조리하고, 생선살이
   부서지지 않도록 하시오.

6. 생선머리를 포함하여 전량을 제출하시오.

MEMO
....

⚖ 유의사항

1. 만드는 순서에 유의하며, 위생과 숙련된 기능평가를 위하여 조리작업 시
   맛을 보지 않습니다.

2. 지정된 수험자 지참준비물 이외의 조리기구나 재료를 시험장 내에 지참할
   수 없습니다.

3. 지급재료는 시험 전 확인하여 이상이 있을 경우 시험위원으로부터 조치를
   받고 시험 중에는 재료의 교환 및 추가지급은 하지 않습니다.

4. 요구사항의 규격은 "정도"의 의미를 포함하며, 지급된 재료의 크기에 따라
   가감하여 채점합니다.

5. 위생복, 위생모, 앞치마, 마스크를 착용하여야 하며, 시험장비 · 조리도구
   취급 등 안전에 유의합니다.

6. 다음 사항은 실격에 해당하여 **채점 대상에서 제외**됩니다.

   가) 수험자 본인이 시험 도중 시험에 대한 포기 의사를 표현하는 경우

   나) 위생복, 위생모, 앞치마, 마스크를 착용하지 않은 경우

   다) 시험시간 내에 과제 두 가지를 제출하지 못한 경우

   라) 문제의 요구사항대로 과제의 수량이 만들어지지 않은 경우

   마) 구이를 조림 등으로 조리하여 완성품을 요구사항과 다르게 만든 경우

   바) 불을 사용하여 만든 조리작품이 작품특성에 벗어나는 정도로 타거나 익지
   않은 경우

   사) 해당 과제의 지급재료 이외 재료를 사용하거나 석쇠 등 요구사항의
   조리기구를 사용하지 않은 경우

   아) 지정된 수험자 지참준비물 이외의 조리기구를 조리에 사용한 경우

   자) 가스레인지 화구 2개 이상(2개 포함) 사용한 경우

   차) 시험 중 시설 · 장비(칼, 가스레인지 등) 사용 시 시험위원 및 타 수험자의
   시험 진행에 위해를 일으킬 것으로 시험위원 전원이 합의하여 판단한
   경우

   카) 요구사항에 표시된 실격 및 부정행위에 해당하는 경우

7. 항목별 배점은 위생상태 및 안전관리 5점, 조리기술 30점, 작품의 평가
   15점입니다.

8. 시험시작 전 가벼운 몸 풀기(스트레칭) 동작으로 긴장을 풀고 시험을 시작합니다.

동태(300g) 1마리, 무 60g, 애호박 30g, 두부 60g,
풋고추(길이 5cm 이상) 1개, 홍고추(생) 1개, 쑥갓 10g, 마늘[중(깐 것)] 2쪽,
생강 10g, 실파(2뿌리) 40g, 고추장 30g, 소금(정제염) 10g, 고춧가루 10g

만드는 법

① 생선은 비늘을 긁고 지느러미를 떼고 손질하여 4~5cm 길이로 자르고 내장의 먹는 부분을 고른다.

② 마늘과 생강은 곱게 다진다.

③ 무와 두부는 2.5×3.5×0.8cm 크기로 썰고, 고추는 폭 0.5cm로 어슷썰어 씨를 뺀다.

④ 호박은 0.5cm 두께로 반달 또는 은행잎 모양으로 썰고, 쑥갓과 실파는 4cm 길이로 자른다.

⑤ 냄비에 물을 끓이다가 고추장과 고춧가루를 풀고 소금으로 간을 맞추어 무를 넣어 끓인다.

⑥ 무가 반쯤 익으면 생선을 넣고 잠시 끓인 후 호박, 두부, 풋고추, 홍고추, 마늘, 생강을 넣어 거품을 걷어 내며 끓인다.

⑦ 생선 맛이 잘 우러나면 실파와 쑥갓을 넣어 불을 끄고 잠시 후 그릇에 떠 담는다.

조리 포인트

- 생선 손질 시 머리의 아가미는 떼어 내고, 내장의 먹는 부분은 버리지 않도록 한다.
- 찌개 재료는 잘 안 익는 무, 생선, 호박, 두부, 고추 순으로 넣고 실파, 쑥갓은 마지막으로 넣어야 안 익거나 너무 무르지 않는다.
- 생선살이 덜 부서지게 하기 위하여 국물에 소금으로 간을 하고 끓으면 생선을 넣는다.
- 냉수그릇에 국자를 씻어가면서 거품을 거두어야 깨끗하다.
- 녹색채소의 고유한 색을 유지하면서 익히도록 한다.
- 찌개는 건더기가 국물보다 많으므로 건더기가 국물에 잠길 정도로 자작하게 담는다(건더기 : 국물 = 3 : 2).

풋고추전

3

부식류

전 · 적류

시험시간
25분

 요구사항

※ 주어진 재료를 사용하여 다음과 같이 풋고추전을 만드시오.

❶ 풋고추는 5cm 길이로, 소를 넣어 지져내시오.
❷ 풋고추는 잘라 데쳐서 사용하며, 완성된 풋고추전은 8개를 제출하시오.

MEMO
....

유의사항

❶ 만드는 순서에 유의하며, 위생과 숙련된 기능평가를 위하여 조리작업 시 맛을 보지 않습니다.
❷ 지정된 수험자 지참준비물 이외의 조리기구나 재료를 시험장 내에 지참할 수 없습니다.
❸ 지급재료는 시험 전 확인하여 이상이 있을 경우 시험위원으로부터 조치를 받고 시험 중에는 재료의 교환 및 추가지급은 하지 않습니다.
❹ 요구사항의 규격은 "정도"의 의미를 포함하며, 지급된 재료의 크기에 따라 가감하여 채점합니다.
❺ 위생복, 위생모, 앞치마, 마스크를 착용하여야 하며, 시험장비 · 조리도구 취급 등 안전에 유의합니다.
❻ 다음 사항은 실격에 해당하여 **채점 대상에서 제외**됩니다.
   가) 수험자 본인이 시험 도중 시험에 대한 포기 의사를 표현하는 경우
   나) 위생복, 위생모, 앞치마, 마스크를 착용하지 않은 경우
   다) 시험시간 내에 과제 두 가지를 제출하지 못한 경우
   라) 문제의 요구사항대로 과제의 수량이 만들어지지 않은 경우
   마) 구이를 조림 등으로 조리하여 완성품을 요구사항과 다르게 만든 경우
   바) 불을 사용하여 만든 조리작품이 작품특성에 벗어나는 정도로 타거나 익지 않은 경우
   사) 해당 과제의 지급재료 이외 재료를 사용하거나 석쇠 등 요구사항의 조리기구를 사용하지 않은 경우
   아) 지정된 수험자 지참준비물 이외의 조리기구를 조리에 사용한 경우
   자) 가스레인지 화구 2개 이상(2개 포함) 사용한 경우
   차) 시험 중 시설 · 장비(칼, 가스레인지 등) 사용 시 시험위원 및 타 수험자의 시험 진행에 위해를 일으킬 것으로 시험위원 전원이 합의하여 판단한 경우
   카) 요구사항에 표시된 실격 및 부정행위에 해당하는 경우
❼ 항목별 배점은 위생상태 및 안전관리 5점, 조리기술 30점, 작품의 평가 15점입니다.
❽ 시험시작 전 가벼운 몸 풀기(스트레칭) 동작으로 긴장을 풀고 시험을 시작합니다.

풋고추(길이 11cm 이상) 2개, 소고기(살코기) 30g, 두부 15g, 밀가루(중력분) 15g,
달걀 1개, 대파[흰 부분(4cm)] 1토막, 검은 후춧가루 1g, 참기름 5㎖,
소금(정제염) 5g, 깨소금 5g, 마늘[중(깐 것)] 1쪽, 식용유 20㎖, 백설탕 5g

♨ 만드는 법

① 파와 마늘은 곱게 나진나.

② 풋고추는 길이로 반을 갈라 씨를 털어 내고 5cm 길이로 잘라서 끓는 물에 살짝 데쳐 찬물에 헹군 다음 물기를 닦는다.

③ 쇠고기는 힘줄과 기름을 제거하고 곱게 다진다.

④ 두부는 물기를 꼭 짜고 칼날을 뉘어서 곱게 으깨 다진 쇠고기와 섞고 소양념으로 고루 섞어
   서 끈기 있게 치대어 소를 만든다.

⑤ 달걀은 알끈을 제거하고 소금을 넣어 잘 풀어 둔다.

⑥ 풋고추 안쪽에 밀가루를 바르고 소를 편편하게 채워서 밀가루, 달걀물 순서로 묻힌다.

⑦ 기름 두른 팬에 소를 채운 쪽부터 노릇노릇하게 지진 다음 파란 쪽도 잠깐 지진다.

 조리 포인트

- 쇠고기와 두부는 곱게 으깨어 배합을 잘하고 끈기 있게 치대어야 표면이 매끄럽다.
- 고추는 끓는 소금물에 데친 후 찬물에 담가야 색이 변하지 않는다.
- 소를 너무 많이 넣으면 불룩 튀어나와 잘 익지 않는다.
- 밀가루를 너무 많이 묻히면 옷이 벗겨지므로 여분의 밀가루는 털어 낸다.

표고전

시험시간 20분

요구사항

※ 주어진 재료를 사용하여 표고전을 만드시오.

① 표고버섯과 속은 각각 양념하여 사용하시오.

② 표고전은 5개를 제출하시오.

MEMO
....

유의사항

① 만드는 순서에 유의하며, 위생과 숙련된 기능평가를 위하여 조리작업 시 맛을 보지 않습니다.

② 지정된 수험자 지참준비물 이외의 조리기구나 재료를 시험장 내에 지참할 수 없습니다.

③ 지급재료는 시험 전 확인하여 이상이 있을 경우 시험위원으로부터 조치를 받고 시험 중에는 재료의 교환 및 추가지급은 하지 않습니다.

④ 요구사항의 규격은 "정도"의 의미를 포함하며, 지급된 재료의 크기에 따라 가감하여 채점합니다.

⑤ 위생복, 위생모, 앞치마, 마스크를 착용하여야 하며, 시험장비 · 조리도구 취급 등 안전에 유의합니다.

⑥ 다음 사항은 실격에 해당하여 **채점 대상에서 제외**됩니다.

　가) 수험자 본인이 시험 도중 시험에 대한 포기 의사를 표현하는 경우

　나) 위생복, 위생모, 앞치마, 마스크를 착용하지 않은 경우

　다) 시험시간 내에 과제 두 가지를 제출하지 못한 경우

　라) 문제의 요구사항대로 과제의 수량이 만들어지지 않은 경우

　마) 구이를 조림 등으로 조리하여 완성품을 요구사항과 다르게 만든 경우

　바) 불을 사용하여 만든 조리작품이 작품특성에 벗어나는 정도로 타거나 익지 않은 경우

　사) 해당 과제의 지급재료 이외 재료를 사용하거나 석쇠 등 요구사항의 조리기구를 사용하지 않은 경우

　아) 지정된 수험자 지참준비물 이외의 조리기구를 조리에 사용한 경우

　자) 가스레인지 화구 2개 이상(2개 포함) 사용한 경우

　차) 시험 중 시설 · 장비(칼, 가스레인지 등) 사용 시 시험위원 및 타 수험자의 시험 진행에 위해를 일으킬 것으로 시험위원 전원이 합의하여 판단한 경우

　카) 요구사항에 표시된 실격 및 부정행위에 해당하는 경우

⑦ 항목별 배점은 위생상태 및 안전관리 5점, 조리기술 30점, 작품의 평가 15점입니다.

⑧ 시험시작 전 가벼운 몸 풀기(스트레칭) 동작으로 긴장을 풀고 시험을 시작합니다.

🍴 지급재료

건표고버섯(지름 2.5~4cm, 부서지지 않은 것을 불려서 지급) 5개,
소고기(살코기) 30g, 두부 15g, 밀가루(중력분) 20g, 달걀 1개, 대파[흰 부분
(4cm)] 1토막, 검은 후춧가루 1g, 참기름 5㎖, 소금(정제염) 5g, 깨소금 5g,
마늘[중(깐 것)] 1쪽, 식용유 20㎖, 진간장 5㎖, 백설탕 5g

🍲 만드는 법

① 표고버섯은 미지근한 물에 불려 기둥을 떼어내고 물기를 짜서 간장, 설탕, 참기름으로 밑간을 한다.

② 파와 마늘은 곱게 다진다.

③ 쇠고기는 힘줄과 기름을 제거하여 곱게 다진다.

④ 두부는 물기를 꼭 짜고 칼날을 뉘어서 곱게 으깨 다진 쇠고기와 섞고 소양념으로 고루 섞어 끈기 있게 치대어 소를 만든다.

⑤ 달걀은 알끈을 제거하고 소금을 넣어 잘 풀어 둔다.

⑥ 표고버섯 안쪽에 밀가루를 바르고 소를 편편하게 채워서 밀가루, 달걀물 순서로 묻힌다.

⑦ 기름 두른 팬에 소를 채운 쪽부터 노릇노릇하게 지진 다음 뒤집어서 살짝 지진다.

👨‍🍳 조리 포인트

- 표고버섯은 미지근한 물에 약간의 설탕을 넣으면 빨리 불려진다.
- 쇠고기와 두부는 곱게 으깨어 배합을 잘하고 끈기 있게 치대어야 표면이 매끄럽다.
- 소를 너무 많이 넣으면 불룩 튀어나와 잘 익지 않는다.
- 밀가루를 너무 많이 묻히면 옷이 벗겨지므로 여분의 밀가루는 털어 낸다.
- 기름의 양과 불 조절을 잘하여 색이 선명하고 속까지 잘 익도록 한다.

육원전

시험시간
20분

🧂 요구사항

※ 주어진 재료를 사용하여 육원전을 만드시오.

❶ 육원전은 지름 4cm, 두께 0.7cm가 되도록 하시오.
❷ 달걀은 흰자, 노른자를 혼합하여 사용하시오.
❸ 육원전은 6개를 제출하시오.

MEMO

....

⚖️ 유의사항

❶ 만드는 순서에 유의하며, 위생과 숙련된 기능평가를 위하여 조리작업 시 맛을 보지 않습니다.
❷ 지정된 수험자 지참준비물 이외의 조리기구나 재료를 시험장 내에 지참할 수 없습니다.
❸ 지급재료는 시험 전 확인하여 이상이 있을 경우 시험위원으로부터 조치를 받고 시험 중에는 재료의 교환 및 추가지급은 하지 않습니다.
❹ 요구사항의 규격은 "정도"의 의미를 포함하며, 지급된 재료의 크기에 따라 가감하여 채점합니다.
❺ 위생복, 위생모, 앞치마, 마스크를 착용하여야 하며, 시험장비 · 조리도구 취급 등 안전에 유의합니다.
❻ 다음 사항은 실격에 해당하여 **채점 대상에서 제외**됩니다.
　가) 수험자 본인이 시험 도중 시험에 대한 포기 의사를 표현하는 경우
　나) 위생복, 위생모, 앞치마, 마스크를 착용하지 않은 경우
　다) 시험시간 내에 과제 두 가지를 제출하지 못한 경우
　라) 문제의 요구사항대로 과제의 수량이 만들어지지 않은 경우
　마) 구이를 조림 등으로 조리하여 완성품을 요구사항과 다르게 만든 경우
　바) 불을 사용하여 만든 조리작품이 작품특성에 벗어나는 정도로 타거나 익지 않은 경우
　사) 해당 과제의 지급재료 이외 재료를 사용하거나 석쇠 등 요구사항의 조리기구를 사용하지 않은 경우
　아) 지정된 수험자 지참준비물 이외의 조리기구를 조리에 사용한 경우
　자) 가스레인지 화구 2개 이상(2개 포함) 사용한 경우
　차) 시험 중 시설 · 장비(칼, 가스레인지 등) 사용 시 시험위원 및 타 수험자의 시험 진행에 위해를 일으킬 것으로 시험위원 전원이 합의하여 판단한 경우
　카) 요구사항에 표시된 실격 및 부정행위에 해당하는 경우
❼ 항목별 배점은 위생상태 및 안전관리 5점, 조리기술 30점, 작품의 평가 15점입니다.
❽ 시험시작 전 가벼운 몸 풀기(스트레칭) 동작으로 긴장을 풀고 시험을 시작합니다.

소고기(살코기) 70g, 두부 30g, 밀가루(중력분) 20g, 달걀 1개,
대파[흰 부분(4cm)] 1토막, 검은 후춧가루 2g, 참기름 5㎖, 소금(정제염) 5g,
마늘[중(깐 것)] 1쪽, 식용유 30㎖, 깨소금 5g, 백설탕 5g

🍲 만드는 법

① 파와 마늘은 곱게 다진다.
② 쇠고기는 힘줄과 기름을 제거하여 곱게 다진다.
③ 두부는 물기를 꼭 짜고 칼날을 뉘어서 곱게 으깨 다진 쇠고기와 섞고 소양념으로 고루 섞어서 끈기 있게 치댄 후 지름 4cm, 두께
   0.8cm 정도로 둥글납작하게 완자를 빚는다.
④ 달걀은 알끈을 제거하고 소금을 넣어 잘 풀어 둔다.
⑤ 완자에 밀가루를 고루 입히고 달걀물을 묻힌다.
⑥ 팬에 기름을 두르고 약한 불에서 양면을 노릇노릇하게 지진다.

👨‍🍳 조리 포인트

- 쇠고기와 두부는 곱게 으깨어 배합을 잘하고 끈기 있게 치대어야 가장자리가 갈라지지 않고 표면이 매끄럽다.
- 일정한 양으로 분할하여 크기와 모양이 같은 6개의 완자를 빚는다.
- 완자의 가운데를 살짝 눌러 주어야 지질 때 불룩 튀어나오지 않고 잘 익는다.

생선전

시험시간 25분

 요구사항

※ 주어진 재료를 사용하여 생선전을 만드시오.

① 생선전은 0.5×5×4cm로 만드시오.

② 달걀은 흰자, 노른자를 혼합하여 사용하시오.

③ 생선전은 8개 제출하시오.

MEMO
....

유의사항

① 만드는 순서에 유의하며, 위생과 숙련된 기능평가를 위하여 조리작업 시 맛을 보지 않습니다.

② 지정된 수험자 지참준비물 이외의 조리기구나 재료를 시험장 내에 지참할 수 없습니다.

③ 지급재료는 시험 전 확인하여 이상이 있을 경우 시험위원으로부터 조치를 받고 시험 중에는 재료의 교환 및 추가지급은 하지 않습니다.

④ 요구사항의 규격은 "정도"의 의미를 포함하며, 지급된 재료의 크기에 따라 가감하여 채점합니다.

⑤ 위생복, 위생모, 앞치마, 마스크를 착용하여야 하며, 시험장비 · 조리도구 취급 등 안전에 유의합니다.

⑥ 다음 사항은 실격에 해당하여 **채점 대상에서 제외**됩니다.

　가) 수험자 본인이 시험 도중 시험에 대한 포기 의사를 표현하는 경우

　나) 위생복, 위생모, 앞치마, 마스크를 착용하지 않은 경우

　다) 시험시간 내에 과제 두 가지를 제출하지 못한 경우

　라) 문제의 요구사항대로 과제의 수량이 만들어지지 않은 경우

　마) 구이를 조림 등으로 조리하여 완성품을 요구사항과 다르게 만든 경우

　바) 불을 사용하여 만든 조리작품이 작품특성에 벗어나는 정도로 타거나 익지 않은 경우

　사) 해당 과제의 지급재료 이외 재료를 사용하거나 석쇠 등 요구사항의 조리기구를 사용하지 않은 경우

　아) 지정된 수험자 지참준비물 이외의 조리기구를 조리에 사용한 경우

　자) 가스레인지 화구 2개 이상(2개 포함) 사용한 경우

　차) 시험 중 시설 · 장비(칼, 가스레인지 등) 사용 시 시험위원 및 타 수험자의 시험 진행에 위해를 일으킬 것으로 시험위원 전원이 합의하여 판단한 경우

　카) 요구사항에 표시된 실격 및 부정행위에 해당하는 경우

⑦ 항목별 배점은 위생상태 및 안전관리 5점, 조리기술 30점, 작품의 평가 15점입니다.

⑧ 시험시작 전 가벼운 몸 풀기(스트레칭) 동작으로 긴장을 풀고 시험을 시작합니다.

🍴 지급재료

동태(400g) 1마리, 밀가루(중력분) 30g, 달걀 1개,
소금(정제염) 10g, 흰 후춧가루 2g, 식용유 50㎖

🍲 만드는 법

① 동태는 지느러미를 자르고 내장을 빼내어 깨끗이 씻은 후 물기를 닦고 3장(생선살 2쪽, 뼈) 뜨기로 포를 뜬다.

② 포를 뜬 생선은 껍질 쪽이 밑으로 가도록 두고 꼬리 쪽에 칼을 넣어 왼손으로 껍질을 잡아당기며 오른손으로 칼을 뉘어 밀면서 껍질을 벗긴다.

③ 껍질 벗긴 생선은 5×4×0.5cm 크기로 어슷하게 포를 떠서 소금 · 후춧가루를 뿌린다.

④ 달걀은 알끈을 제거하고 소금을 넣어 잘 풀어 둔다.

⑤ 생선의 물기를 제거하고 밀가루를 고루 입힌 후 달걀물을 묻힌다.

⑥ 팬에 기름을 두르고 약한 불에서 양면을 노릇노릇하게 지진다.

👨‍🍳 조리 포인트

- 생선은 지느러미, 내장, 껍질, 뼈를 제거하여 부서지지 않게 포를 뜬다.
- 생선전의 표면을 매끄럽게 하기 위하여 밀가루를 골고루 묻히고 여분의 밀가루는 털어 낸다.
- 생선에 묻힌 달걀물이 팬에 흘러내려 지저분하지 않도록 지진다.
- 약한 불에서 생선의 안쪽을 먼저 지져야 타지 않고 노릇노릇하게 속까지 익는다.

3

화양적

시험시간
35분

 요구사항

※ 주어진 재료를 사용하여 화양적을 만드시오.

❶ 화양적은 0.6×6×6cm로 만드시오.

❷ 달걀 노른자로 지단을 만들어 사용하시오.

(단, 달걀흰자 지단을 사용하는 경우 실격 처리)

❸ 화양적은 2꼬치를 만들고 잣가루를 고명으로 얹으시오.

MEMO

....

 유의사항

❶ 만드는 순서에 유의하며, 위생과 숙련된 기능평가를 위하여 조리작업 시 맛을 보지 않습니다.

❷ 지정된 수험자 지참준비물 이외의 조리기구나 재료를 시험장 내에 지참할 수 없습니다.

❸ 지급재료는 시험 전 확인하여 이상이 있을 경우 시험위원으로부터 조치를 받고 시험 중에는 재료의 교환 및 추가지급은 하지 않습니다.

❹ 요구사항의 규격은 "정도"의 의미를 포함하며, 지급된 재료의 크기에 따라 가감하여 채점합니다.

❺ 위생복, 위생모, 앞치마, 마스크를 착용하여야 하며, 시험장비 · 조리도구 취급 등 안전에 유의합니다.

❻ 다음 사항은 실격에 해당하여 **채점 대상에서 제외**됩니다.

가) 수험자 본인이 시험 도중 시험에 대한 포기 의사를 표현하는 경우

나) 위생복, 위생모, 앞치마, 마스크를 착용하지 않은 경우

다) 시험시간 내에 과제 두 가지를 제출하지 못한 경우

라) 문제의 요구사항대로 과제의 수량이 만들어지지 않은 경우

마) 구이를 조림 등으로 조리하여 완성품을 요구사항과 다르게 만든 경우

바) 불을 사용하여 만든 조리작품이 작품특성에 벗어나는 정도로 타거나 익지 않은 경우

사) 해당 과제의 지급재료 이외 재료를 사용하거나 석쇠 등 요구사항의 조리기구를 사용하지 않은 경우

아) 지정된 수험자 지참준비물 이외의 조리기구를 조리에 사용한 경우

자) 가스레인지 화구 2개 이상(2개 포함) 사용한 경우

차) 시험 중 시설 · 장비(칼, 가스레인지 등) 사용 시 시험위원 및 타 수험자의 시험 진행에 위해를 일으킬 것으로 시험위원 전원이 합의하여 판단한 경우

카) 요구사항에 표시된 실격 및 부정행위에 해당하는 경우

❼ 항목별 배점은 위생상태 및 안전관리 5점, 조리기술 30점, 작품의 평가 15점입니다.

❽ 시험시작 전 가벼운 몸 풀기(스트레칭) 동작으로 긴장을 풀고 시험을 시작합니다.

소고기(살코기, 길이 7cm) 50g, 건표고버섯(지름 5cm, 물에 불린 것, 부서지지 않은 것)
1개, 당근(곧은 것, 길이 7cm) 50g, 오이(가늘고 곧은 것, 길이 20cm) 1/2개, 통도라지
(껍질 있는 것, 길이 20cm) 1개, 산적꼬치(길이 8~9cm) 2개, 진간장 5㎖,
대파[흰 부분(4cm)] 1토막, 마늘[중(깐 것)] 1쪽, 소금(정제염) 5g, 백설탕 5g, 깨소금 5g,
참기름 5㎖, 검은 후춧가루 2g, 잣(깐 것) 10개, 달걀 2개, 식용유 30㎖

🍲 만드는 법

① 파와 마늘은 곱게 다지고 양념장을 만든다.

② 쇠고기는 1×7cm, 두께 0.6cm 크기로 썰어 잔 칼집을 넣은 후 자근자근 두드려 부드럽게 하여 양념한다. 표고버섯은 물에 불려
1×6×0.6cm 크기로 썰어 쇠고기와 같은 양념을 한다.

③ 통도라지는 1×6×0.6cm 크기로 썰어 소금으로 주물러 씻고, 당근도 같은 크기로 썰어 각각 소금물에 데친다.

④ 오이는 속을 빼고 1×6×0.6cm 크기로 썰어 소금에 살짝 절인다.

⑤ 달걀은 노른자를 분리해 알끈을 떼어내고 소금을 넣어 잘 풀어 두께 0.6cm로 황색지단을 부쳐 길이 6cm, 폭 1cm로 썬다.

⑥ 팬에 식용유를 두르고 도라지, 오이, 당근, 표고버섯, 쇠고기 순서로 볶는다.

⑦ 산적꼬치에 준비된 재료를 색을 맞추어 표고버섯, 도라지, 당근, 황색지단, 오이, 쇠고기의
순서로 끼우고 꼬치의 양끝이 1cm 남도록 자른다.

⑧ 잣은 고깔을 떼고 젖은 면보로 닦은 후 밀대로 밀어 기름을 뺀 후 칼로 곱게 다져 잣가루를
만든다.

⑨ 그릇에 화양적을 담고 잣가루를 뿌려낸다.

 조리 포인트

- 각 재료의 길이와 폭을 일정하게 하고, 재료의 색깔이 선명하도록 볶는다.
- 쇠고기는 익히면 수축되므로 칼집을 넣어주고 길이를 1cm 이상 길게 썰어 손질한다.
- 통도라지의 쓴맛은 소금물에 주물러서 씻으면 빠진다.
- 당근과 도라지는 너무 데쳐지거나 안 익으면 꼬치를 끼울 때 부러진다.
- 꼬치가 너무 굵은 경우는 가늘게 깎아서 사용한다.

지짐누름적

시험시간
35분

요구사항

※ 주어진 재료를 사용하여 지짐누름적을 만드시오.

❶ 각 재료는 0.6×1×6cm로 하시오.

❷ 누름적의 수량은 2개를 제출하고, 꼬치는 빼서 제출하시오.

MEMO
....

유의사항

❶ 만드는 순서에 유의하며, 위생과 숙련된 기능평가를 위하여 조리작업 시 맛을 보지 않습니다.

❷ 지정된 수험자 지참준비물 이외의 조리기구나 재료를 시험장 내에 지참할 수 없습니다.

❸ 지급재료는 시험 전 확인하여 이상이 있을 경우 시험위원으로부터 조치를 받고 시험 중에는 재료의 교환 및 추가지급은 하지 않습니다.

❹ 요구사항의 규격은 "정도"의 의미를 포함하며, 지급된 재료의 크기에 따라 가감하여 채점합니다.

❺ 위생복, 위생모, 앞치마, 마스크를 착용하여야 하며, 시험장비·조리도구 취급 등 안전에 유의합니다.

❻ 다음 사항은 실격에 해당하여 **채점 대상에서 제외**됩니다.

   가) 수험자 본인이 시험 도중 시험에 대한 포기 의사를 표현하는 경우

   나) 위생복, 위생모, 앞치마, 마스크를 착용하지 않은 경우

   다) 시험시간 내에 과제 두 가지를 제출하지 못한 경우

   라) 문제의 요구사항대로 과제의 수량이 만들어지지 않은 경우

   마) 구이를 조림 등으로 조리하여 완성품을 요구사항과 다르게 만든 경우

   바) 불을 사용하여 만든 조리작품이 작품특성에 벗어나는 정도로 타거나 익지 않은 경우

   사) 해당 과제의 지급재료 이외 재료를 사용하거나 석쇠 등 요구사항의 조리기구를 사용하지 않은 경우

   아) 지정된 수험자 지참준비물 이외의 조리기구를 조리에 사용한 경우

   자) 가스레인지 화구 2개 이상(2개 포함) 사용한 경우

   차) 시험 중 시설·장비(칼, 가스레인지 등) 사용 시 시험위원 및 타 수험자의 시험 진행에 위해를 일으킬 것으로 시험위원 전원이 합의하여 판단한 경우

   카) 요구사항에 표시된 실격 및 부정행위에 해당하는 경우

❼ 항목별 배점은 위생상태 및 안전관리 5점, 조리기술 30점, 작품의 평가 15점입니다.

❽ 시험시작 전 가벼운 몸 풀기(스트레칭) 동작으로 긴장을 풀고 시험을 시작합니다.

🍴 지급재료

소고기(살코기, 길이 7cm) 50g, 당근(길이 7cm, 곧은 것) 50g, 건표고버섯
(지름 5cm, 물에 불린 것, 부서지지 않은 것) 1개, 쪽파(중) 2뿌리, 통도라지
(껍질 있는 것, 길이 20cm) 1개, 밀가루(중력분) 20g, 달걀 1개, 참기름 5㎖,
산적꼬치(길이 8~9cm) 2개, 식용유 30㎖, 소금(정제염) 5g, 진간장 10㎖,
백설탕 5g, 마늘[중(깐 것)] 1쪽, 대파[흰 부분(4cm)] 1토막, 검은 후춧가루 2g, 깨소금 5g

♨ 만드는 법

① 파와 마늘은 곱게 다지고 양념장을 만든다.

② 쇠고기는 1×7cm, 두께 0.6cm 크기로 썰어 잔칼집을 넣은 후 자근자근 두드려 부드럽게 하여 양념한다.

　표고버섯은 물에 불려 1×6×0.6cm 크기로 썰어 쇠고기와 같은 양념을 한다.

③ 통도라지는 1×6×0.6cm 크기로 썰어 소금으로 주물러 씻고, 당근도 같은 크기로 썰어 각각 소금물에 데친다.

④ 쪽파는 6cm 길이로 잘라 참기름에 살짝 무치고 달걀은 알끈을 제거하고

　소금을 넣어 잘 풀어 둔다.

⑤ 팬에 참기름을 두르고 도라지, 당근, 표고버섯, 쇠고기 순서로 볶는다.

⑥ 산적꼬치에 준비된 재료를 색을 맞추어 도라지, 표고버섯, 쪽파, 쇠고기, 당근

　순서로 끼우고 길이가 같도록 자른 다음 밀가루와 달걀물을 묻힌다.

⑦ 팬에 기름을 두르고 살짝 누르면서 양면을 지진다.

⑧ 식으면 꼬치를 빼고 접시에 담아낸다.

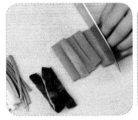

 조리 포인트

- 쇠고기는 익히면 수축되므로 길이를 1cm 이상 길게 썰어 손질한다.
- 통도라지의 쓴맛은 소금물에 주물러서 씻으면 빠진다.
- 당근과 도라지는 너무 데쳐지거나 안 익으면 꼬치를 끼울 때 부러진다.
- 꼬치가 너무 굵은 경우는 가늘게 깎아서 사용한다.
- 밀가루를 재료 사이사이에 잘 묻히고 계란물을 충분히 씌워서 지져야 사이가 떨어지지 않는다.
- 꼬치는 완전히 식은 후 손바닥으로 누르고 돌리면서 빼도록 한다.

섭산적

전 · 적류

🧂 요구사항

※ 주어진 재료를 사용하여 섭산적을 만드시오.

❶ 고기와 두부의 비율을 3 : 1로 하시오.

❷ 다져서 양념한 소고기는 크게 반대기를 지어 석쇠에 구우시오.

❸ 완성된 섭산적은 0.7×2×2cm로 9개 이상 제출하시오.

MEMO
....

⚖ 유의사항

❶ 만드는 순서에 유의하며, 위생과 숙련된 기능평가를 위하여 조리작업 시 맛을 보지 않습니다.

❷ 지정된 수험자 지참준비물 이외의 조리기구나 재료를 시험장 내에 지참할 수 없습니다.

❸ 지급재료는 시험 전 확인하여 이상이 있을 경우 시험위원으로부터 조치를 받고 시험 중에는 재료의 교환 및 추가지급은 하지 않습니다.

❹ 요구사항의 규격은 "정도"의 의미를 포함하며, 지급된 재료의 크기에 따라 가감하여 채점합니다.

❺ 위생복, 위생모, 앞치마, 마스크를 착용하여야 하며, 시험장비 · 조리도구 취급 등 안전에 유의합니다.

❻ 다음 사항은 실격에 해당하여 **채점 대상에서 제외**됩니다.
  가) 수험자 본인이 시험 도중 시험에 대한 포기 의사를 표현하는 경우
  나) 위생복, 위생모, 앞치마, 마스크를 착용하지 않은 경우
  다) 시험시간 내에 과제 두 가지를 제출하지 못한 경우
  라) 문제의 요구사항대로 과제의 수량이 만들어지지 않은 경우
  마) 구이를 조림 등으로 조리하여 완성품을 요구사항과 다르게 만든 경우
  바) 불을 사용하여 만든 조리작품이 작품특성에 벗어나는 정도로 타거나 익지 않은 경우
  사) 해당 과제의 지급재료 이외 재료를 사용하거나 석쇠 등 요구사항의 조리기구를 사용하지 않은 경우
  아) 지정된 수험자 지참준비물 이외의 조리기구를 조리에 사용한 경우
  자) 가스레인지 화구 2개 이상(2개 포함) 사용한 경우
  차) 시험 중 시설 · 장비(칼, 가스레인지 등) 사용 시 시험위원 및 타 수험자의 시험 진행에 위해를 일으킬 것으로 시험위원 전원이 합의하여 판단한 경우
  카) 요구사항에 표시된 실격 및 부정행위에 해당하는 경우

❼ 항목별 배점은 위생상태 및 안전관리 5점, 조리기술 30점, 작품의 평가 15점입니다.

❽ 시험시작 전 가벼운 몸 풀기(스트레칭) 동작으로 긴장을 풀고 시험을 시작합니다.

소고기(살코기) 80g, 두부 30g, 대파[흰 부분(4cm)] 1토막,
마늘[중(간 것)] 1쪽, 소금(정제염) 5g, 백설탕 10g, 깨소금 5g,
참기름 5㎖, 검은 후춧가루 2g, 잣(간 것) 10개, 식용유 30㎖

만드는 법

① 파와 마늘은 곱게 다지고 양념장을 만든다.

② 쇠고기는 힘줄과 기름을 제거하여 곱게 다진다.

③ 두부는 물기를 꼭 짜고 칼날을 뉘어서 곱게 으깨 다진 쇠고기와 섞고 소양념으로 고루 섞어서 끈기 있게 치댄다.

④ 양념한 고기는 네모지게 반대기를 만든 후 가로 세로로 잔칼집을 넣어 0.7cm 정도의 두께를 만든다.

⑤ 석쇠에 기름을 바르고 달군 후 고기가 타지 않고 노릇노릇하게 굽는다.

⑥ 섭산적이 식으면 2×2cm 크기로 썰어 그릇에 담고 잣가루를 뿌려 낸다.

  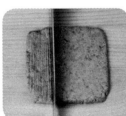 

조리 포인트

- 쇠고기와 두부는 곱게 으깨어 배합(쇠고기:두부=3:1)을 잘하고 끈기 있게 치대어야 표면이 매끄럽고 부서지지 않는다.
- 석쇠는 깨끗이 씻어서 기름을 바르고 달구어야 달라붙지 않고 석쇠자국이 안 남는다.
- 불은 중간 불로 조절하고 석쇠를 좌우로 움직이면서 색이 고르게 나도록 굽는다.
- 고기는 타지 않게 잘 굽고, 색깔에 유의한다.
- 섭산적이 완전히 식은 후에 썰어야 부서지지 않고 모양이 깨끗하다.

3

구이류

너비아니구이

시험시간
25분

🧂 요구사항

※ 주어진 재료를 사용하여 너비아니구이를 만드시오.

❶ 완성된 너비아니는 0.5×4×5cm로 하시오.

❷ 석쇠를 사용하여 굽고, 6쪽 제출하시오.

❸ 잣가루를 고명으로 얹으시오.

MEMO
....

⏱ 유의사항

❶ 만드는 순서에 유의하며, 위생과 숙련된 기능평가를 위하여 조리작업 시 맛을 보지 않습니다.

❷ 지정된 수험자 지참준비물 이외의 조리기구나 재료를 시험장 내에 지참할 수 없습니다.

❸ 지급재료는 시험 전 확인하여 이상이 있을 경우 시험위원으로부터 조치를 받고 시험 중에는 재료의 교환 및 추가지급은 하지 않습니다.

❹ 요구사항의 규격은 "정도"의 의미를 포함하며, 지급된 재료의 크기에 따라 가감하여 채점합니다.

❺ 위생복, 위생모, 앞치마, 마스크를 착용하여야 하며, 시험장비·조리도구 취급 등 안전에 유의합니다.

❻ 다음 사항은 실격에 해당하여 **채점 대상에서 제외**됩니다.
　가) 수험자 본인이 시험 도중 시험에 대한 포기 의사를 표현하는 경우
　나) 위생복, 위생모, 앞치마, 마스크를 착용하지 않은 경우
　다) 시험시간 내에 과제 두 가지를 제출하지 못한 경우
　라) 문제의 요구사항대로 과제의 수량이 만들어지지 않은 경우
　마) 구이를 조림 등으로 조리하여 완성품을 요구사항과 다르게 만든 경우
　바) 불을 사용하여 만든 조리작품이 작품특성에 벗어나는 정도로 타거나 익지 않은 경우
　사) 해당 과제의 지급재료 이외 재료를 사용하거나 석쇠 등 요구사항의 조리기구를 사용하지 않은 경우
　아) 지정된 수험자 지참준비물 이외의 조리기구를 조리에 사용한 경우
　자) 가스레인지 화구 2개 이상(2개 포함) 사용한 경우
　차) 시험 중 시설·장비(칼, 가스레인지 등) 사용 시 시험위원 및 타 수험자의 시험 진행에 위해를 일으킬 것으로 시험위원 전원이 합의하여 판단한 경우
　카) 요구사항에 표시된 실격 및 부정행위에 해당하는 경우

❼ 항목별 배점은 위생상태 및 안전관리 5점, 조리기술 30점, 작품의 평가 15점입니다.

❽ 시험시작 전 가벼운 몸 풀기(스트레칭) 동작으로 긴장을 풀고 시험을 시작합니다.

🍴 지급재료

소고기(안심 또는 등심, 덩어리로) 100g, 배(50g) 1/8개,
진간장 50㎖, 대파[흰 부분(4cm)] 1토막, 마늘[중(깐 것)] 2쪽,
검은 후춧가루 2g, 백설탕 10g, 깨소금 5g, 참기름 10㎖,
식용유 10㎖, 잣(깐 것) 5개

🍲 만드는 법

① 파와 마늘은 곱게 디지고 양념장을 만든다.

② 쇠고기는 힘줄과 기름을 제거하고 5cm×6cm, 두께 0.4cm 크기로 썰어 잔칼집을 넣은 후 칼등으로 자근자근 두드려 부드럽게
한다.

③ 배는 껍질을 벗기고 강판에 갈아 면보로 짜서 즙을 낸 후 손질한 쇠고기에 뿌려 재운다.

④ 양념장에 고기를 한 장씩 담가 맛이 고루 배도록 재운다.

⑤ 석쇠를 달구어 기름을 바른 후 고기를 얹어 타지 않게 굽는다. 고기가 거의 익으면 양념장을 조금씩 덧발라 가면서 윤기가 나게
고르게 굽는다.

⑥ 접시에 구운 고기를 보기 좋게 담고 잣가루를 뿌려 낸다.

👨‍🍳 조리 포인트

- 석쇠구이의 양념장에 들어가는 파, 마늘은 곱게 다져서 넣어야 구울 때 덜 탄다.
- 쇠고기는 등심이나 안심을 사용하고, 썰 때는 결 반대로 썰어야 연하다.
- 쇠고기를 배즙에 재운 후 양념장에 재워야 연하다(배즙을 양념장에 넣어 사용하기도 한다).
- 석쇠는 깨끗이 손질하여 사용하여야 고기색깔이 곱게 구워진다.
- 고기를 구울 때 처음엔 센 불에서 표면을 응고시킨 후, 불을 낮추어 중간 불에서 양념장을 조금씩 발라가며 구우면 타지
않고 윤기가 난다.

제육구이

시험시간
30분

요구사항

※ 주어진 재료를 사용하여 제육구이를 만드
시오.

❶ 완성된 제육은 0.4×4×5cm로 하시오.

❷ 고추장 양념하여 석쇠에 구우시오.

❸ 제육구이는 전량 제출하시오.

MEMO
....

유의사항

❶ 만드는 순서에 유의하며, 위생과 숙련된 기능평가를 위하여 조리작업 시
맛을 보지 않습니다.

❷ 지정된 수험자 지참준비물 이외의 조리기구나 재료를 시험장 내에 지참할
수 없습니다.

❸ 지급재료는 시험 전 확인하여 이상이 있을 경우 시험위원으로부터 조치를
받고 시험 중에는 재료의 교환 및 추가지급은 하지 않습니다.

❹ 요구사항의 규격은 "정도"의 의미를 포함하며, 지급된 재료의 크기에 따라
가감하여 채점합니다.

❺ 위생복, 위생모, 앞치마, 마스크를 착용하여야 하며, 시험장비·조리도구
취급 등 안전에 유의합니다.

❻ 다음 사항은 실격에 해당하여 **채점 대상에서 제외**됩니다.

　가) 수험자 본인이 시험 도중 시험에 대한 포기 의사를 표현하는 경우

　나) 위생복, 위생모, 앞치마, 마스크를 착용하지 않은 경우

　다) 시험시간 내에 과제 두 가지를 제출하지 못한 경우

　라) 문제의 요구사항대로 과제의 수량이 만들어지지 않은 경우

　마) 구이를 조림 등으로 조리하여 완성품을 요구사항과 다르게 만든 경우

　바) 불을 사용하여 만든 조리작품이 작품특성에 벗어나는 정도로 타거나 익지
　　 않은 경우

　사) 해당 과제의 지급재료 이외 재료를 사용하거나 석쇠 등 요구사항의
　　 조리기구를 사용하지 않은 경우

　아) 지정된 수험자 지참준비물 이외의 조리기구를 조리에 사용한 경우

　자) 가스레인지 화구 2개 이상(2개 포함) 사용한 경우

　차) 시험 중 시설·장비(칼, 가스레인지 등) 사용 시 시험위원 및 타 수험자의
　　 시험 진행에 위해를 일으킬 것으로 시험위원 전원이 합의하여 판단한
　　 경우

　카) 요구사항에 표시된 실격 및 부정행위에 해당하는 경우

❼ 항목별 배점은 위생상태 및 안전관리 5점, 조리기술 30점, 작품의 평가
15점입니다.

❽ 시험시작 전 가벼운 몸 풀기(스트레칭) 동작으로 긴장을 풀고 시험을 시작합니다.

돼지고기(등심 또는 볼깃살) 150g,
고추장 40g, 진간장 10㎖, 대파[흰 부분(4cm)] 1토막,
마늘[중(깐 것)] 2쪽, 검은 후춧가루 2g, 백설탕 15g,
깨소금 5g, 참기름 5㎖, 생강 10g, 식용유 10㎖

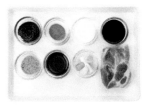

만드는 법

① 파와 마늘은 곱게 다지고 생강은 즙을 내어 고추장 양념을 만든다.

② 돼지고기는 힘줄과 기름을 제거하고 너비 5cm×6cm, 두께 0.3cm 정도로 썬 다음 앞뒤로 잔칼집을 넣어 오그라들지 않게 한다.

③ 돼지고기에 고추장 양념을 고르게 발라 재워둔다.

④ 석쇠를 달구어 기름을 바른 후 고기를 얹어 타지 않게 굽는다. 고기가 거의 익으면 양념장을 조금씩 덧발라 가면서 윤기가 나게 고르게 굽는다.

⑤ 접시에 구운 고기를 보기 좋게 담아 낸다.

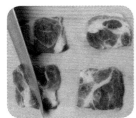 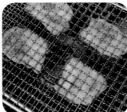 

 조리 포인트

- 석쇠구이의 양념장에 들어가는 파, 마늘은 곱게 다져서 넣어야 구울 때 덜 탄다.
- 돼지고기는 소고기보다 구울 때 많이 줄어들지 않으므로 썰 때 크기를 감안한다.
- 고추장 양념이 되직한 경우 간장을 너무 많이 넣으면 구웠을 때 검붉은색이 되므로 물(청주)로 농도를 조절한다.
- 돼지고기는 지방질이 많으므로 양념에 참기름을 조금만 사용한다.
- 석쇠는 깨끗이 손질하여 사용해야 고기색깔이 곱게 구워진다.
- 너무 센 불에서 구우면 겉만 타고 속은 익지 않으므로 불 조절에 주의하고, 양념은 2~3회 덧발라가며 굽는다.

북어구이

시험시간 **20분**

요구사항

※ 주어진 재료를 사용하여 북어구이를 만드시오.

❶ 구워진 북어의 길이는 5cm로 하시오.

❷ 유장으로 초벌구이하고 고추장 양념으로 석쇠에 구우시오.

❸ 완성품은 3개를 제출하시오.(단, 세로로 잘라 3/6토 막 제출할 경우 수량부족으로 실격 처리)

MEMO
....

유의사항

❶ 만드는 순서에 유의하며, 위생과 숙련된 기능평가를 위하여 조리작업 시 맛을 보지 않습니다.

❷ 지정된 수험자 지참준비물 이외의 조리기구나 재료를 시험장 내에 지참할 수 없습니다.

❸ 지급재료는 시험 전 확인하여 이상이 있을 경우 시험위원으로부터 조치를 받고 시험 중에는 재료의 교환 및 추가지급은 하지 않습니다.

❹ 요구사항의 규격은 "정도"의 의미를 포함하며, 지급된 재료의 크기에 따라 가감하여 채점합니다.

❺ 위생복, 위생모, 앞치마, 마스크를 착용하여야 하며, 시험장비 · 조리도구 취급 등 안전에 유의합니다.

❻ 다음 사항은 실격에 해당하여 **채점 대상에서 제외**됩니다.

　가) 수험자 본인이 시험 도중 시험에 대한 포기 의사를 표현하는 경우

　나) 위생복, 위생모, 앞치마, 마스크를 착용하지 않은 경우

　다) 시험시간 내에 과제 두 가지를 제출하지 못한 경우

　라) 문제의 요구사항대로 과제의 수량이 만들어지지 않은 경우

　마) 구이를 조림 등으로 조리하여 완성품을 요구사항과 다르게 만든 경우

　바) 불을 사용하여 만든 조리작품이 작품특성에 벗어나는 정도로 타거나 익지 않은 경우

　사) 해당 과제의 지급재료 이외 재료를 사용하거나 석쇠 등 요구사항의 조리기구를 사용하지 않은 경우

　아) 지정된 수험자 지참준비물 이외의 조리기구를 조리에 사용한 경우

　자) 가스레인지 화구 2개 이상(2개 포함) 사용한 경우

　차) 시험 중 시설 · 장비(칼, 가스레인지 등) 사용 시 시험위원 및 타 수험자의 시험 진행에 위해를 일으킬 것으로 시험위원 전원이 합의하여 판단한 경우

　카) 요구사항에 표시된 실격 및 부정행위에 해당하는 경우

❼ 항목별 배점은 위생상태 및 안전관리 5점, 조리기술 30점, 작품의 평가 15점입니다.

❽ 시험시작 전 가벼운 몸 풀기(스트레칭) 동작으로 긴장을 풀고 시험을 시작합니다.

지급재료

북어포[반을 갈라 말린 껍질이 있는 것(40g)] 1마리,
진간장 20㎖, 대파[흰 부분(4cm)] 1토막,
마늘[중(깐 것)] 2쪽, 고추장 40g, 백설탕 10g,
깨소금 5g, 참기름 15㎖, 검은 후춧가루 2g, 식용유 10㎖

만드는 법

① 북어포는 불에 짐깐 물러 물기를 눌러서 짠 다음 머리, 시느러비를 사브고 뼈를 발라 길이 6cm로 3토막을 낸다.

② 껍질 쪽에 가로 세로 대각선으로 칼집을 넣어 오그라들지 않도록 한다.

③ 파와 마늘은 곱게 다져 고추장 양념을 만든다.

④ 유장을 만들어 손질한 북어의 앞뒤로 골고루 바른다.

⑤ 석쇠를 달구어 기름을 바르고 유장 처리한 북어를 애벌구이(초벌구이)한다.

⑥ 애벌구이한 북어에 고추장 양념을 골고루 발라서 타지 않도록 구워낸다. 거의 익으면 양념을 덧발라 한 번 더 굽는다.

⑦ 깨끗이 정리하여 그릇에 담아낸다.

 조리 포인트

• 북어포는 물에 오래 불리면 부서지므로 잠시 물에 적셔 건진 후 깨끗한 행주로 눌러 물기를 제거해야 한다.
• 북어는 유장 처리하여 거의 익힌 후 고추장 양념을 발라 약한 불에서 구워야 가장자리가 타지 않는다.
• 고추장 양념이 되직한 경우 간장을 너무 많이 넣으면 구웠을 때 검붉은색이 되므로 물(청주)로 농도를 조절한다.

생선양념구이

구이류

시험시간 **30분**

🧂 요구사항

※ 주어진 재료를 사용하여 생선양념구이를 만 드시오.

❶ 생선은 머리와 꼬리를 포함하여 통째로 사용하 고, 내장은 아가미 쪽으로 제거하시오.

❷ 유장으로 초벌구이하고 고추장 양념으로 석쇠에 구우시오.

❸ 생선구이는 머리 왼쪽, 배 앞쪽 방향으로 담아내 시오.

MEMO
....

⚖️ 유의사항

❶ 만드는 순서에 유의하며, 위생과 숙련된 기능평가를 위하여 조리작업 시 맛을 보지 않습니다.

❷ 지정된 수험자 지참준비물 이외의 조리기구나 재료를 시험장 내에 지참할 수 없습니다.

❸ 지급재료는 시험 전 확인하여 이상이 있을 경우 시험위원으로부터 조치를 받고 시험 중에는 재료의 교환 및 추가지급은 하지 않습니다.

❹ 요구사항의 규격은 "정도"의 의미를 포함하며, 지급된 재료의 크기에 따라 가감하여 채점합니다.

❺ 위생복, 위생모, 앞치마, 마스크를 착용하여야 하며, 시험장비·조리도구 취급 등 안전에 유의합니다.

❻ 다음 사항은 실격에 해당하여 **채점 대상에서 제외**됩니다.
　가) 수험자 본인이 시험 도중 시험에 대한 포기 의사를 표현하는 경우
　나) 위생복, 위생모, 앞치마, 마스크를 착용하지 않은 경우
　다) 시험시간 내에 과제 두 가지를 제출하지 못한 경우
　라) 문제의 요구사항대로 과제의 수량이 만들어지지 않은 경우
　마) 구이를 조림 등으로 조리하여 완성품을 요구사항과 다르게 만든 경우
　바) 불을 사용하여 만든 조리작품이 작품특성에 벗어나는 정도로 타거나 익지 않은 경우
　사) 해당 과제의 지급재료 이외 재료를 사용하거나 석쇠 등 요구사항의 조리기구를 사용하지 않은 경우
　아) 지정된 수험자 지참준비물 이외의 조리기구를 조리에 사용한 경우
　자) 가스레인지 화구 2개 이상(2개 포함) 사용한 경우
　차) 시험 중 시설·장비(칼, 가스레인지 등) 사용 시 시험위원 및 타 수험자의 시험 진행에 위해를 일으킬 것으로 시험위원 전원이 합의하여 판단한 경우
　카) 요구사항에 표시된 실격 및 부정행위에 해당하는 경우

❼ 항목별 배점은 위생상태 및 안전관리 5점, 조리기술 30점, 작품의 평가 15점입니다.

❽ 시험시작 전 가벼운 몸 풀기(스트레칭) 동작으로 긴장을 풀고 시험을 시작합니다.

🍴 지급재료

조기(100g~120g) 1마리, 진간장 20㎖,
대파[흰 부분(4cm)] 1토막, 마늘[중(간 것)] 1쪽, 고추장 40g,
백설탕 5g, 깨소금 5g, 참기름 5㎖, 소금(정제염) 20g,
검은 후춧가루 2g, 식용유 10㎖

〰️ 만드는 법

① 생선(조기)은 비늘을 긁고 지느러미를 다듬은 후 배를 가르시 않고 아가미로 내상을 빼내어 깨끗이 씻는다.

② 생선의 등 쪽에 2cm 간격으로 어슷하게 칼집을 넣은 다음 소금을 뿌려둔다.

③ 파와 마늘은 곱게 다져 고추장 양념을 만든다.

④ 생선은 면보로 물기를 닦고 유장을 만들어 손질한 생선의 앞뒤로 골고루 바른다.

⑤ 석쇠를 달구어 기름을 바르고 유장처리한 생선을 애벌구이(초벌구이)한다.

⑥ 애벌구이한 생선은 고추장 양념을 골고루 발라서 타지 않도록 구워낸다.

⑦ 그릇에 담을 때는 머리가 왼쪽, 꼬리가 오른쪽, 배가 아래쪽으로 오도록 하여 그릇에 담아낸다.

조리 포인트

- 비늘은 꼬리에서 머리쪽으로 긁고, 지느러미는 타기 쉬우므로 꼬리는 V자로 다듬고 나머지는 잘라낸다.
- 내장 제거 시 나무젓가락을 아가미나 입으로 넣고 배가 터지지 않도록 돌려서 빼낸다.
- 칼집을 살이 없는 배 쪽에 넣으면 구울 때 터지기 쉽다.
- 내장과 물기를 완전히 제거하지 않으면 구울 때 물기가 생기고 양념이 흘러내린다.
- 생선은 구울 때 부서지기 쉬우므로 석쇠를 잘 길들여 눌어붙지 않도록 한다.
- 생선은 유장 처리하여 거의 익힌 후 고추장 양념을 발라 약한 불에서 구워야 가장자리가 타지 않는다.
- 고추장 양념에 들어가는 파, 마늘은 곱게 다지고, 양념이 되직한 경우 간장을 너무 많이 넣으면 구웠을 때 검붉은색이 되므로 물(청주)로 농도를 조절한다.

더덕구이

부식류

구이류

시험시간 30분

요구사항

※ 주어진 재료를 사용하여 더덕구이를 만드시오.

❶ 더덕은 껍질을 벗겨 사용하시오.

❷ 유장으로 초벌구이하고 고추장 양념으로 석쇠에 구우시오.

❸ 완성품은 전량 제출하시오.

MEMO

유의사항

❶ 만드는 순서에 유의하며, 위생과 숙련된 기능평가를 위하여 조리작업 시 맛을 보지 않습니다.

❷ 지정된 수험자 지참준비물 이외의 조리기구나 재료를 시험장 내에 지참할 수 없습니다.

❸ 지급재료는 시험 전 확인하여 이상이 있을 경우 시험위원으로부터 조치를 받고 시험 중에는 재료의 교환 및 추가지급은 하지 않습니다.

❹ 요구사항의 규격은 "정도"의 의미를 포함하며, 지급된 재료의 크기에 따라 가감하여 채점합니다.

❺ 위생복, 위생모, 앞치마, 마스크를 착용하여야 하며, 시험장비 · 조리도구 취급 등 안전에 유의합니다.

❻ 다음 사항은 실격에 해당하여 **채점 대상에서 제외**됩니다.

가) 수험자 본인이 시험 도중 시험에 대한 포기 의사를 표현하는 경우

나) 위생복, 위생모, 앞치마, 마스크를 착용하지 않은 경우

다) 시험시간 내에 과제 두 가지를 제출하지 못한 경우

라) 문제의 요구사항대로 과제의 수량이 만들어지지 않은 경우

마) 구이를 조림 등으로 조리하여 완성품을 요구사항과 다르게 만든 경우

바) 불을 사용하여 만든 조리작품이 작품특성에 벗어나는 정도로 타거나 익지 않은 경우

사) 해당 과제의 지급재료 이외 재료를 사용하거나 석쇠 등 요구사항의 조리기구를 사용하지 않은 경우

아) 지정된 수험자 지참준비물 이외의 조리기구를 조리에 사용한 경우

자) 가스레인지 화구 2개 이상(2개 포함) 사용한 경우

차) 시험 중 시설 · 장비(칼, 가스레인지 등) 사용 시 시험위원 및 타 수험자의 시험 진행에 위해를 일으킬 것으로 시험위원 전원이 합의하여 판단한 경우

카) 요구사항에 표시된 실격 및 부정행위에 해당하는 경우

❼ 항목별 배점은 위생상태 및 안전관리 5점, 조리기술 30점, 작품의 평가 15점입니다.

❽ 시험시작 전 가벼운 몸 풀기(스트레칭) 동작으로 긴장을 풀고 시험을 시작합니다.

🍴 지급재료

통더덕(껍질 있는 것, 길이 10∼15cm) 3개, 진간장 10㎖, 대파[흰 부분
(4cm)] 1토막, 마늘[중(깐 것)] 1쪽, 고추장 30g, 백설탕 5g, 깨소금 5g,
참기름 10㎖, 소금(정제염) 10g, 식용유 10㎖

🍲 만드는 법

① 더덕은 씻어서 껍질을 벗기고 길이로 반을 가른 후 소금물에 담가 쓴맛(사포닌)을 우려낸다.

② 손질된 더덕은 물기를 제거하고 방망이로 자근자근 두들겨 편편하게 한다. (지급된 더덕의 길이가 크면 5cm로 자른다.)

③ 파와 마늘은 곱게 다져 고추장 양념을 만든다.

④ 유장을 만들어 손질한 더덕에 골고루 발라 재운다.

⑤ 석쇠를 달구어 기름을 바르고 유장 처리한 더덕을 애벌구이(초벌구이)한다.

⑥ 애벌구이한 더덕은 고추장 양념을 골고루 발라서 타지 않도록 구워낸다. 거의 익으면 양념장을 한 번 더 덧발라 굽는다.

⑦ 그릇에 더덕의 모양을 살려서 담아낸다.

조리 포인트

- 더덕은 껍질을 위부터 돌려가며 벗기고, 부서지지 않도록 면보에 싸서 두들긴다.
- 더덕을 반으로 갈라 가운데 딱딱한 심이 들어 있으면 제거하고 두들겨야 부서지지 않는다.
- 고추장 양념에 들어가는 파, 마늘은 곱게 다지고, 양념이 되직한 경우 간장을 너무 많이 넣으면 구웠을 때 검붉은색이 되므로 물(청주)로 농도를 조절한다.
- 더덕구이의 모양과 색깔을 고려하여 유장은 너무 많이 바르지 말고, 고추장 양념은 2∼3회 얇게 덧발라가며 굽는다.
- 더덕은 유장 처리하여 거의 익힌 후 고추장 양념을 발라 약한 불에서 구워야 가장자리가 타지 않는다.

3

두부조림

조림 · 복음 · 초류

시험시간
25분

요구사항

※ 주어진 재료를 사용하여 두부조림을 만드시오.

① 두부는 0.8×3×4.5cm로 써시오.

② 8쪽을 제출하고, 촉촉하게 보이도록 국물을 약간 끼얹어 내시오.

③ 실고추와 파채를 고명으로 얹으시오.

MEMO
....

유의사항

❶ 만드는 순서에 유의하며, 위생과 숙련된 기능평가를 위하여 조리작업 시 맛을 보지 않습니다.

❷ 지정된 수험자 지참준비물 이외의 조리기구나 재료를 시험장 내에 지참할 수 없습니다.

❸ 지급재료는 시험 전 확인하여 이상이 있을 경우 시험위원으로부터 조치를 받고 시험 중에는 재료의 교환 및 추가지급은 하지 않습니다.

❹ 요구사항의 규격은 "정도"의 의미를 포함하며, 지급된 재료의 크기에 따라 가감하여 채점합니다.

❺ 위생복, 위생모, 앞치마, 마스크를 착용하여야 하며, 시험장비 · 조리도구 취급 등 안전에 유의합니다.

❻ 다음 사항은 실격에 해당하여 **채점 대상에서 제외**됩니다.

　가) 수험자 본인이 시험 도중 시험에 대한 포기 의사를 표현하는 경우

　나) 위생복, 위생모, 앞치마, 마스크를 착용하지 않은 경우

　다) 시험시간 내에 과제 두 가지를 제출하지 못한 경우

　라) 문제의 요구사항대로 과제의 수량이 만들어지지 않은 경우

　마) 구이를 조림 등으로 조리하여 완성품을 요구사항과 다르게 만든 경우

　바) 불을 사용하여 만든 조리작품이 작품특성에 벗어나는 정도로 타거나 익지 않은 경우

　사) 해당 과제의 지급재료 이외 재료를 사용하거나 석쇠 등 요구사항의 조리기구를 사용하지 않은 경우

　아) 지정된 수험자 지참준비물 이외의 조리기구를 조리에 사용한 경우

　자) 가스레인지 화구 2개 이상(2개 포함) 사용한 경우

　차) 시험 중 시설 · 장비(칼, 가스레인지 등) 사용 시 시험위원 및 타 수험자의 시험 진행에 위해를 일으킬 것으로 시험위원 전원이 합의하여 판단한 경우

　카) 요구사항에 표시된 실격 및 부정행위에 해당하는 경우

❼ 항목별 배점은 위생상태 및 안전관리 5점, 조리기술 30점, 작품의 평가 15점입니다.

❽ 시험시작 전 가벼운 몸 풀기(스트레칭) 동작으로 긴장을 풀고 시험을 시작합니다.

두부 200g, 대패[흰 부분(4cm)] 1토막, 실고추 1g,
검은 후춧가루 1g, 참기름 5㎖, 소금(정제염) 5g,
마늘[중(깐 것)] 1쪽, 식용유 30㎖, 진간장 15㎖,
깨소금 5g, 백설탕 5g

만드는 법

① 두부는 3cm×4.5cm×0.8cm 크기로 썰어서 소금을 뿌린다.
② 파의 ½은 2cm 길이로 곱게 채 썰고, 나머지 파와 마늘은 곱게 다져 양념장을 만든다.
③ 실고추는 2cm 길이로 자른다.
④ 마른 면보로 두부의 물기를 제거한 후 팬에 기름을 두르고 앞뒤를 노릇노릇하게 지진다.
⑤ 냄비에 두부를 넣고 양념장을 끼얹은 다음 약한 불에서 뚜껑을 덮어 조린다. 반쯤 조려지면 약불로 낮추고 양념장을 골고루 끼얹어 가며 윤기가 나도록 조린다.
⑥ 두부가 거의 다 조려져 국물이 2~3큰술 정도 남으면 파채, 실고추를 얹고 국물을 끼얹는다.
⑦ 그릇에 두부를 담고 국물을 끼얹어 낸다.

 조리 포인트

- 두부는 조리 도중 부서지기 쉬우므로 크기를 일정하게 썰어 10개 정도 여유 있게 준비한다.
- 소금을 뿌리면 두부가 단단해지고 밑간이 된다.
- 파의 푸른 잎부분이 지급되면 채로 썰어 고명으로 사용한다.
- 두부는 센 불에서 지져야 표면이 단단해져 부서지지 않고 노릇노릇하게 색이 잘 난다.
- 두부를 지질 때 팬에 기름을 넉넉히 두르고 한쪽 면의 색깔을 충분히 낸 다음 뒤집어 색을 낸다.
- 두부를 너무 오래 지지면 딱딱해진다.

홍합초

시 험 시 간
20분

요구사항

※ 주어진 재료를 사용하여 홍합초를 만드시오.

❶ 마늘과 생강은 편으로, 파는 2cm로 써시오.

❷ 홍합은 전량 사용하고, 촉촉하게 보이도록 국물을 끼얹어 제출하시오.

❸ 잣가루를 고명으로 얹으시오.

MEMO
....

유의사항

❶ 만드는 순서에 유의하며, 위생과 숙련된 기능평가를 위하여 조리작업 시 맛을 보지 않습니다.

❷ 지정된 수험자 지참준비물 이외의 조리기구나 재료를 시험장 내에 지참할 수 없습니다.

❸ 지급재료는 시험 전 확인하여 이상이 있을 경우 시험위원으로부터 조치를 받고 시험 중에는 재료의 교환 및 추가지급은 하지 않습니다.

❹ 요구사항의 규격은 "정도"의 의미를 포함하며, 지급된 재료의 크기에 따라 가감하여 채점합니다.

❺ 위생복, 위생모, 앞치마, 마스크를 착용하여야 하며, 시험장비 · 조리도구 취급 등 안전에 유의합니다.

❻ 다음 사항은 실격에 해당하여 **채점 대상에서 제외**됩니다.

　가) 수험자 본인이 시험 도중 시험에 대한 포기 의사를 표현하는 경우

　나) 위생복, 위생모, 앞치마, 마스크를 착용하지 않은 경우

　다) 시험시간 내에 과제 두 가지를 제출하지 못한 경우

　라) 문제의 요구사항대로 과제의 수량이 만들어지지 않은 경우

　마) 구이를 조림 등으로 조리하여 완성품을 요구사항과 다르게 만든 경우

　바) 불을 사용하여 만든 조리작품이 작품특성에 벗어나는 정도로 타거나 익지 않은 경우

　사) 해당 과제의 지급재료 이외 재료를 사용하거나 석쇠 등 요구사항의 조리기구를 사용하지 않은 경우

　아) 지정된 수험자 지참준비물 이외의 조리기구를 조리에 사용한 경우

　자) 가스레인지 화구 2개 이상(2개 포함) 사용한 경우

　차) 시험 중 시설 · 장비(칼, 가스레인지 등) 사용 시 시험위원 및 타 수험자의 시험 진행에 위해를 일으킬 것으로 시험위원 전원이 합의하여 판단한 경우

　카) 요구사항에 표시된 실격 및 부정행위에 해당하는 경우

❼ 항목별 배점은 위생상태 및 안전관리 5점, 조리기술 30점, 작품의 평가 15점입니다.

❽ 시험시작 전 가벼운 몸 풀기(스트레칭) 동작으로 긴장을 풀고 시험을 시작합니다.

지급재료

생홍합(굵고 싱싱한 것, 껍질 벗긴 것으로 지급) 100g,
대파[흰 부분(4cm)] 1토막, 검은 후춧가루 2g,
참기름 5㎖, 마늘[중(깐 것)] 2쪽, 진간장 40㎖, 생강 15g,
백설탕 10g, 잣(깐 것) 5개

만드는 법

① 마늘과 생강은 두께 0.2cm의 편으로 썰고, 파는 2cm 길이로 자른다.

② 생홍합살은 잔털을 제거하고 소금물에 흔들어 깨끗이 씻어 끓는 물에 소금을 넣고 살짝 데쳐낸다.

③ 냄비에 양념장을 만들어 붓고 끓으면 홍합, 마늘, 생강을 넣어 중간 불에서 은근하게 조린다.

④ 국물이 반 정도 조려지면 파를 넣고 국물을 끼얹어가며 윤기 나게 조린다.

⑤ 국물이 거의 조려지면 참기름과 후춧가루를 넣고 불을 끈다.

⑥ 그릇에 홍합초를 담고 국물을 끼얹어 낸다.

 조리 포인트

- 껍질 붙은 홍합은 씻어서 끓는 물에 데쳐 속의 홍합살만 빼내어 사용한다.
- 홍합살을 소금물(바닷물 농도)에 흔들어 씻으면서 이물질과 함께 껍질도 골라낸다.
- 파는 너무 무르지 않도록 나중에 넣어 조린다.
- 조림은 뚜껑을 열고 중간 불에서 양념장을 끼얹어가며 조려야 색깔이 곱고 윤기가 난다.

오징어볶음

조림 · 복음 · 초류

시험시간
30분

🧂 요구사항

※ 주어진 재료를 사용하여 오징어볶음을 만드시오.

① 오징어는 0.3cm 폭으로 어슷하게 칼집을 넣고, 크기는 4×1.5cm로 써시오.(단, 오징어 다리는 4cm 길이로 자른다.)

② 고추, 파는 어슷썰기, 양파는 폭 1cm로 써시오.

MEMO
....

⚖️ 유의사항

① 만드는 순서에 유의하며, 위생과 숙련된 기능평가를 위하여 조리작업 시 맛을 보지 않습니다.

② 지정된 수험자 지참준비물 이외의 조리기구나 재료를 시험장 내에 지참할 수 없습니다.

③ 지급재료는 시험 전 확인하여 이상이 있을 경우 시험위원으로부터 조치를 받고 시험 중에는 재료의 교환 및 추가지급은 하지 않습니다.

④ 요구사항의 규격은 "정도"의 의미를 포함하며, 지급된 재료의 크기에 따라 가감하여 채점합니다.

⑤ 위생복, 위생모, 앞치마, 마스크를 착용하여야 하며, 시험장비 · 조리도구 취급 등 안전에 유의합니다.

⑥ 다음 사항은 실격에 해당하여 **채점 대상에서 제외**됩니다.

　가) 수험자 본인이 시험 도중 시험에 대한 포기 의사를 표현하는 경우

　나) 위생복, 위생모, 앞치마, 마스크를 착용하지 않은 경우

　다) 시험시간 내에 과제 두 가지를 제출하지 못한 경우

　라) 문제의 요구사항대로 과제의 수량이 만들어지지 않은 경우

　마) 구이를 조림 등으로 조리하여 완성품을 요구사항과 다르게 만든 경우

　바) 불을 사용하여 만든 조리작품이 작품특성에 벗어나는 정도로 타거나 익지 않은 경우

　사) 해당 과제의 지급재료 이외 재료를 사용하거나 석쇠 등 요구사항의 조리기구를 사용하지 않은 경우

　아) 지정된 수험자 지참준비물 이외의 조리기구를 조리에 사용한 경우

　자) 가스레인지 화구 2개 이상(2개 포함) 사용한 경우

　차) 시험 중 시설 · 장비(칼, 가스레인지 등) 사용 시 시험위원 및 타 수험자의 시험 진행에 위해를 일으킬 것으로 시험위원 전원이 합의하여 판단한 경우

　카) 요구사항에 표시된 실격 및 부정행위에 해당하는 경우

⑦ 항목별 배점은 위생상태 및 안전관리 5점, 조리기술 30점, 작품의 평가 15점입니다.

⑧ 시험시작 전 가벼운 몸 풀기(스트레칭) 동작으로 긴장을 풀고 시험을 시작합니다.

🍴 지급재료

물오징어(250g) 1마리, 양파[중(150g)] 1/3개,
풋고추(길이 5cm 이상) 1개, 홍고추(생) 1개, 마늘[중(깐 것)] 2쪽,
대파[흰 부분(4cm)] 1토막, 소금(정제염) 5g,
진간장 10㎖, 백설탕 20g, 참기름 10㎖, 깨소금 5g,
생강 5g, 고춧가루 15g, 고추장 50g, 검은 후춧가루 2g, 식용유 30㎖

♨ 만드는 법

① 오징어는 먹물이 터지지 않게 내장을 제거하고 몸통과 다리의 껍질을 벗겨 깨끗이 씻는다.
② 몸통 안쪽에 가로, 세로 0.3cm 간격으로 어슷하게 칼집을 넣은 후 5cm×1.5cm 크기로 썬다.
③ 홍고추와 풋고추는 두께 0.8cm로 어슷썰어 씨를 털어내고, 파도 어슷하게 썬다.
   양파는 한 장씩 떼어서 둥근 모양을 살려 1cm 너비로 썬다.
④ 마늘과 생강은 곱게 다지고 고추장 양념을 만든다.
⑤ 팬에 기름을 두르고 센 불에서 양파, 오징어 순으로 볶다가 양념장을 넣어 볶는다.
⑥ 양념이 어우러지면 풋고추, 홍고추, 대파를 넣고 살짝 볶은 후 참기름을 넣어 윤기를 낸다.
⑦ 그릇에 오징어와 채소가 골고루 섞이도록 담아낸다.

조리 포인트

- 오징어 껍질은 손에 소금을 묻혀 잡아당기면서 벗긴다.
- 오징어는 안쪽에 칼을 뉘어서 일정한 간격의 사선으로 칼집을 넣은 후 가로로 잘라야 동그랗게 말리지 않고 솔방울 모양이 된다.
- 오징어 다리는 질기므로 껍질을 벗기고 잔칼집을 넣어 자른다.
- 오징어가 익으면 줄어들므로 약간 크게 썬다.
- 고추장 양념을 넣고 센 불에서 빨리 볶아야 물이 생기지 않는다.
- 식용유를 너무 많이 넣고 볶으면 나중에 양념과 기름이 분리된다.
- 고추장 양념이 타기 쉬우므로 불 조절을 잘하여 볶는다.

3장 한국음식의 기초조리 실습 **221**

무생채

생채 · 숙채 · 무침류

🧂 요구사항

※ 주어진 재료를 사용하여 무생채를 만드시오.

❶ 무는 0.2×0.2×6cm로 썰어 사용하시오.

❷ 생채는 고춧가루를 사용하시오.

❸ 무생채는 70g 이상 제출하시오.

MEMO
....

⏱ 유의사항

❶ 만드는 순서에 유의하며, 위생과 숙련된 기능평가를 위하여 조리작업 시 맛을 보지 않습니다.

❷ 지정된 수험자 지참준비물 이외의 조리기구나 재료를 시험장 내에 지참할 수 없습니다.

❸ 지급재료는 시험 전 확인하여 이상이 있을 경우 시험위원으로부터 조치를 받고 시험 중에는 재료의 교환 및 추가지급은 하지 않습니다.

❹ 요구사항의 규격은 "정도"의 의미를 포함하며, 지급된 재료의 크기에 따라 가감하여 채점합니다.

❺ 위생복, 위생모, 앞치마, 마스크를 착용하여야 하며, 시험장비 · 조리도구 취급 등 안전에 유의합니다.

❻ 다음 사항은 실격에 해당하여 **채점 대상에서 제외**됩니다.
　가) 수험자 본인이 시험 도중 시험에 대한 포기 의사를 표현하는 경우
　나) 위생복, 위생모, 앞치마, 마스크를 착용하지 않은 경우
　다) 시험시간 내에 과제 두 가지를 제출하지 못한 경우
　라) 문제의 요구사항대로 과제의 수량이 만들어지지 않은 경우
　마) 구이를 조림 등으로 조리하여 완성품을 요구사항과 다르게 만든 경우
　바) 불을 사용하여 만든 조리작품이 작품특성에 벗어나는 정도로 타거나 익지 않은 경우
　사) 해당 과제의 지급재료 이외 재료를 사용하거나 석쇠 등 요구사항의 조리기구를 사용하지 않은 경우
　아) 지정된 수험자 지참준비물 이외의 조리기구를 조리에 사용한 경우
　자) 가스레인지 화구 2개 이상(2개 포함) 사용한 경우
　차) 시험 중 시설 · 장비(칼, 가스레인지 등) 사용 시 시험위원 및 타 수험자의 시험 진행에 위해를 일으킬 것으로 시험위원 전원이 합의하여 판단한 경우
　카) 요구사항에 표시된 실격 및 부정행위에 해당하는 경우

❼ 항목별 배점은 위생상태 및 안전관리 5점, 조리기술 30점, 작품의 평가 15점입니다.

❽ 시험시작 전 가벼운 몸 풀기(스트레칭) 동작으로 긴장을 풀고 시험을 시작합니다.

🍴 지급재료

무(길이 7cm) 120g, 소금(정제염) 5g,
고춧가루 10g, 백설탕 10g, 식초 5㎖,
대파[흰 부분(4cm)] 1토막,
마늘[중(깐 것)] 1쪽, 깨소금 5g, 생강 5g

♨ 만드는 법

① 파와 마늘, 생강을 곱게 다지고 생채양념을 만든다.
② 무는 껍질을 벗겨 0.2cm×0.2cm×6cm 크기로 채 썰어 고운 고춧가루를 넣고 버무려 약한 붉은색으로 물을 들인다.
③ 물들인 무채에 생채 양념을 넣고 손끝으로 가볍게 버무려 그릇에 보기 좋게 담아낸다.

👨‍🍳 조리 포인트

- 무는 길이(결) 방향으로 굵기를 일정하게 썰어야 색이 곱고 고르게 물든다.
- 무채를 소금에 절이면 물기는 덜 생기지만 싱싱하지 않다.
- 고춧가루가 거칠 경우 다진 다음 체에 내려서 사용하여야 무생채가 깔끔하다.
- 고춧가루 양념은 무치면서 색깔을 보고 나누어 넣는다.
- 생채는 미리 무쳐 놓으면 물이 생기므로 그릇에 담기 직전에 무쳐 담는다.

3장 한국음식의 기초조리 실습 223

3

도라지생채

시험시간
15분

요구사항

※ 주어진 재료를 사용하여 도라지생채를 만드시오.

① 도라지의 크기는 0.3×0.3×6cm로 써시오.

② 생채는 고추장과 고춧가루 양념으로 무쳐 제출하시오.

MEMO
....

유의사항

① 만드는 순서에 유의하며, 위생과 숙련된 기능평가를 위하여 조리작업 시 맛을 보지 않습니다.

② 지정된 수험자 지참준비물 이외의 조리기구나 재료를 시험장 내에 지참할 수 없습니다.

③ 지급재료는 시험 전 확인하여 이상이 있을 경우 시험위원으로부터 조치를 받고 시험 중에는 재료의 교환 및 추가지급은 하지 않습니다.

④ 요구사항의 규격은 "정도"의 의미를 포함하며, 지급된 재료의 크기에 따라 가감하여 채점합니다.

⑤ 위생복, 위생모, 앞치마, 마스크를 착용하여야 하며, 시험장비 · 조리도구 취급 등 안전에 유의합니다.

⑥ 다음 사항은 실격에 해당하여 **채점 대상에서 제외**됩니다.

　가) 수험자 본인이 시험 도중 시험에 대한 포기 의사를 표현하는 경우

　나) 위생복, 위생모, 앞치마, 마스크를 착용하지 않은 경우

　다) 시험시간 내에 과제 두 가지를 제출하지 못한 경우

　라) 문제의 요구사항대로 과제의 수량이 만들어지지 않은 경우

　마) 구이를 조림 등으로 조리하여 완성품을 요구사항과 다르게 만든 경우

　바) 불을 사용하여 만든 조리작품이 작품특성에 벗어나는 정도로 타거나 익지 않은 경우

　사) 해당 과제의 지급재료 이외 재료를 사용하거나 석쇠 등 요구사항의 조리기구를 사용하지 않은 경우

　아) 지정된 수험자 지참준비물 이외의 조리기구를 조리에 사용한 경우

　자) 가스레인지 화구 2개 이상(2개 포함) 사용한 경우

　차) 시험 중 시설 · 장비(칼, 가스레인지 등) 사용 시 시험위원 및 타 수험자의 시험 진행에 위해를 일으킬 것으로 시험위원 전원이 합의하여 판단한 경우

　카) 요구사항에 표시된 실격 및 부정행위에 해당하는 경우

⑦ 항목별 배점은 위생상태 및 안전관리 5점, 조리기술 30점, 작품의 평가 15점입니다.

⑧ 시험시작 전 가벼운 몸 풀기(스트레칭) 동작으로 긴장을 풀고 시험을 시작합니다.

통도라지(껍질 있는 것) 3개, 소금(정제염) 5g,
고추장 20g, 백설탕 10g, 식초 15㎖,
대파[흰 부분(4cm)] 1토막,
마늘[중(간 것)] 1쪽, 깨소금 5g, 고춧가루 10g

만드는 법

① 도라지는 깨끗이 씻어 잔뿌리는 제거하고 껍질을 돌려가며 벗긴다.

② 손질한 도라지는 0.3cm×0.3cm×6cm로 썬 다음 소금물에 주물러서 쓴맛을 없애고 물기를 꼭 짠다.

③ 파와 마늘을 곱게 다져 생채 양념을 만든다.

④ 도라지채에 양념을 넣고 손끝으로 가볍게 버무려 그릇에 보기 좋게 담아낸다.

 조리 포인트

- 도라지 껍질이 잘 벗겨지지 않으면 물에 잠시 불려서 벗긴다.
- 도라지는 칼로 일정하게 썰거나 가늘게 찢어서 사용한다.
- 도라지는 소금물에 주물러 물기를 꼭 짜서 무쳐야 물기가 덜 생긴다.
- 고춧가루가 거칠 경우 다진 다음 체에 내려서 사용하여야 도라지생채가 깔끔하다.
- 양념은 무치면서 색깔을 보고 나누어 넣는다.
- 양념에 고추장이 들어가므로 소금은 조금만 넣는다.
- 생채는 미리 무쳐 놓으면 물이 생기고 빛깔이 변하므로 그릇에 담기 직전에 무쳐 담는다.

더덕생채

생채 · 숙채 · 무침류

시험시간
20분

요구사항

※ 주어진 재료를 사용하여 더덕생채를 만드시오.

❶ 더덕은 5cm로 썰어 두들겨 편 후 찢어서 쓴맛을 제거하여 사용하시오.

❷ 고춧가루로 양념하고, 전량 제출하시오.

MEMO
. . . .

유의사항

❶ 만드는 순서에 유의하며, 위생과 숙련된 기능평가를 위하여 조리작업 시 맛을 보지 않습니다.

❷ 지정된 수험자 지참준비물 이외의 조리기구나 재료를 시험장 내에 지참할 수 없습니다.

❸ 지급재료는 시험 전 확인하여 이상이 있을 경우 시험위원으로부터 조치를 받고 시험 중에는 재료의 교환 및 추가지급은 하지 않습니다.

❹ 요구사항의 규격은 "정도"의 의미를 포함하며, 지급된 재료의 크기에 따라 가감하여 채점합니다.

❺ 위생복, 위생모, 앞치마, 마스크를 착용하여야 하며, 시험장비 · 조리도구 취급 등 안전에 유의합니다.

❻ 다음 사항은 실격에 해당하여 **채점 대상에서 제외**됩니다.

　가) 수험자 본인이 시험 도중 시험에 대한 포기 의사를 표현하는 경우

　나) 위생복, 위생모, 앞치마, 마스크를 착용하지 않은 경우

　다) 시험시간 내에 과제 두 가지를 제출하지 못한 경우

　라) 문제의 요구사항대로 과제의 수량이 만들어지지 않은 경우

　마) 구이를 조림 등으로 조리하여 완성품을 요구사항과 다르게 만든 경우

　바) 불을 사용하여 만든 조리작품이 작품특성에 벗어나는 정도로 타거나 익지 않은 경우

　사) 해당 과제의 지급재료 이외 재료를 사용하거나 석쇠 등 요구사항의 조리기구를 사용하지 않은 경우

　아) 지정된 수험자 지참준비물 이외의 조리기구를 조리에 사용한 경우

　자) 가스레인지 화구 2개 이상(2개 포함) 사용한 경우

　차) 시험 중 시설 · 장비(칼, 가스레인지 등) 사용 시 시험위원 및 타 수험자의 시험 진행에 위해를 일으킬 것으로 시험위원 전원이 합의하여 판단한 경우

　카) 요구사항에 표시된 실격 및 부정행위에 해당하는 경우

❼ 항목별 배점은 위생상태 및 안전관리 5점, 조리기술 30점, 작품의 평가 15점입니다.

❽ 시험시작 전 가벼운 몸 풀기(스트레칭) 동작으로 긴장을 풀고 시험을 시작합니다.

🍴 지급재료

통더덕(껍질 있는 것, 길이 10~15cm) 2개,
마늘[중(깐 것)] 1쪽, 백설탕 5g, 식초 5mℓ,
대파[흰 부분(4cm)] 1토막, 소금(정제염) 5g,
깨소금 5g, 고춧가루 20g

♨ 만드는 법

① 더덕은 깨끗이 씻어 껍질을 돌려가며 벗긴 후 길이로 반을 갈라 소금물에 담가 쓴맛을 우려낸다.

② 건져낸 더덕은 물기를 없애고 방망이로 자근자근 두들겨 가늘고 길게 찢는다.

③ 파와 마늘을 곱게 다져 생채 양념을 만든다.

④ 찢은 더덕에 양념을 넣고 손끝으로 가볍게 버무려 그릇에 보기 좋게 담아낸다.

조리 포인트

- 주어진 더덕이 너무 굵으면 편으로 포를 떠서 사용한다.
- 더덕 가운데 딱딱한 심이 들어 있으면 제거한다.
- 물기를 완전히 없애고 면보로 싸서 두들겨야 덜 부서지지 않는다.
- 고춧가루가 거칠 경우 다진 다음 체에 내려서 사용하여야 더덕생채가 깔끔하다.
- 양념은 색깔을 보면서 나누어 넣고, 뭉치지 않게 잘 주물러 무쳐서 담을 때는 부풀려 담는다.

겨자채

생채 · 숙채 · 무침류

🫙 요구사항

※ 주어진 재료를 사용하여 겨자채를 만드시오.

❶ 채소, 편육, 황 · 백지단, 배는 0.3×1×4cm로 써시오.

❷ 밤은 모양대로 납작하게 써시오.

❸ 겨자는 발효시켜 매운맛이 나도록 하여 간을 맞춘 후 재료를 무쳐서 담고, 잣은 고명으로 올리시오.

MEMO
....

⚖ 유의사항

❶ 만드는 순서에 유의하며, 위생과 숙련된 기능평가를 위하여 조리작업 시 맛을 보지 않습니다.

❷ 지정된 수험자 지참준비물 이외의 조리기구나 재료를 시험장 내에 지참할 수 없습니다.

❸ 지급재료는 시험 전 확인하여 이상이 있을 경우 시험위원으로부터 조치를 받고 시험 중에는 재료의 교환 및 추가지급은 하지 않습니다.

❹ 요구사항의 규격은 "정도"의 의미를 포함하며, 지급된 재료의 크기에 따라 가감하여 채점합니다.

❺ 위생복, 위생모, 앞치마, 마스크를 착용하여야 하며, 시험장비 · 조리도구 취급 등 안전에 유의합니다.

❻ 다음 사항은 실격에 해당하여 **채점 대상에서 제외**됩니다.

가) 수험자 본인이 시험 도중 시험에 대한 포기 의사를 표현하는 경우

나) 위생복, 위생모, 앞치마, 마스크를 착용하지 않은 경우

다) 시험시간 내에 과제 두 가지를 제출하지 못한 경우

라) 문제의 요구사항대로 과제의 수량이 만들어지지 않은 경우

마) 구이를 조림 등으로 조리하여 완성품을 요구사항과 다르게 만든 경우

바) 불을 사용하여 만든 조리작품이 작품특성에 벗어나는 정도로 타거나 익지 않은 경우

사) 해당 과제의 지급재료 이외 재료를 사용하거나 석쇠 등 요구사항의 조리기구를 사용하지 않은 경우

아) 지정된 수험자 지참준비물 이외의 조리기구를 조리에 사용한 경우

자) 가스레인지 화구 2개 이상(2개 포함) 사용한 경우

차) 시험 중 시설 · 장비(칼, 가스레인지 등) 사용 시 시험위원 및 타 수험자의 시험 진행에 위해를 일으킬 것으로 시험위원 전원이 합의하여 판단한 경우

카) 요구사항에 표시된 실격 및 부정행위에 해당하는 경우

❼ 항목별 배점은 위생상태 및 안전관리 5점, 조리기술 30점, 작품의 평가 15점입니다.

❽ 시험시작 전 가벼운 몸 풀기(스트레칭) 동작으로 긴장을 풀고 시험을 시작합니다.

🍴 지급재료

양배추(길이 5cm) 50g, 오이(가늘고 곧은 것, 길이 20cm) 1/3개,
당근(곧은 것, 길이 7cm) 50g, 소고기(살코기, 길이 5cm) 50g,
밤[중(생것), 껍질 깐 것] 2개, 달걀 1개,
배[중(길이로 등분), 50g] 1/8개, 백설탕 20g,
잣(깐 것) 5개, 소금(정제염) 5g, 식초 10㎖,
진간장 5㎖, 겨잣가루 6g, 식용유 10㎖

🍲 만드는 법

① 쇠고기는 덩어리째 끓는 물에 삶아서 식힌 후 4cm×1cm×0.3cm 크기로 썬다.

② 겨자는 따뜻한 물로 되직하게 갠 다음 물이 끓는 냄비 뚜껑에 얹어서 발효시킨 후 겨자즙을 만든다.

③ 양배추, 오이, 당근은 4cm×1cm×0.3cm 크기로 썰어 찬물에 담가 둔다.

④ 배는 4cm×1cm×0.3cm 크기로 썰고, 밤은 생긴 모양대로 납작하게 썰어 설탕물에 담가 둔다.

⑤ 달걀은 황백지단을 0.3cm 두께로 부쳐서 4cm×1cm 크기로 썬다.

⑥ 잣은 고깔을 떼고 젖은 면보로 닦아 길이로 반을 쪼개어 비늘잣을 만든다.

⑦ 물에 담가둔 양배추, 오이, 당근, 배, 밤은 건져 물기를 빼고 쇠고기 편육, 황백지단과 함께 겨자즙을 넣고 버무린다.

⑧ 그릇에 색 맞추어 잘 섞어 담고 비늘잣을 고명으로 얹어낸다.

👨‍🍳 조리 포인트

- 쇠고기는 핏물을 제거하고 끓는 물에 소금을 넣고 삶아서 식은 후에 썰어야 부스러지지 않는다.
- 겨자는 동량의 40℃의 물에 개어서 따뜻한 곳에 10분 이상 두어야 발효가 되어 매운맛이 난다.
- 양배추는 줄기부분이 두꺼우면 저며 썬다.
- 오이는 씨부분을 제거하고 사용한다. (돌려깎기하여 껍질만 사용하면 뻣뻣하고 질기다.)
- 채소는 찬물에 담가 싱싱하고 아삭하게 하며, 배와 밤은 설탕물에 담가 갈변을 방지한다.
- 물에 담가둔 재료는 물기를 완전히 제거하여야 겨자즙이 잘 무쳐진다.
- 지단과 배는 부서지기 쉬우므로 마지막에 넣어 가볍게 버무린다.

잡채

생채 · 숙채 · 무침류

시험시간
35분

요구사항

※ 주어진 재료를 사용하여 잡채를 만드시오.

❶ 소고기, 양파, 오이, 당근, 도라지, 표고버섯은
0.3×0.3×6cm로 썰어 사용하시오.

❷ 숙주는 데치고 목이버섯은 찢어서 사용하시오.

❸ 당면은 삶아서 유장처리하여 볶으시오.

❹ 황 · 백지단은 0.2×0.2×4cm로 썰어 고명으로
얹으시오

 MEMO

유의사항

❶ 만드는 순서에 유의하며, 위생과 숙련된 기능평가를 위하여 조리작업 시
맛을 보지 않습니다.

❷ 지정된 수험자 지참준비물 이외의 조리기구나 재료를 시험장 내에 지참할
수 없습니다.

❸ 지급재료는 시험 전 확인하여 이상이 있을 경우 시험위원으로부터 조치를
받고 시험 중에는 재료의 교환 및 추가지급은 하지 않습니다.

❹ 요구사항의 규격은 "정도"의 의미를 포함하며, 지급된 재료의 크기에 따라
가감하여 채점합니다.

❺ 위생복, 위생모, 앞치마, 마스크를 착용하여야 하며, 시험장비 · 조리도구
취급 등 안전에 유의합니다.

❻ 다음 사항은 실격에 해당하여 **채점 대상에서 제외**됩니다.

가) 수험자 본인이 시험 도중 시험에 대한 포기 의사를 표현하는 경우

나) 위생복, 위생모, 앞치마, 마스크를 착용하지 않은 경우

다) 시험시간 내에 과제 두 가지를 제출하지 못한 경우

라) 문제의 요구사항대로 과제의 수량이 만들어지지 않은 경우

마) 구이를 조림 등으로 조리하여 완성품을 요구사항과 다르게 만든 경우

바) 불을 사용하여 만든 조리작품이 작품특성에 벗어나는 정도로 타거나 익지
않은 경우

사) 해당 과제의 지급재료 이외 재료를 사용하거나 석쇠 등 요구사항의
조리기구를 사용하지 않은 경우

아) 지정된 수험자 지참준비물 이외의 조리기구를 조리에 사용한 경우

자) 가스레인지 화구 2개 이상(2개 포함) 사용한 경우

차) 시험 중 시설 · 장비(칼, 가스레인지 등) 사용 시 시험위원 및 타 수험자의
시험 진행에 위해를 일으킬 것으로 시험위원 전원이 합의하여 판단한
경우

카) 요구사항에 표시된 실격 및 부정행위에 해당하는 경우

❼ 항목별 배점은 위생상태 및 안전관리 5점, 조리기술 30점, 작품의 평가
15점입니다.

❽ 시험시작 전 가벼운 몸 풀기(스트레칭) 동작으로 긴장을 풀고 시험을 시작합니다.

🍴 지급재료

당면 20g, 소고기(살코기, 길이 7cm) 30g, 오이(가늘고 곧은 것, 길이 20cm) 1/3개,
대파[흰 부분(4cm)] 1토막, 당근(곧은 것, 길이 7cm) 50g,
건표고버섯(지름 5cm, 물에 불린 것, 부서지지 않은 것) 1개, 양파[중(150g)] 1/3개,
숙주(생것) 20g, 건목이버섯(지름 5cm, 물에 불린 것) 2개, 마늘[중(깐 것)] 2쪽,
통도라지(껍질 있는 것, 길이 20cm) 1개, 백설탕 10g, 진간장 20㎖,
식용유 50㎖, 깨소금 5g, 검은 후춧가루 1g, 참기름 5㎖, 소금(정제염) 15g, 달걀 1개

🍲 만드는 법

① 파, 마늘은 곱게 다져 쇠고기와 버섯양념장을 만든다.

② 표고버섯은 미지근한 물에 불려 0.3cm×0.3cm×6cm 크기로 채 썰고, 쇠고기는 표고버섯과 같은 크기로 채 썰어 각각 양념한다.

③ 목이버섯은 미지근한 물에 불려서 적당한 크기로 찢어 버섯양념장에 양념한다.

④ 숙주는 머리와 꼬리를 떼어내고 끓는 물에 소금을 넣고 데친 후 물기를 제거하여 소금과 참기름에 양념한다.

⑤ 오이는 돌려깎기하여 0.3cm×0.3cm×6cm 크기로 채 썬 후 소금에 살짝 절여 물기를 빼고, 도라지는 0.3cm×0.3cm×6cm 크기
로 채 썬 후 소금물에 주물러 씻어 물기를 뺀다.

⑥ 당근과 양파는 0.3cm×0.3cm×6cm 크기로 채 썬다.

⑦ 당면은 끓는 물에 삶아 찬물에 헹구고 물기를 뺀 후 적당한 길이로 잘라 당면 양념장에 양념한다.

⑧ 달걀은 황백지단을 부쳐서 0.2cm×0.2cm×4cm 크기로 채 썬다.

⑨ 팬에 기름을 두르고 도라지, 양파, 오이, 당근, 목이버섯, 표고버섯, 쇠고기, 당면 순으로 볶는다.

⑩ 볶아놓은 재료에 설탕, 소금, 깨소금, 간장, 참기름을 넣어 고루 버무린다.

⑪ 그릇에 잡채를 담고 황백지단을 고명으로 얹어낸다.

👨‍🍳 조리 포인트

- 각각의 채소는 일정한 크기로 채 썰어야 무쳤을 때 모양이 지저분하지 않고 깔끔하다.
- 당면은 미지근한 물에 담가 놓았다가 삶으면 빨리 삶아진다.
- 당면은 삶아서 간장과 참기름으로 양념하면 붇지 않고 색이 곱게 물들며 볶을 때 팬에 달라붙지도 않는다.
- 팬 사용은 무색(無色)에서 유색(有色), 무취(無臭)에서 유취(有臭)의 재료 순서로 볶아야 양념이 묻어나지 않고 선명한 색
을 얻을 수 있다.

탕평채

생채 · 숙채 · 무침류

시험시간
35분

 요구사항

※ 주어진 재료를 사용하여 탕평채를 만드시오.

❶ 청포묵은 0.4×0.4×6cm로 썰어 데쳐서 사용하시오.

❷ 모든 부재료의 길이는 4~5cm로 써시오.

❸ 소고기, 미나리, 거두절미한 숙주는 각각 조리하여 청포묵과 함께 초간장으로 무쳐 담아내시오.

❹ 황 · 백지단은 4cm 길이로 채 썰고, 김은 구워 부숴서 고명으로 얹으시오.

MEMO
....

유의사항

❶ 만드는 순서에 유의하며, 위생과 숙련된 기능평가를 위하여 조리작업 시 맛을 보지 않습니다.

❷ 지정된 수험자 지참준비물 이외의 조리기구나 재료를 시험장 내에 지참할 수 없습니다.

❸ 지급재료는 시험 전 확인하여 이상이 있을 경우 시험위원으로부터 조치를 받고 시험 중에는 재료의 교환 및 추가지급은 하지 않습니다.

❹ 요구사항의 규격은 "정도"의 의미를 포함하며, 지급된 재료의 크기에 따라 가감하여 채점합니다.

❺ 위생복, 위생모, 앞치마, 마스크를 착용하여야 하며, 시험장비 · 조리도구 취급 등 안전에 유의합니다.

❻ 다음 사항은 실격에 해당하여 **채점 대상에서 제외**됩니다.

　가) 수험자 본인이 시험 도중 시험에 대한 포기 의사를 표현하는 경우

　나) 위생복, 위생모, 앞치마, 마스크를 착용하지 않은 경우

　다) 시험시간 내에 과제 두 가지를 제출하지 못한 경우

　라) 문제의 요구사항대로 과제의 수량이 만들어지지 않은 경우

　마) 구이를 조림 등으로 조리하여 완성품을 요구사항과 다르게 만든 경우

　바) 불을 사용하여 만든 조리작품이 작품특성에 벗어나는 정도로 타거나 익지 않은 경우

　사) 해당 과제의 지급재료 이외 재료를 사용하거나 석쇠 등 요구사항의 조리기구를 사용하지 않은 경우

　아) 지정된 수험자 지참준비물 이외의 조리기구를 조리에 사용한 경우

　자) 가스레인지 화구 2개 이상(2개 포함) 사용한 경우

　차) 시험 중 시설 · 장비(칼, 가스레인지 등) 사용 시 시험위원 및 타 수험자의 시험 진행에 위해를 일으킬 것으로 시험위원 전원이 합의하여 판단한 경우

　카) 요구사항에 표시된 실격 및 부정행위에 해당하는 경우

❼ 항목별 배점은 위생상태 및 안전관리 5점, 조리기술 30점, 작품의 평가 15점입니다.

❽ 시험시작 전 가벼운 몸 풀기(스트레칭) 동작으로 긴장을 풀고 시험을 시작합니다.

🍴 지급재료

청포묵[중(길이 6cm)] 150g, 소고기(살코기, 길이 5cm) 20g, 숙주(생것) 20g,
미나리(줄기 부분) 10g, 달걀 1개, 김 1/4장, 진간장 20mℓ,
마늘[중(깐 것)] 2쪽, 대파[흰 부분(4cm)] 1토막,
검은 후춧가루 1g, 참기름 5mℓ, 백설탕 5g, 깨소금 5g, 식초 5mℓ,
소금(정제염) 5g, 식용유 10mℓ

🍲 만드는 법

① 파와 마늘은 곱게 다져 쇠고기 양념장을 만든다.

② 청포묵은 0.4cm×0.4cm×7cm 크기로 채 썰어 끓는 물에 데친 후 물기를 빼고 식혀서 소금과 참기름으로 양념한다.

③ 숙주는 머리와 꼬리를 떼어내고 끓는 소금물에 데친 후 찬물에 헹구고 물기를 뺀 후 소금과 참기름으로 양념한다.

④ 미나리는 줄기만 다듬어 끓는 물에 데친 후 찬물에 헹구고 물기를 제거하여 4cm 길이로 자른다.

⑤ 쇠고기는 0.4cm×0.4cm×5cm 크기로 채 썰어 쇠고기 양념장에 양념한다.

⑥ 달걀은 황백지단을 부쳐 4cm 길이로 채 썰고, 김은 구워 잘게 부순다.

⑦ 팬에 기름을 두르고 양념한 쇠고기를 볶는다.

⑧ 청포묵, 숙주, 미나리, 쇠고기에 초장을 넣고 가볍게 버무린다.

⑨ 그릇에 탕평채를 담고 김과 황백지단을 고명으로 얹는다.

👨‍🍳 조리 포인트

- 청포묵은 일정한 크기로 썰어야 양념이 고루 배어 색깔이 곱다.
- 굳은 청포묵은 끓는 물에 투명하게 데치고, 부드러운 청포묵은 그대로 사용한다.
- 청포묵을 썰 때 칼날에 물을 묻혀서 사용하면 달라붙지 않는다.
- 채소를 데칠 때는 충분한 물에 소금을 넣고 끓으면 데쳐서 빨리 찬물에 헹군다.
- 탕평채를 무쳤을 때 국물이 덜 생기게 하려면 초장에 들어가는 간장 양을 줄이고 소금을 넣는다.
- 탕평채를 미리 무치면 미나리 색이 변하고 물이 생기므로 제출하기 직전에 버무린다.

칠절판

3

생채 · 숙채 · 무침류

시험시간
40분

요구사항

※ 주어진 재료를 사용하여 칠절판을 만드시오.

① 밀전병은 지름이 8cm가 되도록 6개를 만드시오.

② 채소와 황 · 백지단, 소고기는 0.2×0.2×5cm로 써시오.

③ 석이버섯은 곱게 채를 써시오.

MEMO
....

유의사항

① 만드는 순서에 유의하며, 위생과 숙련된 기능평가를 위하여 조리작업 시 맛을 보지 않습니다.

② 지정된 수험자 지참준비물 이외의 조리기구나 재료를 시험장 내에 지참할 수 없습니다.

③ 지급재료는 시험 전 확인하여 이상이 있을 경우 시험위원으로부터 조치를 받고 시험 중에는 재료의 교환 및 추가지급은 하지 않습니다.

④ 요구사항의 규격은 "정도"의 의미를 포함하며, 지급된 재료의 크기에 따라 가감하여 채점합니다.

⑤ 위생복, 위생모, 앞치마, 마스크를 착용하여야 하며, 시험장비 · 조리도구 취급 등 안전에 유의합니다.

⑥ 다음 사항은 실격에 해당하여 **채점 대상에서 제외**됩니다.

　가) 수험자 본인이 시험 도중 시험에 대한 포기 의사를 표현하는 경우

　나) 위생복, 위생모, 앞치마, 마스크를 착용하지 않은 경우

　다) 시험시간 내에 과제 두 가지를 제출하지 못한 경우

　라) 문제의 요구사항대로 과제의 수량이 만들어지지 않은 경우

　마) 구이를 조림 등으로 조리하여 완성품을 요구사항과 다르게 만든 경우

　바) 불을 사용하여 만든 조리작품이 작품특성에 벗어나는 정도로 타거나 익지 않은 경우

　사) 해당 과제의 지급재료 이외 재료를 사용하거나 석쇠 등 요구사항의 조리기구를 사용하지 않은 경우

　아) 지정된 수험자 지참준비물 이외의 조리기구를 조리에 사용한 경우

　자) 가스레인지 화구 2개 이상(2개 포함) 사용한 경우

　차) 시험 중 시설 · 장비(칼, 가스레인지 등) 사용 시 시험위원 및 타 수험자의 시험 진행에 위해를 일으킬 것으로 시험위원 전원이 합의하여 판단한 경우

　카) 요구사항에 표시된 실격 및 부정행위에 해당하는 경우

⑦ 항목별 배점은 위생상태 및 안전관리 5점, 조리기술 30점, 작품의 평가 15점입니다.

⑧ 시험시작 전 가벼운 몸 풀기(스트레칭) 동작으로 긴장을 풀고 시험을 시작합니다.

소고기(살코기, 길이 6cm) 50g, 오이(가늘고 곧은 것, 길이 20cm) 1/2개, 당근(곧은 것, 길이 7cm) 50g, 달걀 1개, 밀가루(중력분) 50g, 석이버섯[부서지지 않은 것 (마른 것)] 5g, 마늘[중(깐 것)] 2쪽, 진간장 20㎖, 대파[흰 부분(4cm)] 1토막, 검은 후춧가루 1g, 참기름 10㎖, 백설탕 10g, 깨소금 5g, 식용유 30㎖, 소금(정제염) 10g

🥘 **만드는 법**

① 밀가루에 소금과 물을 넣고 멍울이 없도록 질 풀어준 후 체에 내린다.

② 파와 마늘은 곱게 다져 쇠고기 양념장을 만든다.

③ 오이는 돌려깎기하여 5cm×0.2cm×0.2cm 크기로 채 썰고, 당근은 5cm×0.2cm×0.2cm 크기로 채 썬 후 소금에 살짝 절여 물 기를 닦는다.

④ 쇠고기는 5cm×0.2cm×0.2cm 크기로 채 썰어 쇠고기 양념장에 양념한다.

⑤ 석이버섯은 미지근한 물에 불려 이끼를 제거한 후 가늘게 채 썰어 소금과 참기름에 양념한다.

⑥ 달걀은 황백지단을 부쳐 5cm×0.2cm×0.2cm 크기로 채 썬다.

⑦ 팬에 기름을 조금 두르고 약한 불에서 밀전병 반죽을 지름 6cm 크기로 얇게 부친다.

⑧ 팬에 기름을 두르고 오이, 당근, 석이버섯, 쇠고기 순으로 볶는다.

⑨ 그릇 가운데 밀전병을 놓고 6가지 재료를 색 맞추어 돌려 담는다.

 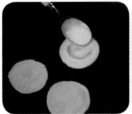  

 조리 포인트

- 각각의 재료는 곱고 일정하게 채 썰어야 그릇에 담기가 쉽고 모양도 깔끔하다.
- 밀전병은 밀가루와 물의 비율을 동량(1:1)으로 미리 준비하여 ½큰술씩 떠서 원형을 그리며 부친다.
- 밀전병은 기름을 소량만 사용하여 약한 불에서 부친 후 펼쳐서 식힌다.
- 팬 사용은 무색(無色)에서 유색(有色), 무취(無臭)에서 유취(有臭)의 재료 순서로 볶아야 양념이 묻어나지 않고 선명한 색을 얻을 수 있다.
- 그릇에 담아낼 때는 각 재료의 양을 동일하게 담고, 비슷한 색은 나란히 놓지 말고 서로 마주보게 놓는다.
- 칠절판은 밀전병에 각 재료를 싸서 초간장이나 겨자즙을 곁들여 먹는다.

육회

회류

시험시간
20분

요구사항

※ 주어진 재료를 사용하여 육회를 만드시오.

❶ 소고기는 0.3×0.3×6cm로 썰어 소금 양념으로 하시오.

❷ 마늘은 편으로 썰어 장식하고 잣가루를 고명으로 얹으시오.

❸ 소고기는 손질하여 전량 사용하시오.

MEMO
....

⏲ 유의사항

❶ 만드는 순서에 유의하며, 위생과 숙련된 기능평가를 위하여 조리작업 시 맛을 보지 않습니다.

❷ 지정된 수험자 지참준비물 이외의 조리기구나 재료를 시험장 내에 지참할 수 없습니다.

❸ 지급재료는 시험 전 확인하여 이상이 있을 경우 시험위원으로부터 조치를 받고 시험 중에는 재료의 교환 및 추가지급은 하지 않습니다.

❹ 요구사항의 규격은 "정도"의 의미를 포함하며, 지급된 재료의 크기에 따라 가감하여 채점합니다.

❺ 위생복, 위생모, 앞치마, 마스크를 착용하여야 하며, 시험장비·조리도구 취급 등 안전에 유의합니다.

❻ 다음 사항은 실격에 해당하여 **채점 대상에서 제외**됩니다.
　가) 수험자 본인이 시험 도중 시험에 대한 포기 의사를 표현하는 경우
　나) 위생복, 위생모, 앞치마, 마스크를 착용하지 않은 경우
　다) 시험시간 내에 과제 두 가지를 제출하지 못한 경우
　라) 문제의 요구사항대로 과제의 수량이 만들어지지 않은 경우
　마) 구이를 조림 등으로 조리하여 완성품을 요구사항과 다르게 만든 경우
　바) 불을 사용하여 만든 조리작품이 작품특성에 벗어나는 정도로 타거나 익지 않은 경우
　사) 해당 과제의 지급재료 이외 재료를 사용하거나 석쇠 등 요구사항의 조리기구를 사용하지 않은 경우
　아) 지정된 수험자 지참준비물 이외의 조리기구를 조리에 사용한 경우
　자) 가스레인지 화구 2개 이상(2개 포함) 사용한 경우
　차) 시험 중 시설·장비(칼, 가스레인지 등) 사용 시 시험위원 및 타 수험자의 시험 진행에 위해를 일으킬 것으로 시험위원 전원이 합의하여 판단한 경우
　카) 요구사항에 표시된 실격 및 부정행위에 해당하는 경우

❼ 항목별 배점은 위생상태 및 안전관리 5점, 조리기술 30점, 작품의 평가 15점입니다.

❽ 시험시작 전 가벼운 몸 풀기(스트레칭) 동작으로 긴장을 풀고 시험을 시작합니다.

지급재료

소고기(살코기) 90g, 배(중, 100g) 1/4개, 잣(간 것) 5개, 소금(정제염) 5g,
마늘[중(간 것)] 3쪽, 대파[흰 부분(4cm)] 2토막, 검은 후춧가루 2g,
참기름 10㎖, 백설탕 30g, 깨소금 5g

만드는 법

① 마늘의 ⅔는 편으로 썰고 나머지는 파와 함께 곱게 다져 육회 양념을 만든다.

② 배는 껍질을 벗긴 후 0.3cm×0.3cm 두께로 채 썰어 설탕물에 담근다.

③ 쇠고기는 힘줄과 기름을 제거하고 결 반대방향으로 0.3cm×0.3cm가 되도록 채 썰어 육회 양념장으로 양념한다.

④ 배는 물기를 빼고 접시의 가장자리에 돌려 담고 가운데 육회를 소복이 담는다.

⑤ 마늘편을 육회에 기대어 돌려 담고 육회 위에 잣가루를 뿌려낸다.

 조리 포인트

- 육회는 힘줄이 없는 우둔살을 사용하고 핏물을 닦아서 사용한다.
- 육회는 날것으로 먹기 때문에 부드럽게 결 반대방향으로 썰지만 부서지기 쉬우므로 결 방향으로 썰기도 한다.
- 쇠고기를 썰어서 먼저 설탕으로 버무려 놓으면 핏물이 빠지는 것을 막아준다.
- 육회의 양념에 설탕과 참기름은 많이 넣고 간장은 조금만 사용하여 소금으로 간을 맞추면 색이 곱고 윤기가 난다.
- 배는 채 썰어 설탕물에 담가 색이 변하는 것(갈변)을 방지한다.

3

미나리강회

시험시간 35분

🧂 요구사항

※ 주어진 재료를 사용하여 미나리강회를 만드시오.

❶ 강회의 폭은 1.5cm, 길이는 5cm로 만드시오.

❷ 붉은 고추의 폭은 0.5cm, 길이는 4cm로 만드시오.

❸ 강회는 8개 만들어 초고추장과 함께 제출하시오.

MEMO
....

⚖️ 유의사항

❶ 만드는 순서에 유의하며, 위생과 숙련된 기능평가를 위하여 조리작업 시 맛을 보지 않습니다.

❷ 지정된 수험자 지참준비물 이외의 조리기구나 재료를 시험장 내에 지참할 수 없습니다.

❸ 지급재료는 시험 전 확인하여 이상이 있을 경우 시험위원으로부터 조치를 받고 시험 중에는 재료의 교환 및 추가지급은 하지 않습니다.

❹ 요구사항의 규격은 "정도"의 의미를 포함하며, 지급된 재료의 크기에 따라 가감하여 채점합니다.

❺ 위생복, 위생모, 앞치마, 마스크를 착용하여야 하며, 시험장비 · 조리도구 취급 등 안전에 유의합니다.

❻ 다음 사항은 실격에 해당하여 **채점 대상에서 제외**됩니다.

가) 수험자 본인이 시험 도중 시험에 대한 포기 의사를 표현하는 경우

나) 위생복, 위생모, 앞치마, 마스크를 착용하지 않은 경우

다) 시험시간 내에 과제 두 가지를 제출하지 못한 경우

라) 문제의 요구사항대로 과제의 수량이 만들어지지 않은 경우

마) 구이를 조림 등으로 조리하여 완성품을 요구사항과 다르게 만든 경우

바) 불을 사용하여 만든 조리작품이 작품특성에 벗어나는 정도로 타거나 익지 않은 경우

사) 해당 과제의 지급재료 이외 재료를 사용하거나 석쇠 등 요구사항의 조리기구를 사용하지 않은 경우

아) 지정된 수험자 지참준비물 이외의 조리기구를 조리에 사용한 경우

자) 가스레인지 화구 2개 이상(2개 포함) 사용한 경우

차) 시험 중 시설 · 장비(칼, 가스레인지 등) 사용 시 시험위원 및 타 수험자의 시험 진행에 위해를 일으킬 것으로 시험위원 전원이 합의하여 판단한 경우

카) 요구사항에 표시된 실격 및 부정행위에 해당하는 경우

❼ 항목별 배점은 위생상태 및 안전관리 5점, 조리기술 30점, 작품의 평가 15점입니다.

❽ 시험시작 전 가벼운 몸 풀기(스트레칭) 동작으로 긴장을 풀고 시험을 시작합니다.

🍴 지급재료

소고기(살코기, 길이 7cm) 80g,
미나리(줄기 부분) 30g, 홍고추(생) 1개,
달걀 2개, 고추장 15g, 식초 5㎖,
백설탕 5g, 소금(정제염) 5g, 식용유 10㎖

🍲 만드는 법

① 미나리는 잎과 뿌리를 제거하고 끓는 물에 소금을 넣고 데쳐서 찬물에 헹군 후 물기를 닦는다.

② 소고기는 핏물을 빼고 끓는 물에 삶아서 식힌 후 5cm×1.5cm×0.3cm 크기로 썬다.

③ 달걀은 0.3cm 두께로 황백지단을 부쳐 식힌 후 5cm×1.5cm 크기로 썬다.

④ 홍고추는 씨를 제거하고 길이 4cm, 폭 0.5cm로 썬다.

⑤ 편육, 백지단, 황지단, 홍고추 순으로 가지런히 포개어 미나리로 중간부분을 3~4번 돌려 감은 다음 끝부분은 편육의 뒤쪽으로 돌려 꼬치를 이용하여 마무리한다.

⑥ 그릇에 미나리강회를 담고 초고추장을 만들어 곁들여 낸다.

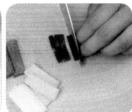

👨‍🍳 조리 포인트

- 미나리 줄기가 너무 두꺼우면 데쳐서 2~4등분으로 쪼개어 사용한다.
- 각각 재료를 포개야 하므로 일정한 크기로 재단한다.
- 지단은 고명으로 사용하는 것보다 두껍게 부친다.
- 편육과 지단은 삶아서 충분히 식은 후에 썰어야 부서지지 않는다.
- 홍고추는 길이로 썰어야 휘어지지 않는다.
- 미나리는 시작과 끝이 편육에 오도록 돌려 감은 후 미나리 끝을 젓가락이나 꼬치로 밀어 넣는다.
- 미나리 감은 부분이 편육길이의 ⅓ 이상이 되도록 한다.

떡 제조기능사 실기 수험자 유의사항

❶ 항목별 배점은 [정리정돈 및 개인위생 14점], 각 과제별[43점씩, 총 86점]이며, 요구사항 외의 제조 방법 및 채점기준은 비공개입니다.

❷ 시험시간은 재료 전처리 및 계량시간, 정리정돈 등 모든 작업과정이 포함된 시간입니다(시험 시간 종료 시까지 작업대 정리를 완료).

❸ 수험자 인적사항은 검은색 필기구만 사용하여야 합니다. 그 외 연필류, 유색 필기구, 지워지는 펜 등은 사용이 금지됩니다.

❹ 시험 전 과정 위생수칙을 준수하고 안전사고 예방에 유의합니다.
  – 시작 전 간단한 가벼운 몸 풀기(스트레칭) 운동을 실시한 후 시험을 시작하시오.
  – 위생복장의 상태 및 개인위생(장신구, 두발·손톱의 청결 상태, 손씻기 등)의 불량 및 정리 정돈 미흡 시 실격 또는 위생항목 감점처리 됩니다.

❺ 작품채점(외부평가, 내부평가 등)은 작품 제출 후 채점됨을 참고합니다.

❻ 수험자는 제조 과정 중 맛을 보지 않습니다(맛을 보는 경우 위생 부분 감점).

❼ 요구사항의 수량을 준수합니다(요구사항 무게 전량/과제별 최소 제출 수량 준수).
  – '지급재료목록 수량'은 '요구사항 정량'에 여유분이 더해진 양입니다.
  – 수험자는 시험 시작 후 저울을 사용하여 요구사항대로 정량을 계량합니다(계량하지 않고 지급재료 전체를 사용하여 크기 및 수량이 초과될 경우는 '재료 준비 및 계량항목'과 '제품평가' 0점 처리).
  – 계량은 하였으나, 제조용 떡 제품에 사용해야 할 떡반죽(쌀가루 포함)이나 부재료를 사용하지 않고 지나치게 많이 남기는 경우, 요구사항의 수량에 미달될 경우는 '제품평가' 0점 처리
  – 단, 찜기의 용량을 초과하여 반죽을 남기는 경우는 제외하며, 용량 초과로 떡반죽(쌀가루 포함) 및 부재료를 남기는 경우는 찜기에 반죽을 넣은 후 손을 들어 남은 떡반죽과 재료에 대해서 감독위원에게 확인을 받아야 함

❽ 타이머를 포함한 시계 지참은 가능하나, 아래 사항을 주의합니다.
  – 다른 수험생에게 피해가 가지 않도록 알람 소리, 진동 사용을 제한
  – 손목시계를 착용하는 것은 이물 및 교차오염 방지를 위해 착용을 제한(착용 시 감점)

❾ "몰드, 틀" 등과 같은 기능 평가에 영향을 미치는 도구는 사용을 금합니다(사용 시 감점).
  – 쟁반, 그릇 등을 변칙적으로 몰드 용도로 사용하는 경우는 감점

❿ 찜기를 포함한 지참준비물이 부적합할 경우는 수험자의 귀책사유이며, 찜기가 지나치게 커서 시험장 가스레인지 사용이 불가할 경우는 가스 안전상 사용에 제한이 있을 수 있습니다.

⓫ 의문 사항은 감독위원에게 손을 들어 문의하고 그 지시에 따릅니다.

⓬ 다음 사항은 실격에 해당하여 채점 대상에서 제외됩니다.
  가) 수험자 본인이 수험 도중 시험에 대한 포기 의사를 표현하는 경우
  나) 위생복 상의, 위생복 하의(또는 앞치마), 위생모, 마스크 중 1개라도 착용하지 않은 경우
  다) 시험시간 내에 2가지 작품 모두를 제출대(지정장소)에 제출하지 못한 경우
  라) 모양, 제조방법(찌기를 삶기로 하는 등)을 준수하지 않았을 경우
  마) 상품성이 없을 정도로 타거나 익지 않은 경우(제품 가운데 부분의 쌀가루가 익지 않아 생쌀가루 맛이 나는 경우, 익지 않아 형태가 부서지는 경우)
    ※ 찜기 가장자리에 묻어나오는 쌀가루 상태는 채점대상이 아니며, 콩의 익은 정도는 감점 대상(실격 대상 아님)
  바) 지급된 재료 이외의 재료를 사용한 경우(재료 혼용과 같이 해당 과제 외 다른 과제에 필요한 재료를 사용한 경우도 포함)
    ※ 기름류는 실격처리가 아닌 감점 처리이므로 지급재료목록을 확인하여 기름류 사용에 유의(단, 떡 반죽 재료 또는 떡 기름칠 용도로 직접적으로 사용하지 않고 손에 반죽 묻힘 방지용으로는 사용 가능)
  사) 시험 중 시설·장비의 조작 또는 재료의 취급이 미숙하여 위해를 일으킬 것으로 감독위원 전원이 합의하여 판단한 경우

4장

떡 제조기능사
실기편

콩설기떡

시험시간
60분

🍚 요구사항

※ 지급된 재료 및 시설을 사용하여 콩설기떡을
만들어 제출하시오.

❶ 떡 제조 시 물의 양은 적정량으로 혼합하여 제조
하시오.(단, 쌀가루는 물에 불려 소금간 하지 않고 2회
빻은 쌀가루이다.)

❷ 불린 서리태를 삶거나 쪄서 사용하시오.

❸ 서리태의 1/2 정도 바닥에 골고루 펴 넣으시오.

❹ 서리태의 나머지 1/2 정도는 멥쌀가루와 골고루
혼합하여 찜기에 안치시오.

❺ 찜기에 안친 쌀가루 반죽을 물솥에 얹어 찌시오.

❻ 서리태를 바닥에 골고루 펴 넣은 면이 위로 오도록
그릇에 담고, 썰지 않은 상태로 전량 제출하시오.

🍴 배합표

재료명	비율(%)	무게(g)
멥쌀가루	100	700
설탕	10	70
소금	1	7
물	–	적정량
불린 서리태	–	160

MEMO

재 료 명	규 격	수 량
멥쌀가루	멥쌀을 5시간 정도 불려 빻은 것	770g
설탕	정백당	100g
소금	정제염	10g
서리태	하룻밤 불린 서리태 (겨울 10시간, 여름 6시간 이상)	170g

만드는 법

① 멥쌀가루에 소금을 넣고 가루 1C에 물 1큰술의 비율로 물을 주어 비벼서 골고루 섞은 다음,

　손으로 살짝 쥐고 흔들어보아 깨지지 않으면 중간체에 2번 내린다.

② 불린 서리태를 삶거나 쪄서 소금간을 한다.

③ 찜기에 면포를 깔고 찐 서리태 1/2을 바닥에 펴 놓는다.

④ 체친 멥쌀가루에 설탕을 골고루 섞는다.

⑤ 나머지 서리태 1/2은 멥쌀가루와 섞는다.

⑥ 찜기에 평평하게 안친 후, 김이 오른 물솥에 올려 15~20분간 찐다.

⑦ 불을 줄이고 5분 정도 뜸을 들인다.

⑧ 완성접시에 담는다.

 조리 포인트

• 멥쌀가루에 수분이 적으면 익혔을 때 갈라진다.
• 멥쌀가루는 체에 여러 번 내리면 떡이 부드러워진다.

경단

시험시간 60분

 요구사항

※ 지급된 재료 및 시설을 사용하여 경단을 만들어 제출하시오.

❶ 떡 제조 시 물의 양은 적정량으로 혼합하여 제조하시오.(단, 쌀가루는 물에 불려 소금간 하지 않고 1회 빻은 찹쌀가루이다.)

❷ 찹쌀가루는 익반죽하시오.

❸ 반죽은 직경 2.5~3cm 정도의 일정한 크기로 20개 이상 만드시오.

❹ 경단은 삶은 후 고물로 콩가루를 만드시오.

❺ 완성된 경단은 전량 제출하시오.

 배합표

재료명	비율(%)	무게(g)
찹쌀가루	100	200
소금	1	2
물	–	적정량
볶은 콩가루	–	50

MEMO

🍴 지급재료

재료명	규 격	수 량
찹쌀가루	찹쌀을 5시간 정도 불려 빻은 것	220g
소금	정제염	10g
콩가루	볶은 콩가루	60g
세척제	500g	1개(30인 공용)

🍲 만드는 법

① 찹쌀가루에 소금을 넣고 체에 한 번 내린다.

② 익반죽해서 오래 치댄다.

③ 반죽을 직경 2.5~3cm 정도의 일정한 크기로 동그랗게 빚는다.

④ 끓는 물에 소금, 빚은 경단을 넣어 떠오르면, 찬물을 조금 넣어 다시 떠오를 때까지 익힌다.

⑤ 찬물에 헹구어낸 다음 체에 밭쳐 물기를 제거한다.

⑥ 접시나 쟁반에 고물을 펼쳐 담고 익은 경단을 올려 접시째 흔들어 고물을 고루 묻힌다.

⑦ 완성접시에 담는다.

 조리 포인트

• 반죽이 질어지지 않도록 유의한다.
• 반죽이 질면 완성했을 때 늘어진다.

송편

시험시간
60분

요구사항

※ 지급된 재료 및 시설을 사용하여 송편을 만들어 제출하시오.

❶ 떡 제조 시 물의 양은 적정량으로 혼합하여 제조하시오.(단, 쌀가루는 물에 불려 소금간 하지 않고 2회 빻은 쌀가루이다.)

❷ 불린 서리태를 삶아서 송편소로 사용하시오.

❸ 떡반죽과 송편소는 4:1~3:1 정도의 비율로 제조하시오.(송편소가 1/4~1/3 정도 포함되어야 함)

❹ 쌀가루는 익반죽하시오.

❺ 송편은 완성된 상태가 길이 5cm, 높이 3cm 정도의 반달모양(◠)이 되도록 오므려 접어 송편모양을 만들고, 12개 이상으로 제조하여 전량 제출하시오.

❻ 송편을 찜기에 쪄서 참기름을 발라 제출하시오.

배합표

재료명	비율(%)	무게(g)
멥쌀가루	100	200
소금	1	2
물	–	적정량
불린 서리태	–	70
참기름	–	적정량

MEMO
....

지급재료

재 료 명	규 격	수 량
멥쌀가루	멥쌀을 5시간 정도 불려 빻은 것	220g
소금	정제염	5g
서리태	하룻밤 불린 서리태 (겨울 10시간, 여름 6시간 이상)	80g
참기름		15mL

만드는 법

① 멥쌀가루는 소금을 넣고 체에 한 번 내린다.

② 익반죽하여 오래 치댄 뒤 젖은 면포를 덮어둔다.

③ 불린 서리태는 냄비에 삶아 소금간을 한다.

④ 준비한 반죽을 밤알 크기로 떼어 둥글게 빚은 다음, 오목하게 해서 소를 넣고 오므려 접어 반달모양으로 빚는다.

⑤ 찜기에 빚은 송편이 서로 닿지 않게 놓고, 김이 오른 물솥에 올려 15~20분 정도 찐다.

⑥ 완전히 익으면 냉수에 얼른 씻는다.

⑦ 물기를 제거하고 참기름을 솔로 바른다.

⑧ 완성접시에 담는다.

조리 포인트

• 반죽은 많이 치댈수록 떡이 완성되었을 때 부드럽고 식감이 좋다.

• 치대는 횟수가 많아지면 떡의 보존기간도 늘어난다.

• 반죽을 많이 치대지 않으면 쪘을 때 갈라진다.

• 반죽에 수분이 적어도 쪘을 때 갈라진다.

• 완전히 익었을 때 찬물에 얼른 씻어야 송편이 쫄깃하다.

쇠머리떡

시험시간
60분

요구사항

※ 지급된 재료 및 시설을 사용하여 쇠머리떡을
   만들어 제출하시오.

① 떡 제조 시 물의 양은 적정량으로 혼합하여 제조
   하시오.(단, 쌀가루는 물에 불려 소금간 하지 않고 1회
   빻은 찹쌀가루이다.)

② 불린 서리태를 삶거나 쪄서 사용하고 호박고지
   는 물에 불려 사용하시오.

③ 밤, 대추, 호박고지는 적당한 크기로 잘라서 사용
   하시오.

④ 부재료를 쌀가루와 잘 섞어 혼합한 후 찜기에 안
   치시오.

⑤ 떡반죽을 넣은 찜기를 물솥에 얹어 찌시오.

⑥ 완성된 쇠머리떡은 15×15cm 정도의 사각형 모
   양으로 만들어 자르지 말고 제출하시오.

⑦ 찌는 찰떡류로 제조하며, 지나치게 물을 많이 넣
   어 치지 않도록 주의하여 제조하시오.

배합표

재료명	비율(%)	무게(g)
찹쌀가루	100	500
설탕	10	50
소금	1	5
물	–	적정량
불린 서리태	–	100
대추	–	5(개)
깐 밤	–	5(개)
마른 호박고지	–	20
식용유	–	적정량

재료명	규격	수량
찹쌀가루	찹쌀을 5시간 정도 불려 빻은 것	550g
설탕	정백당	60g
서리태	하룻밤 불린 서리태 (겨울 10시간, 여름 6시간 이상)	110g
대추		5개
밤	겉껍질, 속껍질 제거한 밤	5개
마른 호박고지	늙은 호박(또는 단호박)을 썰어서 말린 것	25g
소금	정제염	7g
식용유		15mL
세척제	500g	1개(30인 공용)

〰️ 만드는 법

① 찹쌀가루는 소금을 넣고 물을 조금 준 다음, 골고루 섞어 체에 한 번 내린다.

② 불린 서리태를 삶거나 쪄서 소금간을 한다.

③ 호박고지는 적당한 크기로 썰어서 물에 살짝 불린다.

④ 대추는 씨를 발라낸 뒤 큼직하게 썰고, 밤도 3~4등분한다.

⑤ 체친 찹쌀가루에 설탕을 넣어 골고루 섞는다.

⑥ 대추, 밤, 호박고지는 일부 남겨두고 찹쌀가루에 넣어 섞는다.

⑦ 찜기에 젖은 면포를 깔고 남겨둔 밤, 대추, 호박고지를 올리고 찹쌀가루를 주먹으로 살짝 쥐면서 안친다.

⑧ 김이 오른 물솥에 안친 찜기를 올려 15~20분간 찐다.

⑨ 떡이 투명하게 익으면 불을 끄고 뜸을 들인다.

⑩ 쟁반이나 접시에 기름을 바른 뒤 쏟아 스크레이퍼로 사각형 모양을 만든다.

⑪ 완성접시에 담는다.

 조리 포인트

- 찹쌀가루에는 수분을 많이 주면 늘어진다.
- 찹쌀가루는 쌀가루 사이에 김이 오르면 뚜껑을 덮는다.

무지개떡(삼색)

시험시간
60분

요구사항

※ 지급된 재료 및 시설을 사용하여 무지개떡(삼색)을 만들어 제출하시오.

❶ 떡 제조 시 물의 양은 적정량으로 혼합하여 제조하시오.(단, 쌀가루는 물에 불려 소금간 하지 않고 2회 빻은 멥쌀가루이다.)

❷ 삼색의 구분이 뚜렷하고 두께가 같도록 떡을 안치고 8등분으로 칼금을 넣으시오.

흰쌀가루
치자쌀가루
쑥쌀가루

〈삼색 구분, 두께 균등〉

〈8등분 칼금〉

❸ 대추와 잣을 흰쌀가루에 고명으로 올려 찌시오. (잣은 반으로 쪼개어 비늘잣으로 만들어 사용하시오.)

❹ 고명이 위로 올라오게 담아 전량 제출하시오.

배합표

재료명	비율(%)	무게(g)
멥쌀가루	100	750
설탕	10	75
소금	1	8
물	–	적정량
치자	–	1(개)
쑥가루	–	3
대추	–	3(개)
잣	–	2

재료명	규격	수량
멥쌀가루	멥쌀을 5시간 정도 불려 빻은 것	800g
설탕	정백당	100g
소금	정제염	10g
치자	말린 것	1개
쑥가루	말려 빻은 것	3g
대추	(중)마른 것	3개
잣	약 20개 정도 (속껍질 벗긴 통잣)	2g

만드는 법

① 멥쌀가루에 소금을 넣고 3등분을 한다.

② 흰쌀가루에 물을 넣고 잘 비벼서 중간체에 내린 후 설탕을 넣어 잘 섞는다.

③ 치자쌀가루는 멥쌀가루에 치자물을 넣고 잘 비벼서 중간체에 내린 후 설탕을 넣어 잘 섞는다.

④ 쑥쌀가루는 멥쌀가루에 쑥가루, 물을 넣고 잘 비벼서 중간체에 내린 후 설탕을 넣어 잘 섞는다.

⑤ 대추는 돌려깎기하여 씨를 제거하고, 방망이로 밀어 얇게 편 다음 돌돌 말아 꽃모양으로 얇게 썬다.

⑥ 잣은 반으로 갈라 비늘잣을 만든다.

⑦ 찜기에 젖은 면포를 깔고 쑥쌀가루, 치자쌀가루, 흰쌀가루 순으로 솔솔 뿌려가면서 위를 평평하게 안친 후
칼금을 넣고 고명을 올린다.

⑧ 김이 오른 물솥에 안친 찜기를 올려 15~20분간 찐다.

⑨ 떡이 투명하게 익으면 불을 끄고 뜸을 들인다.

⑩ 완성접시에 담는다.

 조리 포인트

- 소금은 마른 쌀 1되(5C)에 1큰술을 넣는데 불려서 가루를 내면 12C 정도가 된다.
- 치자물은 따뜻한 물 1/2C에 치자를 잘라서 담그면 금방 색이 우러난다.
- 멥쌀가루는 중간체에 2~3번 정도 내리면 떡의 질감이 좋다.
- 쌀가루는 흰쌀가루, 치자쌀가루, 쑥쌀가루 순으로 체에 내려 쑥쌀가루부터 안친다.
- 적정량의 설탕도 3등분을 해둔다.

부꾸미

시험시간 **60분**

요구사항

※ 지급된 재료 및 시설을 사용하여 부꾸미를 만들어 제출하시오.

❶ 떡 제조 시 물의 양은 적정량으로 혼합하여 반죽을 하시오.(단, 쌀가루는 물에 불려 소금간 하지 않고 1회 빻은 찹쌀가루이다.)

❷ 찹쌀가루는 익반죽하시오.

❸ 떡반죽은 직경 6cm로 지져 팥앙금을 소로 넣어 반으로 접으시오(◠).

❹ 대추와 쑥갓을 고명으로 사용하고 설탕을 뿌린 접시에 부꾸미를 담으시오.

❺ 부꾸미는 12개 이상으로 제조하여 전량 제출하시오.

배합표

재료명	비율(%)	무게(g)
찹쌀가루	100	200
백설탕	15	30
소금	1	2
물	–	적정량
팥앙금	–	100
대추	–	3(개)
쑥갓	–	20
식용유	–	20ml

MEMO
....

🍴 지급재료

재료명	규격	수량
찹쌀가루	찹쌀을 5시간 정도 불려 빻은 것	220g
설탕	정백당	40g
소금	정제염	10g
팥앙금	고운 적팥앙금	110g
대추	(중)마른 것	3개
쑥갓	–	20g
식용유	–	20ml
세척제	500g	1개 (30인 공용)

🍲 만드는 법

① 찹쌀가루는 소금을 넣은 다음, 골고루 섞어 중간체에 한 번 내린다.

② 체에 내린 찹쌀가루를 익반죽하여 직경 6cm 정도의 크기로 둥글납작하게 빚는다.

③ 팥앙금은 타원형으로 빚는다.

④ 쑥갓은 씻은 후 작은 잎만 따서 물기를 제거한다.

⑤ 대추는 돌려깎기하여 씨를 제거하고 방망이로 민 다음, 돌돌 말아 꽃모양으로 얇게 썬다.

⑥ 프라이팬을 달구어 기름을 두른 후 불을 줄여 찹쌀반대기를 서로 붙지 않게 놓고 숟가락으로 누르면서 지지다가 한 면이 1/3 정도 익으면 뒤집어서 윗면도 익힌다.

⑦ 뒤집은 면이 약간 부풀면서 투명하게 익으면 가운데에 팥소를 놓고 반을 접어 가장자리를 눌러 붙여서 반달모양으로 오므린다.

⑧ 지져낸 떡을 설탕 뿌린 접시에 놓고 준비한 쑥갓과 대추로 장식한 뒤 설탕을 약간 뿌린다.

⑨ 완성접시에 담는다.

👨‍🍳 조리 포인트

- 부꾸미를 지질 때 작은 종지에 식용유를 조금 따라놓고 숟가락을 적셔 가면서 부치면 숟가락에 덜 달라붙는다.
- 지질 때 늘어지므로 완성크기보다 약간 작게 반대기를 만든다.
- 프라이팬 온도 조절에 유의하여 반대기가 바싹 익지 않도록 한다.

백편

시험시간
60분

요구사항

※ 지급된 재료 및 시설을 사용하여 백편을 만들어 제출하시오.

① 떡 제조 시 물의 양은 적정량으로 혼합하여 제조하시오.(단, 쌀가루는 물에 불려 소금간 하지 않고 2회 빻은 멥쌀가루이다.)

② 밤, 대추는 곱게 채썰어 사용하고 잣은 반으로 쪼개어 비늘잣으로 만들어 사용하시오.

③ 쌀가루를 찜기에 안치고 윗면에 밤, 대추, 잣을 고명으로 올려 찌시오.

④ 고명을 올린 면이 위로 오도록 그릇에 담고 썰지 않은 상태로 전량 제출하시오.

배합표

재료명	비율(%)	무게(g)
멥쌀가루	100	500
설탕	10	50
소금	1	5
물	–	적정량
깐밤	–	3(개)
대추	–	5(개)
잣	–	2

MEMO

🍴 지급재료

재료명	규격	수량
멥쌀가루	멥쌀을 5시간 정도 불려 빻은 것	550g
설탕	정백당	60g
소금	정제염	10g
밤	겉껍질, 속껍질 벗긴 밤	3개
대추	(중)마른 것	5개
잣	약 20개 정도 (속껍질 벗긴 통잣)	2g

🍳 만드는 법

① 멥쌀가루는 소금을 넣고 물을 준 다음 골고루 섞어 중간체에 내려 설탕을 섞는다.

② 밤은 곱게 채썬다.

③ 대추는 돌려깎기하여 씨를 제거하고, 방망이로 밀어 얇게 편 다음 곱게 채썬다.

④ 잣은 반으로 쪼개어 비늘잣을 만든다.

⑤ 찜기에 젖은 면포를 깔고 쌀가루를 평평하게 안친 다음 고명을 얹는다.

⑥ 김이 오른 물솥에 안친 찜기를 올려 15~20분간 찐다.

⑦ 떡이 투명하게 익으면 불을 끄고 뜸을 들인다.

⑧ 완성접시에 담는다.

 조리 포인트

- 멥쌀가루에 물이 적당한지를 알려면 체에 내린 멥쌀가루를 주먹으로 쥐어보아 덩어리가 깨지지 않고 그대로 있으면 된다.
- 멥쌀가루를 시루에 안칠 때는 손으로 솔솔 뿌려야 공기가 많이 들어가서 떡이 부드럽게 잘 쪄진다.
- 잣은 찜기에 살짝 찌면 잘 쪼개진다.
- 대추는 씨를 제거하고, 밀대로 밀어주면 채를 곱게 썰 수 있다.
- 껍질 벗긴 밤은 물에 담그지 않아야 곱게 채썰 수 있다.

인절미

시험시간 60분

 요구사항

※ 지급된 재료 및 시설을 사용하여 인절미를 만들어 제출하시오.

❶ 떡 제조 시 물의 양은 적정량으로 혼합하여 제조하시오.(단, 쌀가루는 물에 불려 소금간 하지 않고 1회 빻은 찹쌀가루이다.)

❷ 익힌 찹쌀반죽은 스테인리스볼과 절굿공이(밀대)를 이용하여 소금물을 묻혀 치시오.

❸ 친 인절미는 기름 바른 비닐에 넣어 두께 2cm 이상으로 성형하여 식히시오.

❹ 4×2×2cm 크기로 인절미를 24개 이상 제조하여 콩가루를 고물로 묻혀 전량 제출하시오.

배합표

재료명	비율(%)	무게(g)
찹쌀가루	100	500
설탕	10	50
소금	1	5
물	–	적정량
볶은 콩가루	12	60
식용유	–	5
소금물용 소금	–	5

MEMO

지급재료

재료명	규격	수량
찹쌀가루	찹쌀을 5시간 정도 불려 빻은 것	550g
설탕	정백당	60g
소금	정제염	10g
콩가루	볶은 콩가루 (방앗간 인절미용 구매)	70g
식용유	–	15ml (비닐에 바르는 용도)
세척제	500g	1개 (30인 공용)

만드는 법

① 찹쌀가루는 소금을 넣고 물을 조금 준 다음, 골고루 섞어 중간체에 내려 설탕을 섞는다.

② 찜기에 젖은 면포를 깔고 설탕을 살짝 뿌려서 찹쌀가루를 한 움큼씩 군데군데 안쳐 15~20분간 익힌다.

③ 익힌 찹쌀 반죽은 스테인리스볼에 넣어 절굿공이(밀대)에 소금물(물 1C+소금 1작은술)을 묻혀가면서 친다.

④ 기름 바른 비닐을 깔고 친 반죽은 쏟아서 2cm 두께로 모양을 잡는다.

⑤ 모양 잡힌 반죽을 4×2×2cm 크기로 24개 이상 제조하여 볶은 콩가루 고물을 묻힌다.

⑥ 완성접시에 담는다.

조리 포인트

- 익힌 반죽은 굳기 전에 바로 스테인리스볼에서 꽈리가 일도록 쳐서 두께 2cm로 성형한다.
- 반죽이 따뜻할 때 성형해야 모양 잡기가 쉽다.

참고문헌

김종덕, 약이 되는 우리 먹거리, 아카데미북

백승희 외, 한국조리, 백산출판사

오한샘 외, 천년의 밥상, MiD

유득공, 경도잡지, 1700년대 말

윤서석 외, 한국음식대관 제1권~제6권, 한림출판사

윤숙자 외, 재미있는 세시음식이야기, 질시루

윤숙자 외, 한국의 저장 발효음식, 신광출판사

이보순 외, 한식조리기능사, 대왕사

이효지, 한국의 음식문화, 신광출판사

장명숙 외, 한국음식, 효일

저자미상, 술 빚는 법, 1700~1800년대 말

저자미상, 시의전서, 1800년대 말

전순의, 산가요록, 1450년경

전순의, 식료찬료, 1460년대, 김종덕 번역, 예스민

정낙원 외, 향토음식, 교문사

정약용, 아언각비, 1819년

조후종, 통과의례와 우리음식, 한림출판사

허 균, 도문대작, 1611년

허 준, 동의보감, 1610년

홍만선, 산림경제, 1715년경

홍석모, 동국세시기, 1849년

황혜성 외, 3대가 쓴 한국의 전통음식, 교문사

저자소개

● **이보순**
영남대학교 식품학 박사
(주)신세계푸드, 세종호텔, 리츠칼튼호텔 근무
서울국제요리대회 금상수상
국가공인 한식조리기능장
한국관광공사 깨끗한 식당 심사위원
현재 우석대학교 외식산업학과 교수

● **김정숙**
경기대학교 일반대학원 외식조리관리학과 박사
(사)한국외식산업진흥원 외식지도자 양성과정 농림축산식품부 장관상수상(제88497호)
한국관광음식박람회 발효음식 부문 보건복지부 장관상수상(제10247호)
한국산업인력관리공단 조리기능사, 조리산업기사 감독위원
현재 배화여자대학교 전통조리과 겸임교수
      경기대학교 외식조리관리학과 외래교수

● **김태인**
상명대학교 일반대학원 이학박사
프라자호텔 조리팀
동아시아 미식협회 정회원
한국외식경영학회 상임이사
현재 대원대학교 호텔조리제빵과, 장안대학교 외식산업과, 한국관광대학교 호텔조리과
      외래교수

박인수

조리기능장 심사위원

전국 기능경기대회 심사위원

㈜래디슨서울 프라자호텔 조리장

현재 대전과학기술대학교 식품조리계열 교수

이미진

경기대학교 외식경영학 박사

한국국제요리경연대회 발효부문 농림수산식품부장관상

한국 국제요리경연대회 개성시절부문 농림축산식품부장관상

아름다운 우리떡 만들기 대회 농림수산식품부장관상

수원과학대학교 외래교수

국제한식조리학교 전임강사

현재 우석대학교 외식산업학과 외래교수

정석준

한성대학교 경영대학원 경영학과 석사

한화63시티 근무

백석문화대학교 글로벌외식관광학부 외래교수

글로벌 인재육성사업 외부 자문위원

2017, 2018, 비교과전형 운영위원회 전형 개발의원

한국음식 관광박람회 심사위원

현재 JW Marriott Hotel (반포) 근무

한국의 음식문화와 전통음식

2013년 2월 28일 초 판 1쇄 발행
2022년 11월 10일 개정판 2쇄 발행

지은이 이보순 · 김정숙 · 김태인 · 박인수 · 이미진 · 정석준
펴낸이 진욱상
펴낸곳 백산출판사
교   정 박시내
본문디자인 구효숙
표지디자인 오정은

등   록 1974년 1월 9일 제406-1974-000001호
주   소 경기도 파주시 회동길 370(백산빌딩 3층)
전   화 02-914-1621(代)
팩   스 031-955-9911
이메일 edit@ibaeksan.kr
홈페이지 www.ibaeksan.kr

ISBN 979-11-6639-138-5 93590
값 25,000원